普通高等教育“十二五”规划教材

水资源规划与管理

董增川　主编

中国水利水电出版社
www.waterpub.com.cn

内 容 提 要

本书系统介绍了区域水资源评价、水需求预测、水资源供需分析、水资源合理配置的基本理论与计算方法、水资源综合规划、运行调度和综合管理的基本原则与主要内容，并简要介绍了水资源可持续利用及水资源承载能力的概念、评价指标与评价方法。

本书可作为高等学校水文水资源、水利工程及相关专业本科生教材及研究生教学用书，也可供从事水资源评价、规划、调度与管理的科研人员、管理人员参考。

图书在版编目（CIP）数据

水资源规划与管理 / 董增川主编．—北京：中国水利水电出版社，2013（2023.12 重印）
（普通高等教育“十二五”规划教材）
ISBN 978-7-5084-4206-8

Ⅰ．水…　Ⅱ．董…　Ⅲ．水资源管理　Ⅳ．TV213.4

中国版本图书馆 CIP 数据核字（2008）第 090290 号

书　名	普通高等教育“十二五”规划教材 **水资源规划与管理**
作　者	董增川　主编
出版发行	中国水利水电出版社 （北京市海淀区玉渊潭南路 1 号 D 座　100038） 网址：www.waterpub.com.cn E-mail：sales@mwr.gov.cn 电话：(010) 68545888（营销中心）
经　售	北京科水图书销售有限公司 电话：(010) 68545874、63202643 全国各地新华书店和相关出版物销售网点
排　版	中国水利水电出版社微机排版中心
印　刷	北京市密东印刷有限公司
规　格	184mm×260mm　16 开本　11 印张　261 千字
版　次	2008 年 7 月第 1 版　2023 年 12 月第 7 次印刷
印　数	18001—20000 册
定　价	**33.50** 元

前言

水资源是人类赖以生存和发展的最基本的物质条件，是生态系统中最活跃和影响最广泛的因素。因此，水资源的可持续利用是人类社会可持续发展的基础和保障。

天然状态下的水资源在时间上和空间上的分布是不均匀的，与人类社会经济发展用水和自然生态与环境用水的要求往往不相一致。为此，需要利用各种措施，从供给与需求两个方面对水资源进行调节，以协调社会经济发展和生态与环境用水的需要。水资源学就是研究水资源演变、水需求预测、水资源合理配置与水资源规划、调度、管理的基本理论与技术方法的一门科学。

水资源学是一门既古老又年轻的科学，到目前为止，还没有比较成熟的体系可以借鉴。本书试图在国内外众多研究成果的基础上，归纳整理出水资源规划与管理的基本框架。本书共分9章。第1章，包括水资源的概念、类型及属性，中国及全球水资源分布及特点；第2章，包括地表水资源评价、地下水资源评价的方法，水质评价的方法及水资源可利用量的概念；第3章，包括需水类型的划分，生活、生产及生态需水的预测方法；第4章，包括供需分析的概念，可供水量的计算方法，供需分析的计算方法及三次供需分析的概念；第5章，包括水资源优化配置的概念、目标、原则和手段，基于宏观经济的水资源配置模型和面向可持续发展的水资源配置模型；第6章，包括水资源综合规划的目标、原则与主要规划内容，水资源综合规划方案的形成，水利工程建设布局安排、规模选择与建设次序制定；第7章，包括水资源系统运行调度的基本概念、数学模型及基本方法；第8章，包括水资源管理的目标、原则及手段，水资源管理的法规体系、管理体制、市场机制及技术体系；第9章，包括水资源可持续利用的概念，水资源可持续利用程度的评价及实现水资源可持续利用对策，并简要介绍了水资源承载力的概念。第2、3、4、5章主要介绍水资源评价、利用、规划和管理的基本理论与计算方法；第6、7、8章主要介绍水资源综合规划、运行调度和综合管理的基本原则及方法；第9章介绍水资源开发利用的可持续性，以保障区域可持续发展。

本书承蒙纪昌明教授审阅，提出许多宝贵意见，特此致谢。本书编写过程中，得到了钟平安、张秀菊、王海潮、陈康宁、崔瑞红等的大力帮助，参考了大量中外专家的研究成果，一并表示谢意。

由于作者水平有限，恳请大家不吝指正。

作 者

2008 年 5 月

目录

第1章 绪　论

1.1 资源的概念及分类

1.1.1 资源的概念

“资源”的概念源于经济学科，是作为生产实践的自然条件和物质基础提出来的，具有实体性。资源可以说无处不在，却无统一定义。《辞海》中的解释是“资财之源，一般指天然的财源”。英文里的“资源”一词为Resource，前缀Re含有“再”的意思，source表示来源。资源是由人们发现的有用途和有价值的物质，由于资源具有量、质、时间和空间等多种属性，因而它应当是一个动态的概念。由于人们研究领域和研究角度的不同，对资源的概念存在不同的理解。通常从广义、狭义两个层次进行解释。

广义而言，人类在生产、生活和精神上所需求的物质、能量、信息、劳力、资金和技术等“初始投入”均可称为资源。即在自然界和人类社会中，有用物就是资源，无用物自然是非资源。关于广义资源的概念，历史上早有涉及。英国的威廉·配第曾经指出“土地是财富之母，劳动是财富之父”。因此，人类社会财富的创造不仅来源于自然界，而且还来源于人类社会，资源不仅包括物质的要素，也包括非物质要素。

狭义的资源仅指自然资源，联合国环境规划署（UNEP）对资源下的定义是“一定时间条件下，能够产生经济价值以提高人类当前和未来福利的自然环境因素的总称”。显然这里的资源只是自然资源，而且还排除了那些目前进行开采、在经济上还不合算，但在技术上能够加以开采的那部分矿产资源，以及目前无法开垦利用，但却有观赏、猎奇、考察研究等功能，能作为旅游资源的沙漠、冰雪覆盖地等。

资源是个历史范畴，同时又是社会的产物。随着经济发展和社会进步，资源的内涵和外延也在不断扩展、深化。早在原始社会末期，社会生产力的不断发展及私有制的形成为天然物产作为商品进行交换创造了条件，人们开始意识到自然物质是“资财的源泉”，从而逐步形成了自然资源的概念。随着认识水平和科学技术的进步，某些先前未被发掘的自然物质逐渐被人们发现和利用，自然资源的种类和范畴都得到了扩充。自然资源的概念也相应发生了变化，不仅仅指可用于人类生产和生活部分的自然资源，还包括能给予人类精神享受的自然环境部分。旅游资源的开发利用即是其中具有代表性的一例。近年来高科技所兴起的电子计算机、生物工程、新材料、新能源、光导纤维、海洋工程等新兴技术的发展，更加丰富了资源的内涵。智力资源、信息资源、技术资源、管理资源都纳入了资源的范畴，并占据着越来越重要的地位。

20世纪40年代即第二次世界大战以后，世界人口急剧增加，工业和城市迅速发展，人类对自然资源的开采也达到了空前绝后，经济的增长是以对资源的大量消耗为代价的。

这种掠夺性的行为使陆地上的自然资源承受着空前的压力，许多资源面临枯竭，全球性的“资源危机”威胁着人类的命运。现代经济社会的迅猛发展还带来非常严重的环境问题，环境的恶化已经严重阻碍了经济的发展，威胁着人类的生存。因此合理地开发利用自然资源，协调经济效益、生态效益和社会效益三者之间的关系就显得异常重要。

综上所述，资源是在一定历史条件下，人类开发利用以提高自己福利水平或生存能力的、具有某种稀缺性的、受社会约束的各种要素或事物的总称。其根本性质是社会化的效用性和相对人类需求的稀缺性。

1.1.2　资源的分类

资源按其属性可分为自然资源和社会资源两大类。

1.1.2.1　自然资源

自然资源是一定社会技术条件下，能够产生生态价值或经济效益，以提高人类当前或可预见未来生存质量的自然物质和自然能量的总和。

1. 自然资源的分类

从不同的角度、标准，自然资源可有如下分类：

（1）产业分类。产业分类是传统的自然资源分类系统，按自然资源在不同产业部门中所占的主导地位笼统划分为农业资源、工业资源、能源、旅游资源、医药卫生资源、水产资源等。根据联合国粮农组织（FAO）划分法，水资源划分在农业资源内。

（2）物理特性分类。自然资源按物理特性可分为物质资源与能量资源两大类，或者按功能分为原材料与能源两大类，能源又可进一步分为一次能源和二次能源。水资源划归物质资源，而其中水能资源又可划归到能量资源。

（3）再生性特性分类。按再生性特征，自然资源可分为再生资源和非再生资源两大类，水资源属于再生资源。再生也是有限度的，超越限度将不能再生，非再生也是相对于人类历史时期而言的，不是相对于地质时期的。

（4）限制特征分类。按限制特性，自然资源分为流量资源（气候资源、生物资源、旅游资源、土地资源等，表现为流量限制）和存量资源（矿产资源、能源等，表现为储量限制）。

（5）生成特性分类。按生成特性，自然资源分为自然生成的资源和生成环境的资源。

自然生成：土、水、气、岩石、矿物、生物。

生成环境：太阳能、地球物理及生态学循环功能。

（6）地理特性分类。按形成条件、组合状态、分布规律及其地理环境各圈层之关系等地理特性，自然资源分为矿产资源（岩石圈）、土地资源（土圈）、水利资源（水圈）、生物资源（生物圈）和气候资源（大气圈）、海洋资源（海洋圈）等六大类。

（7）资源环境统计体系。我国对资源环境的统计将资源分为矿产资源、土地资源、水资源、海洋资源、森林资源、草地资源、野生动物资源、再生资源和环境统计等九大类。

2. 自然资源的特点

（1）多功能性。多功能性是指任何一种自然资源都有多种用途。例如，水资源既可用于农业，也可用于工业、航运、旅游以及美化环境等。同一种资源可作为不同生产过程的投入因素，不同行业对同一种资源存在着投入需求；自然资源的多用性为人类利用资源提供了不同用途的可能性，人类在利用时，可根据社会、经济、科学技术以及环境保护等因素，还有资源本身可供利用的广度和深度，实行综合开发、综合利用和综合治理，以达到最优化配置。

(2) 区域性。区域性是指资源地域分布的不平衡性。自然资源的地域分布受太阳辐射、大气环流、地质构造和地表形态结构等因素的影响，因此其分布存在明显的区域差异。又因影响自然资源地域分布的因素基本上是恒定的，在特定条件下必定对应着特定的自然资源区域，所以，其区域分布也有一定的规律性。例如我国水资源南多北少，而能源南少北多。从世界范围来看，资源的分布也是不均匀的，全世界煤炭总量的87%分布在美国、中国和前苏联三大国，储量约占世界总储量58%的石油集中在波斯湾石油沉积盆地。

自然资源的区域性特点要求人们在开发利用资源方面应以因地制宜为原则，充分考虑区域、自然环境和社会经济特点，使自然资源的开发利用和保护兼有经济效益、环境效益和社会效益。

(3) 整体性。整体性是指每个地区的自然资源要素彼此有生态的联系，形成一个整体。只要其中一个要素有变化，就会引起一连串的连锁反应，从而影响到整个自然资源系统。再生资源的整体性表现的较为突出。例如，森林资源除经济效益外，还具有含蓄水分、保持土壤的环境效益，若森林资源遭到破坏，不仅会导致河流含沙量的增加，引起洪水泛滥，而且使土壤肥力下降，土壤肥力的下降又进一步促使植被退化，甚至沙漠化，从而又将使动物和微生物剧减。

总之，在不同时间、空间条件下，各种资源是按不同比例、不同关系联系在一起的。从而形成不同的组合结构，构成不同的生态系统。

(4) 有限性。有限性是自然资源最根本的特性。资源的有限性有两层含义：第一，任何资源在数量上是有限的。资源的有限性在不可再生资源中尤其突出。不可再生是相对于人类而言的，如任何一种矿产资源的形成不仅需要有特定的地质条件，还必须经过千百万年或上亿年的漫长物理、化学、生物作用过程。第二，可替代资源的品种也是有限的。如作为人类生存必备条件的氧气和淡水至今仍没有找到可以替代的资源。

资源是有限的。有限的资源就希望人类能懂得珍惜。在利用资源时必须从长计议，坚持资源的可持续发展观。

1.1.2.2 社会资源

社会资源指除自然资源外的其他所有资源的总称。社会资源包括人力资源、智力资源、信息资源、技术资源和管理资源。

(1) 人力资源。人力资源指人口中那些已经成年并具有和保持正常劳动力的人，它以人口为基础，由一定数量的具有劳动技能的劳动者构成。

(2) 智力资源。智力资源指开发利用物质资源及开发创造知识资源的科技人员和管理人员。

(3) 信息资源。信息资源指可供利用并产生效益的一切信息的总称，是一种非实体资源，普遍存在于自然界、人类社会和人类的思维领域内。

(4) 技术资源。技术资源指人们用来创造社会财富的各种现实技术和潜在技术。现代科学技术是实现资源生态、经济、发展的第一要素资源。

(5) 管理资源。管理资源指管理与人力、物力、财力等资源相结合在经济增长和社会发展过程中所起的作用。

社会资源具有易变性、不平衡性、社会性及继承性等特点。

1.2 水资源的内涵与类型

1.2.1 水资源的内涵

近40年来,"水资源"一词在我国广泛流行,但对其内涵,却仁者见仁,智者见智,尚无公认的定论。究其原因,主要是:不同部门、不同行业对水资源的理解有差异;水的表现形式多种多样,如地表水、地下水、降水、土壤水等,且相互之间可以转化;水的物理、化学性质具有较强的地域性,它至少包含水量和水质两方面,这两方面在自然因素或社会因素影响下是可变的;水资源的开发利用,受自然因素、社会因素、经济因素、生态因素、环境因素等多种因素的影响和制约,并且上述诸多因素的影响和制约是在不断地发生变化的;水资源系统是一个复杂的耦合系统,它涉及到众多的学科,如数学、物理学、化学、生物学、地学、气象学、水文学、地质学等,并且与人类社会发展和生存环境相结合。

在国外,较早采用"水资源"这一概念的是美国地质调查局。1894年,该局设立了水资源处,其主要业务范围是对地表河川径流和地下水的观测。1963年,英国通过了水资源法,在该法中将水资源定义为"具有足够数量的可用水"。1965年,美国通过了水资源规划法案,同时成立了水资源理事会(Water Resources Council),此时水资源具有浓厚的行业内涵。在《英国大百科全书》中,水资源被定义为"全部自然界任何形态的水,包括气态水、液态水和固态水"。此定义被广泛引用,这与英国大百科全书权威性有很大关系。1977年联合国教科文组织建议"水资源应指可资利用或有可能被利用的水源,这个水源应具有足够的数量和可用的质量,并能在某一地点为满足某种用途而可被利用"。

我国开发利用水资源具有悠久的历史,逐渐形成了比较完整且具有中国特色的水利科学体系。公元前250年左右,秦代李冰在四川省灌县修建了解决成都平原水旱灾害的举世闻名的都江堰水利工程就是明显的一例。长期以来,水利界人士一直认为水利就是兴水利、除水害。在西方国家文字中,暂时还找不到与我国"水利"一词完全相对应的较贴切的译文。因此,我国水利与水资源两词并行,具有一定的历史背景。随着时间的发展,西方的"水资源"也越来越具有"水利"意义。

水是自然界的一个重要组成部分,也是人类生活和生命的依靠。水作为资源来看,由前面关于资源的论述,须是有经济价值和使用价值的。故水资源可定义为:"地球上目前和近期人类可直接或间接利用的水量,是自然资源一个重要组成部分,为人类生产和生活中不可缺少的资源。"

对水资源定义的理解可有广义和狭义之分。

广义的水资源,指地球上水的总体。自然界中的水以固态、液态和气态的形式,存在于地球表面和地球岩石圈、大气圈、生物圈之中。因此,广义水资源包括:地面水体,指海洋、沼泽、湖泊、冰川、河水等；土壤水和地下水，主要存在于土壤和岩石中；生物水，存在于生物体中；气态水，存在于大气圈中。地球水的总储量约为13.86亿km^3，其中海洋水占96.5%；淡水储量仅为总储量的2.53%，约为0.35亿km^3。淡水储量中绝大部分为冰盖、冰川和深层地下水，人类真正能够利用的是江河湖泊以及地下水中的一部分，仅约占地球总水量的0.26%。由此可见地球上广义水资源量是非常巨大的，但是，在如此巨大的水资源中我们人类能够利用的水资源，即淡水资源却极其有限。

狭义水资源，指逐年可以恢复和更新的淡水量，即大陆上由大气降水补给的各种地表、地下淡水的动态量，包括河流、湖泊、地下水、土壤水、微咸水。在水资源分析与评价中，常利用河川径流量和积极参与水循环的部分地下水作为水资源量。

水资源的定义是随着社会的发展而发生变化的，它具有一定的时代烙印，并且出现了从非常广泛外延向逐渐明确内涵的方向演变的趋势。由于其出发点不同，相对于特定的研究学科领域而言，它们都具有合理的因素。从各个学科出发，水资源涵义非常明确，研究对象十分清楚，但是如果从宏观角度系统地认识水资源，水资源定义又很模糊，让人感到五花八门，难以掌握。同时我们还必须注意到，上述各种水资源的定义，基本上都是围绕着水的形态、利用、水量等展开论述，很少涉及水资源的质即水质。然而，水质对于水资源而言，是十分重要的，如果不考虑水质而研究水资源，必将导致水资源开发利用的失误。

1.2.2　水资源的类型

广义的水资源包括地球上所有的水体，大体可分为地表水、地下水、土壤水、大气水、生物水几大类。其中地表水又包括江河水、湖泊水和冰川水。地下水按其埋藏条件主要分为潜水和承压水。

1. 地表水

江河水、湖泊水即指大江大河及湖泊中地表以上的水体。冰川水指冰川所含的水体。

2. 地下水

地下水包括潜水和承压水。

潜水是埋藏于地表以下第一稳定隔水层上，具有自由水面的地下水。它通过包气带与大气连通，潜水面为自由水面，不承受压力。潜水面与地面的距离为潜水埋藏深度，而潜水面与第一个稳定隔水层顶之间的距离则为潜水含水层厚度。

潜水的主要补给来源是降水和地表水，干旱沙漠地区尚有凝结水补给。当大河下游水位高于潜水位时，河水也可成为潜水的补给来源。干旱地区冲积或洪积平原中的潜水主要靠山前河流补给，河水通过透水性强的河床垂直下渗而大量补给潜水，有时水量较小的溪流甚至可全部潜入地下。

承压水是处在两个稳定隔水层之间的地下水。承压水具有压力水头，一般不受当地气象、水文因素影响，且具有动态变化稳定的特点。承压水不易遭受污染，水量较稳定，在城市、工矿供水中占重要地位。

3. 土壤水

土壤水又称为包气带水。包气带是在土壤上层、饱和水带以上的土层，由于没能全部充满液态水，而有大量气水流动。包气带土层中上部主要是气态水和结合水，下部接近饱和水带处充满毛细管水。如果土壤有较大的空隙，则会产生重力水，当包气带中存在局部隔水层时，则重力水会积储其上，形成上层滞水。

4. 大气水

大气水包含大气中的水汽及其派生的液态水和固态水。常见的天气气候现象如云、雾、雨、雪、霜等是大气水的存在形式。降雨和降雪合称大气降水，简称降水，是大气中的水汽向地表输送的主要方式和途径。

5. 生物水

生物水是指生物体内所包含的水分。生物都是含水系统。只有在含水的情况下，才有生命活动。

1.3　水资源的属性

1.3.1　水资源的自然属性

水资源的自然属性是指本身所具有的、没施加人类活动痕迹的特征，主要表现为水资源的有限性与无限性、时空分布的不均匀性、利用的广泛性和不可替代性、利害两重性、可恢复性与循环性。

1. 水资源的有限性与无限性

水资源与其他资源不同，它在水循环过程中能够不断恢复、更新、再生，属于可再生资源。地球上的水循环过程是永无止境的、无限的。因此，水资源是可再生的、无限的。水循环供给陆地源源不断的降水、径流，因此水循环的变化将引起水资源的变化。

虽然水循环是无限的，但地球上每年得到的太阳能是一定的，即每年通过蒸发参加水循环的水量是有限的。另外，由于下垫面条件的限制，每年能够得到更新和恢复的水量是有限的。因此，水资源是有限的。水资源在一定的限度内才是“取之不尽、用之不竭”的资源。

2. 水资源时空分布的不均匀性

时空分布的不均匀性是指水资源在时间上、空间上分布不均，有些地方多，有些地方少，有些时间多，有些时间少。这是由各地气候条件和下垫面的差异造成的。

水资源在时空分布上的不均匀性，使得地球上有些地区洪涝灾害严重，如我国的南方地区。而有些地区干旱频繁，如我国北方黄土高原地区。水资源在时空分布上的不均匀性，给水资源的合理开发利用带来很大困难。人类修建水库就是为了解决水资源在时间分布上的不均匀性。

3. 利用的广泛性和不可替代性

水资源既是生活资料，同时也是生产资料，在国计民生中用途广泛，各行各业都离不开水，这是水资源的广泛性。

从水资源的利用方式看，水可以分为消耗性用水和非消耗性用水。生活用水、农业用水、工业生产用水都属于消耗性用水，这些被利用的水其中一部分重新回到水体，但水量已经减少，水质也发生了改变。非消耗性用水主要指利用水体发电、航运、水产养殖，这些产业都是利用水体，而不消耗和污染水体，或很少消耗和污染水体。

总之，水资源的综合效益是其他任何资源无法替代的，是人们生存环境的重要组成部分，是地球上一切生命的命脉，是各行各业可持续发展的重要保证。

4. 利害两重性

由于降雨径流在地区分布上的不平衡和在时间分配上的不均匀，经常在某些地区出现洪涝灾害，而在有些地区出现干旱，这是水资源有害于人类的一面；但水资源为人类提供水源、发电、航运、养殖，以及为工农业生产服务，这是水资源有利于人类的一面。另外，人类在开发利用水资源和进行生产活动时，常会造成水土流失、水体污染等。

水资源可以被开发利用和可能引起的灾害，说明水资源具有利害两重性，因此，必须尊重自然规律，合理开发利用水资源，才能达到兴利除害的双重目的。

水资源的这些自然属性与地球上其他任何自然资源相比，无论是就其存在形式、运动形式还是对于自然和人类的重要性，都是十分独特，而且为其他自然资源所无法比拟和替代的。水资源既以其自身形式构成地球的水圈，同时又以气态或液态的方式渗透和存在于大气圈、生物圈和岩石圈，是自然界中唯一一种同时存在于地球四大圈层的物质。对于地球生命系统和人类社会来说，水是赖以存在和发展的最重要的物质因素和环境因素。

1.3.2 水资源的社会属性

水资源不仅是一种自然资源，更是一种社会资源，已成为人类社会的一个重要的组成部分。水资源的社会属性主要表现为经济性、伦理性、垄断性等。

1. 经济性

水资源已成为一种经济资源、是国民经济的组成部分之一。其经济性表现在：水资源是国民经济持续发展的动力资源之一，它不仅是农业生产的命脉，直接决定着粮食产量的高低；而且是工业生产的血液，维系着工业经济效益的好坏，钢铁工业、印染工业、造纸工业更是用水大户。水资源本身已成为经济资源，而且是“战略性的经济资源”，不仅可直接产生经济效益，而且直接关系着国家的经济安全。

2. 伦理性

人类与自然界的关系体现着伦理道德特征，即人类是以什么样的态度对待水资源。以往人们认为水资源取之不尽，用之不竭，以一种粗暴的、掠夺性的态度去开发水资源，而自然界则以洪水、水污染等方式对人类进行着报复。人类在开发过程中逐步认识到“以道德的方式对待自然界的重要性”，即要实现“人与自然和谐相处”。

公平性。公平是社会问题，在水资源使用面前人人平等，维持基本的生存需要是社会的最根本义务。

财富的代际均衡。水资源是人类生存的基础资源，不仅要满足当代人的需要，也要满足后代人的需要，应以道德的理念去对待和开发水资源，保证后代平等的发展权利。

3. 垄断性

2002年颁布实施的新《中华人民共和国水法》明确规定“水资源属于国家所有。……农村集体经济组织所有的水塘和由农村集体经济组织修建管理的水库中的水，归该农村集体经济组织使用”，即行政垄断。

水资源的垄断性有其必然的原因，即：水资源关系到国计民生，只有国家能从战略和人性的角度对水资源进行有效的规划和分配，任何单位和个人都可能仅考虑某一方面的利益而不能顾全大局；即使水资源具有可再生性，但总的来看水资源是供不应求且日益稀缺的，供需矛盾日益突出，在我国的个别地区已直接影响着人民的生活质量和制约经济社会的健康发展。

1.4 世界与我国水资源情况

1.4.1 世界水资源情况

在地壳表层、表面和围绕地球的大气层中存在着各种形态的，包括液体、气态和固态的水，形成地球的水圈，并和地球上的岩石圈、大气圈和生物圈共同组成地球的自然圈层。

水圈内全部水体的总储量约为 13.86 亿 km^3，其中海洋储存 13.38 亿 km^3，占全球总储量的 96.5%；其他各种水体储量只占 3.5%，地表水和地下水各占 1/2 左右。地球水总量中，含盐量不超过 1g/L 的淡水仅占 2.5%，即 0.35 亿 km^3，其余的 97.5%均为咸水。这 0.35 亿 km^3 淡水，有 68.7%被固定在两极冰盖和高山冰川中，有 30.9%蓄在地下含水层和永久冻土层中，而湖泊、河流、土壤中所容纳的淡水只占 0.32%，见表 1.1。

表 1.1　地 球 水 储 量

水体种类		水量		咸水		淡水	
		万亿 m^3	%	万亿 m^3	%	万亿 m^3	%
海洋水		1338000	96.54	1338000	99.04	0	0
地表水	地表水小计	24254.1	1.75	85.4	0.006	24168.7	69.0
	冰川与冰盖	24064.1	1.736	0	0	24064.1	68.7
	湖泊水	176.4	0.013	85.4	0.006	91.0	0.26
	沼泽水	11.47	0.0008	0	0	11.47	0.033
	河流水	2.12	0.0002	0	0	2.12	0.006
地下水	地下水小计	23700	1.17	12870	0.953	10830	30.92
	重力水	23400	1.668	12870	0.953	10530	30.06
	地下冰	300	0.022	0	0	300	0.86
土壤水		16.5	0.001	0	0	16.5	0.05
大气水		12.9	0.0009	0	0	12.9	0.04
生物水		1.12	0.0001	0	0	1.12	0.003
全球总储量		1385984.6	100	1350955.4	100	35029.2	100

河流的年径流量，基本上反映了水资源的数量和特征，所以各国通常用多年平均河川径流量表示水资源量。地球上陆地多年平均河川年径流量为 44.5 万亿 m^3，其中有 1.0 万亿 m^3 排入内陆湖，其余的全部流入海洋。包括 2.3 万亿 m^3 南极冰川径流在内，全世界年径流总量为 46.8 万亿 m^3。径流量在地区分布上很不均匀，有人居住和适合人类生活的地区，至多拥有全部径流的 40%，约 19 万亿 m^3。各大洲的自然条件差别很大，因而水资源量也不相同。大洋洲的一些大岛（新西兰、伊里安、塔斯马尼亚）的淡水最为丰富，年降水量几乎达到 3000mm，年径流深超过 1500mm。南美洲的水资源也较为丰富，平均年降水量为 1600mm，年径流深为 660mm，相当于全球陆地平均年径流深的两倍。澳洲是水资源量最少的大陆，平均年径流深只有 40mm；有 2/3 的面积为无永久性河流的荒

漠、半荒漠地区，年降水量不到300mm。非洲的河流径流资源也较贫乏，降水量虽然与欧洲、亚洲、北美洲地区相接近，但年径流深却只有150mm，这是因为非洲南北回归线附近有大面积的沙漠所致。南极洲的多年平均年降水量很少，只有165mm，没有一条永久性河流，然而却以冰的形态储存了地球淡水总量的62%，见表1.2。

表1.2 世界水资源分布

大陆	面积（万 km^2）	年降水		年径流		径流系数
		mm	万亿 m^3	mm	万亿 m^3	
欧洲	1050	789	8.29	306	3.21	0.39
亚洲	4347.5	742	32.24	332	14.41	0.45
非洲	3012	742	22.35	151	4.57	0.2
北美洲	2420	756	18.3	339	8.2	0.45
南美洲	1780	1600	28.4	660	11.76	0.41
大洋洲	761.5	456	3.47	40	0.3	0.09
大洋洲诸岛①	133.5	2700	3.61	1560	2.09	0.58
南极洲	1398	165	2.31	165	2.31	1.0
全部陆地	14900	800	119	315	46.8	0.39

① 包括塔斯马尼亚岛、新西兰岛、伊里安岛等太平洋各岛屿。

全世界用水量1900年为5790亿 m^3，到1995年达到37780亿 m^3，在1995年中，用水增加了5.5倍，其中：全球农业用水增加了3.9倍，工业用水增加了16.2倍，城市用水增加了16倍。

1.4.2 我国水资源情况

一个国家或地区水资源条件的优劣主要取决于降水量的多少。根据我国第一次水资源评价成果，全国多年平均年降水总量为6.1889万亿 m^3，折合面平均年降水深为648mm，小于全球陆地平均年降水深800mm。

地表水资源，用河川径流量作为定量值。全国多年平均年径流总量为2.7115万亿 m^3，折合年径流深为284mm，小于全球陆地平均年径流深315mm。河川径流补给组成为：降水产流补给占71%，地下水排泄补给占27%，冰川融水补给占2%。

地下水资源，指降水入渗和地表水体（含河道、湖库、渠系和渠灌田间）渗漏对地下含水层的补给量。扣除地下水矿化度大于2g/L的咸水面积和大型水域面积，全国地下水资源计算面积约880万 km^2，多年平均水资源量为0.8288万亿 m^3。其中，平原区计算面积为198万 km^2，多年平均资源量为0.1873万亿 m^3。中国华北、西北、东北地区，地表水资源相对贫乏，但有广大的平原分布，地下水资源量比较丰富且开采条件好，在城乡供水中地下水占有重要的地位。

一个区域的水资源总量指当地降水形成的地表、地下产水量。由于地表水和地下水互相联系而又互相转化，河川径流量中包括山丘区地下水的大部分排泄量，平原区地下水补给量中有一部分来源于地表水的入渗，故不能将河川径流量与地下水资源量直接相加作为水资源总量，应扣除互相转化的重复水量。据分析计算，地下水资源与河川径流的重复计算量达 0.7279 万亿 m^3。扣除重复量后的全国多年平均水资源总量为 2.8124 万亿 m^3，分区水资源量见表 1.3。

表 1.3 **中国分区水资源量**

分区名称	计算面积（万 km^2）	降水量		河川径流量		地下水资源量（亿 m^3）	水资源总量（亿 m^3）
		亿 m^3	mm	亿 m^3	mm		
东北诸河	124.85	6377	511	1653	132	625	1928
海滦河流域	31.82	1781	560	288	91	265	421
淮河和山东半岛	32.92	2830	860	741	225	393	961
黄河流域	79.74	3691	464	661	83	406	744
长江流域	180.85	19360	1071	9513	526	2464	9613
华南诸河	58.06	8967	1544	4685	807	1116	4708
东南诸河	23.98	4216	1758	2557	1066	613	2592
西南诸河	98.14	9346	952	5853	596	1544	5853
内陆诸河	337.44	5321	158	1164	34	862	1304
全 国	954.53	61889	648	27115	284	8288	28124

注 内陆诸河包括额尔齐斯河。

我国水资源主要特点如下。

（1）人均水量低。由于中国人口众多，人均天然河川径流量大大低于世界平均水平。按 1999 年人口统计计算，我国人均径流量为 2100m^3，约为世界的 1/4。

（2）地区上分布极不均匀。我国水资源因受海陆位置、水汽来源、地形地貌等因素的影响，在地区上的分布极不均匀，总趋势从东南沿海向西北内陆递减。按照年降水量和年径流深，可将全国划分为 5 个地带。

多雨—丰水带。年降水量大于 1600mm，年径流深超过 800mm。包括浙江、福建、台湾、广东的大部分，广西东部、云南西南部和西藏东南隅，以及江西、湖南、四川西部的山地。

湿润—多水带。年降水量在 800～1600mm，年径流深在 200～800mm。包括沂沭河下游和淮海两岸地区，秦岭以南汉江流域，长江中下游地区，云南、贵州、四川、广西的大部分以及长白山地区。

半湿润—过渡带。年降水量在 400～800mm，年径流深在 50～200mm。包括黄淮海平原，东北三省及山西、陕西的大部分，甘肃和青海的东南部，新疆北部、西部的山地，四川西北部和西藏东部。

半干旱—少水带。年降水量在 200～400mm，年径流深在 10～50mm。包括东北地区西部，内蒙古、宁夏、甘肃的大部分地区，青海、新疆的西北部和西藏部分地区。

干旱—干涸带。年降水量小于 200mm，年径流深不足 10mm，有面积广大的无流区。包括内蒙古、宁夏、甘肃的荒漠和沙漠，青海的柴达木盆地，新疆的塔里木盆地和准噶尔盆地，西藏北部的羌塘地区。

（3）与耕地、人口的分布不相匹配。我国外流区域面积占全国总面积的 64.6%，水资源总量占全国的95.4%；内流区域面积占全国的35.4%，水资源总量占全国的4.6%。在外流区域中，水资源与耕地、人口的地区分布不相匹配，人均、单位耕地水资源量差别很大：南方四区水资源总量占全国的81.0%，人口占全国的54.6%，耕地占全国的39.7%，人均水资源量为3300m^3，单位耕地水资源量为43860m^3/hm^2；北方四区水资源总量占全国的14.4%，人口占全国的43.3%，耕地占全国的54.9%，人均水资源量为740m^3，单位耕地水资源量为5640m^3/hm^2。

（4）年内年际变化大。因受季风气候的影响，我国大部分地区降水的年内分配很不均匀，年际变化大，枯水年和丰水年连续发生。长江以南地区受东南季风影响时间长，最大4个月降雨发生在3～6月或5～8月，占全年降水量的50%～60%。华北和东部地区，多雨季节为6～9月，这4个月雨量占全年降水量的70%～80%，其中华北地区更为集中，7月、8月降雨占全年的50%～60%。西南地区主要受西南季风的影响，有明显的雨季（5～10月）和旱季（11月至翌年4月），最大4个月（6～9月）雨量占全年的70%～80%。各年的降水量相差也较大，极值比西北大部地区为5～6，华北地区为4～6，东北地区为3～5，淮海、秦岭以南地区为2～4。年径流的年际变化更大，在半干旱、半湿润地区的极值比可达15～20。中国大部分地区的降水有比较明显的60～80年长周期，且南北不同步。许多河流发生过3～8年的连续丰水期或连续枯水期，黄河曾发生长达11年的连续枯水期。降水和径流年内年际变化大的特点，是造成中国水旱灾害频繁、农业生产不稳定的重要原因，也给水资源的充分开发利用带来困难，需要兴建大量水库对河川径流量进行年内调节或多年调节。

中国是世界上水利事业悠久的国家，历代都把发展水利作为治国安邦的重要措施。根据2006年河道外用水资料统计，全国总供水量为5795亿m^3，其中地表水源供水量（含跨流域调水）占81.2%，地下水源供水量占18.4%，其他水源供水量（指污水处理回用、集雨工程供水）占0.4%。全国总用水量达5795亿m^3，其中农业用水（含林牧渔用水）占63.2%，工业用水占23.2%，城乡生活用水占12.0%，生态用水占1.6%。

2006年全国主要用水指标的平均值如下：人均用水量为442m^3，万元GDP（国内生产总值）用水量为272m^3，农田实灌亩均用水量为449m^3，城镇人均生活用水量为212L/d，农村人均生活用水量为69L/d（含牲畜用水）。

1.5 水资源问题与挑战

1.5.1 全球水资源问题

世界的水资源分布十分不均。除了欧洲因地理环境优越、水资源较为丰富以外，其他各洲都不同程度地存在一些严重缺水地区，最为明显的是非洲撒哈拉以南的内陆国家，那里几乎没有一个国家不存在严重缺水的问题；在亚洲也存在类似问题。

2006年3月16日，第四届世界水资源论坛在墨西哥开幕。联合国在向大会提交的《世界水资源发展报告》中说，我们已严重改变了全球河流的自然规律。而同样出自联合国的一项名为《综合评估世界淡水资源》的研究报告说，如果人们继续像现在这样不加节制的用水，30年后世界贫水人口数将可能达到总人口数的2/3。

据统计，目前全世界人口的 1/5，即 11 亿人得不到安全的饮用水，另有 24 亿人缺乏良好的卫生设施。80 个国家和地区严重缺水。在过去 50 年中，由水引发的冲突共 507 起，其中 37 起有暴力性质，21 起演变为军事冲突。如不采取措施，今后世界冲突的爆发可能会以争夺宝贵的水资源的控制权为中心，就像过去以争夺石油控制权为中心一样。

除了全球气候异常导致部分地区发生水资源短缺外，人类对水资源过度开发、浪费和破坏，也是造成全球水危机的主要原因。

（1）需水量急剧增加。世界水资源状况恶化的主要原因是人类生产和生活用水量猛增。目前，人类对水的利用以超过人口增长率 2 倍的速度在增长，全球淡水需求量扶摇直上。20 世纪以来，世界淡水消费量增加了 7 倍。农业灌溉是最大的淡水用户，人口增长迫使农业必须增产，而在大多数地区，增产的主要手段是扩大土地种植面积和灌溉面积，这又需要更多的水。据联合国环境署估计，在过去 20 年中，全世界灌溉面积增加 1/3 以上。另外，随着社会的发展，发展中国家工业化进程加快，工业和城乡居民生活用水的需求量也呈迅速上升的趋势。总的来看，人口增长对水资源供应造成的压力正日趋加大。

（2）水质污染和用水浪费。世界人口增长、城市化发展和工农业生产规模的扩大，在大量消耗淡水的同时，又污染了有限的淡水资源，恶化了人类的生存环境。据联合国有关机构统计，全世界每年有多达上千万吨的三氧化二砷等有毒有害物质污染着全球的江河湖海。全球 1/10 的河流受到不同程度的污染。发展中国家的城市所产生的工业和生活废物，仅有 5%左右得到处理，其余的废物（包括工业生产的有毒和危险的副产品）大都随处弃置，从而对土壤、河流和地下水造成了严重污染，使大量淡水无法利用。另外，农业灌溉用水的有效利用率不到 50%，工业用水重复利用率低、城市供水系统渗漏等问题也造成了淡水资源的很大浪费，加剧了水资源的短缺。

（3）城市用水集中。城市化是现代社会发展的重要趋势之一。据联合国预测，世界城市人口占总人口的比例，将从 1950 年的 25%增加到 2025 年的 60%。城市生活用水量比农村大得多，城市化的结果使水资源消耗不断向城市集中，改变了水资源供需的区域布局，导致某些地区的供水和卫生状况更加恶化。

（4）森林植被减少。世界许多地区都存在对森林的乱砍滥伐问题，据世界观察研究所 1998 年 4 月估算，全世界每年至少有 1600 万 hm^2 天然森林被夷为平地。目前，赤道圈内的雨林已减少了 32%以上，西欧自罗马帝国时代以来 2/3 的天然林已经消失，非洲在过去 100 年间森林减少 1/2 以上，而“地球之肺”亚马逊地区，仅仅在过去 10 多年就毁掉了 40 万 km^2 的森林。大片森林丧失，影响了自然界气候调节，引起土壤侵蚀，削弱了涵养水源的功能，加重了水旱灾害，对生态和水环境保护造成灾难性影响。

（5）水资源管理分割。一些国家已经认识到在国际河流、湖泊和地下水的管理上必须通力合作，但仍有很多国家不接受国际社会制定的各种约束和条规，造成水资源管理的分割。这些国家以本地区的利益为目的，不计后果地过度开发、利用和污染地表水和地下水，加剧了另外一些地区的水危机。

1.5.2 我国水资源问题

我国的水资源情况也是令人担心的，缺水已成为制约我国社会经济进一步发展和人民生活不断改善的重要因素。我国水资源主要面临四大问题的挑战。

1. 洪涝灾害频繁

受季风气候影响，我国是一个洪涝灾害严重的国家。1998 年长江流域发生大洪水以后，国家加大了对防洪的投入，目前七大江河的防洪设施质量有了较大的提高，防洪工程体系已具较大规模，防洪形势得到了一定程度上的改观，但是洪涝灾害对我国的威胁依然很大。我国 70%以上的固定资产、40%的人口、1/3 的耕地、数百座城市及大量重要的国民经济基础设施和工矿企业分布在主要江河中下游地区，受到洪水的严重威胁。1990 年以来，由于洪涝灾害所导致的损失全国年均在 1100 亿元左右。洪涝灾害对我国的威胁主要表现在：大部分江河的防洪工程系统还没有达到规划标准，尤其是蓄滞洪区建设严重滞后，尚未形成完善的防洪减灾体系。河流众多，流域面积在 $100km^2$ 以上的有 5 万多条，大量中小河流防洪标准低。已建成的水库中有 3 万多座为病险水库，防洪危险极大。局部性的山洪、泥石流、滑坡灾害点多面广，防御难度大，台风所造成的灾害难以防御。

2. 水资源紧缺

我国年均可再生淡水资源总量约为 2.8 万亿 m^3，但人均占有量仅为世界平均水平的 1/4，是世界 13 个水资源严重短缺的国家之一。而且水资源分布不均，水土资源不相匹配，长江以南人均水资源量达到 3600 m^3 以上，而北方人均水资源量只有 720 m^3；长江流域及其以南地区国土面积只占全国的 36.5%，其水资源量占全国的 81%；淮河流域及其以北地区的国土面积占全国的 63.5%，其水资源量仅占全国水资源总量的 19%。大部分地区年内连续 4 个月降水量占全年的 70%以上，连续丰水或连续枯水年较为常见。

在解决饮用水方面，新中国成立以来，全国已累计解决农村 2.82 亿人饮水的困难，4 亿多农村人口喝上自来水，城市自来水基本上已经普及。在粮食用水方面，我国的有效灌溉耕地面积达到 8.4 亿亩。在工业供水方面，我国工业用水从 1980 年的 417 亿 m^3 增加到 2010 年的 1445 亿 m^3。但是应该看到，我国水资源短缺的状况还相当严重。目前我国约有 3 亿农村人口喝不上符合标准的饮用水。农田受旱面积年均达 3 亿亩，年均减产粮食 280 多亿 kg。工业和城市用水的紧张状况不断突出，已经成为一些城市发展的主要制约因素之一。

3. 水土流失、生态恶化

目前我国水土流失面积为 356 万 km^2，占国土面积的 37%，每年流失的土壤总量达 50 亿 t。严重的水土流失，不仅导致土地退化、生态恶化，而且造成河道、湖泊泥沙淤积，加剧了江河下游地区的洪涝灾害。牧区草原沙化严重，全国牧区 33.8 亿亩可利用草原中有 90%的牧区草地退化问题突出。地下水超采严重，大量湖泊萎缩，滩涂消失，天然湿地干涸，水源涵养能力和调节能力下降，水生态失衡呈加重趋势。

4. 水污染严重

2010 年全国污废水排放总量达 792 亿 t，部分未经处理直接排入水体，造成江河湖海遭受严重污染。全国七大水系符合 III 类以上水质标准的河段约占 60%，99 个有水质监测的湖泊中 65%富营养化。水体污染，进一步加剧了水资源供需矛盾。

1.5.3 应对水资源危机的对策

要解决面临的水资源危机问题，需要多管齐下。

(1) 合理使用水资源，加强水资源管理。合理使用水资源的基本要求是与浪费水的现象作斗争，特别是与灌溉方面的浪费现象作斗争。不走合理用水之路而选择其他办法的代价是昂贵的。

（2）加强技术开发，改进人类用水的方式，提高水的利用率。技术开发对合理用水具有至关重要的意义。生产1kg纸张就需要用水200L，但先进的系统能使这一数字降至40L。在灌溉时60％的水是通过喷灌设备蒸发掉了，但地下滴灌的做法却可以使水的利用率提高到95％以上。人类急需改进的用水技术很多。例如，在农业灌溉方面，可以通过改进灌溉技术、强制缩减用于灌溉的水量等措施来减少灌溉方面的浪费。再如，如果人类在海水淡化技术上取得突破，可供人类利用的水源将大大增加。现在，虽然海水淡化的潜力十分巨大，但因为成本高，许多国家只好“望海兴叹”。

（3）确定合理的用水价格。合理的用水价格有利于鼓励保护水资源、制止浪费，有助于鼓励采用合适的技术措施和水的再利用，鼓励用科学方法用水。水的价格在很多国家，特别是在一些发展中国家被定得很低，有的甚至是免费使用，这是造成水资源浪费严重的重要根源。所以，要通过合理的价格让人们知道水是一种商品，而且将成为一种珍贵商品，而不是像空气一样的“免费物品”。确定合理的用水价格还意味着取消各种用水补贴，补贴也是各种浪费水的根源之一。世界水事委员会建议，致使浪费的普遍用水补贴应该取消，代之以能使投资取得可观收益的水费，而以个别补贴帮助穷人。坚持“污染者交费，使用者交费”的原则。

（4）允许民营企业承担投资和管理活动。世界水事委员会的建议认为，应该允许民营企业承担投资和管理活动。一方面，水业管理民营化有助于消除效率低下现象。为了提高利润，民营公司将想方设法收缴水费，减少流失或盗用，并改良基础设施。这其中包括重新采用收集雨水来充实供水的办法，这种低成本方法将缓解地下水自然蓄水层的压力。另一方面，改善人类的用水状况需要大量的投资，显然，民营部门是筹集资金的重要方面。而政府除了起协调和保护环境的作用外，不应参与水资源的经营活动。对政府的要求是解决困难、提供机制、保护环境、通过财政援助和补贴保证贫困者的用水需求。

让私营企业承担投资和管理活动不仅是必要的，而且是可行的，因为未来的水业管理孕育着巨大商机。专家指出，水业管理孕育着全球最大的商机之一，该行业涉及的资金将十分庞大，因为每年全球为人们生活和企业生产供水需要4000亿美元，相当于石油工业的40％，超过全球制药业的1/3。估计水业每年的销售额和利润至少能增长10％，同时水业资金流动稳定，因为它同各城市签订的合约是长期的。

（5）淡化海水和回收废水。海水淡化是开拓人类新水源的重要途径。在地球上，97％的水来自海洋，而全球人口的70％居住在离大海不到80km远的地方，所以，海水淡化如今已被看作未来解决水问题的途径。技术上的一些改进已使海水淡化显示出光明的前景。回收废水也是一个开始受到人们欢迎的解决水问题的方法。中国、纳米比亚、埃及、以色列和南非都以此作为解决水问题的权宜之计。

（6）加强制度建设。全面加强水资源管理机制建设，让人民在有关水资源管理问题上有发言权。世界水事委员会建议，通过建立“用户委员会”，使水资源使用者同政府一样拥有发言权，并设立“水资源创新基金”以鼓励人们为水资源的利用提供建设性意见。

彻底改革解决水资源拥有权和使用权纠纷的机制。在地球上有214个河流和湖泊系统跨越一条或若干条国界，其中148个系统流经2个沿岸国家，有31个系统流经3个国家，其余的系统流经的国家最多的达12个，如果没有一个有效的争端解决机制，冲突将此起彼伏。

从法律和制度方面加强对全球水资源的保护。由于各政府对地下水位、汇水盆地和江河水资源的关注角度不同，很容易使环境问题受到忽视，所以必须制定相应的全球规则。各国都应遵守有关水资源利用方面的国际公约，对水资源统筹利用，多从生态学角度考虑使用水资源的问题，遵循“有偿使用”的原则，以此促进经济发展。

在国际社会的共同努力下，人们有理由相信，尽管解决全球水资源短缺问题的任务是艰巨的，但前途是光明的。

第2章　水 资 源 评 价

2.1　水资源评价的概念及分类

水资源评价通常指水资源的数量、质量、时空分布特征、开发利用条件的分析评定，是水资源的合理开发利用、管理和保护的基础，也是国家或地区水资源有关问题的决策依据。

水资源评价的重点对象一般是在现实经济技术条件下便于开发利用的淡水资源，特别是能快速恢复补充的淡水资源，包括地表水资源和地下水资源。地表水与地下水处在统一的水文循环之中，它们密切联系、相互转化，构成了完整的水资源体系。因此，必须统一评价地表水和地下水资源，以免水量的重复估算。水资源的使用价值还取决于水的质量，在评价水资源数量的同时，还应根据用水的要求，对水质作出评价。

根据水量平衡原理，一个区域的水量在一定的时段内满足以下关系：

$$P = R + E + U_g + \Delta V \tag{2.1}$$

式中：P 为降水量；R 为河川径流量；E 为总蒸发量；U_g 为地下潜流量；ΔV 为蓄水变量（地表、地下、土壤）；以上各项以水深 mm 计。

多年平均条件下，区域蓄水变量可忽略不计，$\Delta V=0$，水量平衡为：

$$P = R + E + U_g \tag{2.2}$$

由于河川径流量可以表述为 $R=R_s+R_g$，R_s 为地表径流，R_g 为地下径流。因此，水平衡方程又转化为如下形式：

$$P = R_s + R_g + U_g + E \tag{2.3}$$

通常，称 R 为地表水资源量，R_g 与 U_g 之和为地下水资源量，R_g 是它们之间重复计算的水量。从而，水资源总量为地表水资源量与地下水资源量之和扣除它们之间重复计算的水量，如图 2.1 所示。

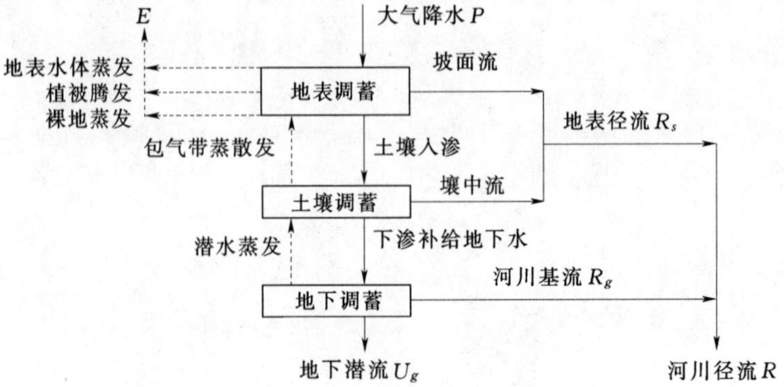

图 2.1　水资源形成示意图

2.2 地表水资源量计算

地表水资源量一般通过河川径流量的分析计算来表示。

河川径流量是一段时间内河流某一过水断面的过水量，它包括地表产水量和部分或全部地下产水量，是水资源总量的主体。有的国家就将河川径流量视为水资源总量。

在多年平均情况下，一个封闭流域的河川年径流量是区域年降水量扣除区域年总蒸散发量后的产水量，因此河川径流量的分析计算，必然涉及降水量和蒸发量。在无实测径流资料的地区，降水量和蒸发量是间接估算水资源的依据。水资源的时空分布特点尚可通过降水、蒸发等水量平衡要素的时空分布来反映。因此水资源计算与评价的主要内容就是对水量平衡的各个要素进行定量分析，研究它们的时程变化和地区分布。

2.2.1 降水量

根据水资源评价工作的要求，降水量的分析与计算，通常要确定区域年降水量的特征值，研究年降水量的地区分布、年内分配和年际变化等规律，为水资源供需分析提供区域不同频率代表年的年降水量。具体内容如下。

（1）绘制多年平均年降水量 $\overline{P}$ 及年降水量变差系数 C_v 等值线图。

（2）研究降水量的年际变化，推求区域不同频率代表年的年降水量。

（3）研究降水量的年内变化，推求其多年平均及不同频率代表年的年内分配过程。

2.2.1.1 资料分析

在进行资料分析时，首先要进行资料收集。主要包括以下资料。

（1）了解并收集研究区域内水文站、雨量站、气象站（台）的降雨资料。

（2）收集部分系列较长的外围站的记录，了解研究区域外围降雨量分布情况，以正确绘制边界地区的等值线图，并为地区拼接协调创造条件。

（3）摘录的资料应认真核对，并对资料来源和质量予以注明，如站址的迁移、两站的合并以及审查意见等。

（4）选择适当比例尺地形图作为工作底图，要求准确、清晰、有经纬度，并能反映地形地貌的特征，以便勾绘等值线时考虑地形对降水及其他水平衡要素的影响。

（5）收集以往有关分析研究成果，如水文手册、图集、特征值统计和有关部门编写的水文、气象分析研究文献，作为统计分析、编制和审查等值线图等的重要参考资料。

对收集的资料要予以审查。资料审查一般包括可靠性审查、一致性审查和代表性分析三个方面。资料可靠性审查的重点如下。

（1）为保证成果质量，对选用资料应进行以特大、特小数值和新中国成立前的资料为重点的审查。对于特大、特小等极值要注意分析原因，视其是否在合理的范围内；对突出的数值，往往要深入对照其汛期、非汛期、日、月的有关数值；在山丘区，发现问题要分析测站位置和地形的影响。通常可通过单站历年和多站同步资料的对照分析，研究其有无规律可循。

（2）对采取的以往整编资料中的数据，也要进行必要的审查。

（3）资料的审查和合理性检查必须贯穿于工作的各个环节，如资料的抄录、插补延长、分析计算和绘制等值线图等。

系列代表性分析主要是为了分析不同长度系列的统计参数（均值、C_v）的稳定性和了解多年系列丰、枯周期的变化情况。一般可选40年以上的长系列作为分析依据。向前计算不同时段（n=15，20，24，30，40，…）系列的均值及C_v值，并与长系列计算值比较，分析其稳定性。还可以绘制长系列年降雨量过程线、差积曲线和5年滑动平均过程线，分析丰、枯交替变化的规律，评定其代表性。

由于我国大部分水文站实测资料年限很短，为了减少抽样误差，提高统计参数的精度，应根据各地具体情况进行适当的插补延长，以保证成果的可靠性。在插补延长资料时，必须要保证精度。相关关系较好，相关曲线外延部分一般不超过相关曲线实测点据变幅的50%，展延资料的年数不宜过长，最多不超过实测年数。

可以根据具体情况采取不同方法插补延长。在气候、地形条件一致时，可搬用邻站同期降雨量资料或采用附近各站同期降雨量的均值；非汛期降雨量较少，各年变化不大，可用同月降雨量各年平均值插补缺测月份；在年降雨量缺测时，可用该年的降雨量等值线图内插，可用相关法插补延长。在相关分析时，必须选用资料系列较长、资料较好、气候条件与缺测站相一致的参证站。

2.2.1.2 降水量参数等值线的绘制

1. 分析代表站的选择

降水量分析一般选择资料质量好、实测年限较长、面上分布均匀和不同高程的测站作为代表站。站网密度较大的区域，要优先选择实测年限较长并有代表性的测站，实测年限较短的站点只能作为补充或参考。在我国东部平原地区，降水量梯度较小，着重按分布均匀作为选站的原则。在山区，设站年限一般较短，可根据实际情况降低要求，在个别地区，只有几年观测资料，即使系列很短，也极其宝贵，需用作勾绘多年平均年降水量等值线的参考。在选站时可参考以往分析成果，根据降雨量地区分布规律和年降雨量估算精度的要求选取。

分析代表站选定后，尽可能多地搜集分析代表站的降水量资料。降水资料的来源主要有《水文年鉴》、《水文图集》、《水文资料》、《水文特征值统计》以及有关部门编写的水文、气象分析研究报告。有些资料则需到水文、气象等部门摘抄。有了充分的资料，才能比较全面客观地描述降水量的统计规律，以保证所绘出的统计参数等值线图可靠合理。

2. 年降水量统计参数的分析计算

年降水量统计参数有：多年平均年降水量$\overline{P}$、年降水量变差系数C_v及年降水量偏态系数C_s。我国普遍采用确定统计参数的方法是图解适线法，采用的理论频率曲线为P—Ⅲ型曲线。计算时注意，由于同步系列不长，对于特丰年、特枯年年降水量的经验频率，最好由邻近的长系列参证站论证确定或由旱涝历史资料分析来确定，以避免偶然性。

3. 降水量参数（$\overline{P}$、C_v）等值线图的绘制

（1）绘图前，要了解本地区降水成因、水汽来源、不同类型降水的盛行风向，本地区地形特点及其对成雨条件的影响等。还应搜集以往《水文手册》、《水文图集》等分析成果。弄清降水分布趋势及其量级变化，为勾绘等值线图提供依据。

（2）将分析计算的各站年降水量统计参数$\overline{P}$和C_v值，分别标注在带有地形等高线的

工作底图的站址处。根据各站实测系列长短、资料可靠程度等因素，将分析代表站划分为：主要站、一般站和参考站，绘制等值线图以主要站数据作为控制。

（3）勾绘等值线。按“主要站为控制，一般站为依据，参考站作参考”的原则勾绘等值线。勾绘时要重视数据，但不拘泥于个别点据；要充分考虑气候和下垫面条件，参考以往分析成果。绘制山区降水量等值线时，应当注意地形、高程、坡向对降水量的影响。一般来说，随着高程的增加，降水量逐渐增大但达到某一高程后不再加大，有时反而随高程的增加而减小。从我国部分地区年降水量与高程的关系可以看出这一点。因此，应根据山区不同高程、不同位置的雨量站实测降水量资料，建立降水量与高程的相关图或沿某一地势剖面的降水量分布图，分析降水量随高程的变化。在地形变化较大的地区，可选择若干站点较多的年份，绘制短期（3～5年）平均年降水量等值线图，作为勾绘多年平均年降水量等值线图的参考依据。通常，山区降水量等值线与大尺度地形走向一致，要避免出现降水量等值线横穿山脉的不合理现象。

年降水量变差系数 C_v 值，一般在地区分布上变化不大。通常，由于可作依据的长系列实测资料的站点不多，多数站点经插补展延后系列参差不齐，算出的 C_v 值仅可供参考。C_v 值是由适线最佳而确定的，有一定的变化幅度，对突出点据，要分析其代表性，是否包括丰、枯年的资料，并要与邻站资料进行对比协调。有的区域幅员较大，难以绘制 C_v 等值线图，有人建议采用分区综合法确定各分区的 C_v 值作为该分区的代表值，不绘制等值线图。

4. 等值线图的合理性分析

对绘制的多年平均年降水量及年降水量变差系数等值线图进行合理性分析主要从以下几个方面进行。

（1）检查绘制的等值线图是否符合自然地理因素对降水量影响的一般规律。其规律是：靠近水汽来源的地区年降水量大于远离水汽来源的地区；山区降水量大于平原区；迎风坡降水量大于背风坡；高山背后的平原、谷地的降水量一般较小；降水量大的地区 C_v 值相对较小。如经检查，等值线图不符合这些规律的，应进行分析修正。

（2）检查绘制的等值线与邻近地区的等值线是否衔接；与以往绘制的相应等值线有无明显的差异。发现问题应进一步分析论证。

（3）检查绘制的等值线图与陆面蒸发量、年径流深等值线图之间是否符合水量平衡原则。如发现问题应按水量平衡原则进行协调修正。

2.2.1.3 区域多年平均及不同频率年降水量计算

根据区域内实测降水量资料情况，区域多年平均及不同频率年降水量的计算有以下两种途径。

1. 区域年降水量系列直接计算法

当区域内雨量站实测年降水量资料充分时，可用区域实测的年降水量资料系列直接计算。其计算步骤为：根据区域内各雨量站实测年降水量，用算术平均法或面积加权平均法，算出逐年的区域平均年降水量，得到历年区域年降水量系列。对区域年降水量系列进行频率计算，即可求得区域多年平均的年降水量及不同频率的区域年降水量。

2. 降水量等值线图法

对实测降水量资料短缺的较小区域，可用降水量等值线图间接计算。其计算过程如下。

第一步，区域降水量等值线图的转绘与补充。为了反映区域内各计算单元降水量的差别，将大面积多年平均年降水量和 C_v 值等值线图转绘到指定区域较大比例尺的地形图上。如本区再无新资料补充，且认为大面积等值线图能够反映本区降水量的变化情况时，则可按原等值线的梯度变化适当加密线距，作为本区多年平均年降水量计算的依据。如本区有补充资料或大面积的等值线图与本区实际情况出入较大时，对原等值线则要加以调整和补充。这时，应充分搜集本区域原勾绘等值线未入选的、近年增加的（包括新设站）实测降水量资料，补充进行单站年降水量特征值的计算，加密工作底图上的点据。然后根据补充资料及原有资料的可靠性、代表性等，考虑地形、地貌、气候等因素对年降水量的影响，综合分析等值线图的合理性，绘制本区域站点数据更多、比例尺更大、等值线间距更小的年降水等值线图。

第二步，区域多年平均年降水量的计算。在转绘、加密的多年平均年降水量等值线图上划出本区域范围，量算等值线间的面积，采用面积加权法求得本区域多年平均年降水量。

$$\bar{P}_P = \sum_{i=1}^{n} \frac{\bar{P}_i + \bar{P}_{i-1}}{2} \cdot \frac{f_i}{F} \tag{2.4}$$

式中：$\bar{P}_P$ 为区域多年平均年降水量，mm；$\bar{P}_i$、$\bar{P}_{i-1}$ 为年降水量等值线图上相邻两等值线的年降水量，mm；f_i 为 $\bar{P}_i$ 和 $\bar{P}_{i-1}$ 相邻两等值线间的面积，km^2；F 为区域总面积，km^2。

第三步，区域不同频率的年降水量计算。当区域面积不大时，区域年降水量的变差系数 C_v 可按区域形心在 C_v 等值线图上查得，或取地区综合的 C_v 值。C_s/C_v 值可取为固定值，查 P—III 型理论频率曲线模比系数 K_P 值表，可查得不同频率的 K_P 值，进而计算出不同频率的年降水量。

$$P_{FP} = K_P \cdot \bar{P}_F \tag{2.5}$$

式中：P_{FP} 为频率为 P 的区域年降水量，mm；K_P 为频率 P 相应的模比系数；$\bar{P}_F$ 为区域多年平均年降水量，mm。

当区域面积较大时上述两种方法的计算成果将有明显的差别。因为区域面积加大后使区域平均年降水量的年际变化匀化，即区域年降水量的变差系数随区域面积加大而减小，与单站点年降水量的变差系数有较大差别。因此，当区域面积较大时，尽量采用区域年降水量系列直接频率计算。

2.2.1.4 区域年降水量的年内分配

降水量的年内分配可采用两种方式来表示。

（1）降水量百分率及其出现月份分区图。选择资料质量好，实测系列长且分布比较均匀的测站。分析计算多年平均连续最大 4 个月降水量占多年平均年降水量的百分率及其出现时间。绘制连续最大 4 个月降水量占年降水量百分率等值线及其出现月份分区图。

（2）各代表站不同频率的降水量年内分配。通常采用典型年法。在上述分析的基础上，按降水的类型等特性划分小区。在每个小区中选择代表站。按实测年降水量与某一频率的年降水量相近的原则选择典型年，分析不同典型年年降水的月分配过程。

除此以外，也可以关键供水期降水量推求其年内分配。

2.2.2 蒸发量

蒸发量是水量平衡要素之一，它是特定地区水量支出的主要项目。分析计算时要研究的内容包括水面蒸发和陆面蒸发两个方面。

2.2.2.1 水面蒸发

水面蒸发是反映蒸发能力的一个指标，它的分析计算对于探讨陆面蒸发量时空变化规律、水量平衡要素分析及水资源总量的计算都具有重要作用。在水资源评价工作中，对水面蒸发计算的要求是：研究水面蒸发器折算系数，绘制年平均水面蒸发量等值线图。

1. 水面蒸发器折算系数

水面蒸发器折算系数是指天然大水面蒸发量与某种型号水面蒸发器同期蒸发量的比值。我国水利部门用于水面蒸发观测的仪器型号不一，主要有 E_{601} 型蒸发器（或其改进型）等。各种蒸发器性能不同，测得的水面蒸发量也不相同。因为水面蒸发量的大小除受温度、湿度和风速等因素影响外，还受蒸发器形式、尺寸、结构和制作材料及周围地形等因素的影响。因此，虽然水面蒸发折算系数的研究成果很多，但相互对比往往有较大的差别。不同型号的蒸发折算系数相差很大，同型号的蒸发折算系数也随时间、空间而变化。

水面蒸发器折算系数的时空变化，一般取决于天然大水体蒸发量和蒸发器蒸发量的影响因素的地区差别，分析结果表明：

（1）折算系数随时间而变。年际间折算系数不同。年内有季节性变化。一般呈秋高春低型，南方有的地区呈冬高春低型。晴天、雨天、白天、夜间折算系数也有差别，其差别随蒸发器水面面积的增大而减小。

（2）折算系数有一定的地区分布。我国的水面蒸发折算系数存在从东南沿海向内陆逐渐递减的趋势。为了反映折算系数的地区分布规律，可在一定的区域内绘制不同型号蒸发器水面蒸发折算系数等值线图。当水面蒸发站点较少或资料比较缺乏时，也可表示为折算系数分区图。

2. 多年平均年水面蒸发量等值线图的绘制

（1）分析代表站的选择。尽量选择实测年限较长、精度较高、面上分布均匀、蒸发器型号为 E_{601} 或 φ80cm 的站点为分析代表站。有的地区观测站点稀少，也可选用 φ20cm 蒸发器的观测站点资料。由于水面蒸发量的时空变化相对较小（据统计，水面蒸发量的 C_v 值一般小于 0.15），故一般具有 10 年以上的资料即可满足分析多年平均年水面蒸发量的要求。在资料缺乏地区，5 年以上的资料也可作勾绘等值线的参考依据。

（2）水面蒸发量资料的统一。根据本地区或邻近地区水面蒸发器折算系数的分析研究结果，将所选分析代表站型号不一的年水面蒸发量均折算为同一型号水面蒸发器的年水面蒸发量。一般折算为 E_{601} 型水面蒸发器年水面蒸发量。即绘制 E_{601} 型水面蒸发器多年平均年水面蒸发量等值线图。

（3）等值线图的勾绘及合理性分析。将各站统一的 E_{601} 型水面蒸发器多年平均年水面蒸发量标注在工作底图的站址处。分析气温、湿度、风速和日照等气候因素及地形等下垫面因素对水面蒸发量的影响。一般情况下，气温随着高程的增加而降低，风速和日照则随高程的增加而减小，综合影响的结果是水面蒸发量随着高程的增加而减小。此外，平原地区蒸发量一般要大于山区；水土流失严重、植被稀疏的干旱高温地区蒸发量要大于植被良好、湿度较大的地区。对于个别数据过于突出的站点，还要分析蒸发器的制作、安装是否符合规范，局部环境是否有突出影响等。多年平均年水面蒸发量的地带性变化较平缓，勾绘的等值线较稀疏，重点为等值线图整体变化趋势和走向的合理性分析。

2.2.2.2　陆面蒸发

陆面蒸发指特定区域天然情况下的实际总蒸散发量，又称流域蒸发。它等于地表水体蒸发、土壤蒸发与植物散发量的总和。陆面蒸发量的大小受陆面蒸发能力和陆面供水条件的制约。陆面蒸发能力可近似地由实测水面蒸发量综合反映。而陆面供水条件则与降水量大小及其分配是否均匀有关。一般说来，降水量年内分配比较均匀的湿润地区，陆面蒸发量与陆面蒸发能力相差不大；但在干旱地区，陆面蒸发量则远小于陆面蒸发能力，其陆面蒸发量的大小主要取决于供水条件。

1. 陆面蒸发量的估算

陆面蒸发量因流域下垫面情况复杂而无法实测，通常只能间接估算求得。现行估算陆面蒸发量的方法有以下两类。

（1）流域水量平衡方程式间接估算法。在闭合流域内由多年平均水量平衡方程可间接求得流域多年平均年陆面蒸发量。

$$\bar{E} = \bar{P} - \bar{R} \tag{2.6}$$

式中：$\bar{E}$ 为多年平均年陆面蒸发量；$\bar{P}$ 为多年平均年降水量；$\bar{R}$ 为多年平均年径流量；以上各项以水深 mm 计。

（2）基于水热平衡原理的经验公式法。通过对实测气象要素的分析，建立地区经验公式计算陆地蒸发量。但由于流域下垫面情况复杂，影响陆面蒸发的因素多，经验公式参数的率定难度很大，此法估算的陆面蒸发量一般只能作为参考。

2. 多年平均年陆面蒸发量等值线图的绘制

第一步，资料的选用。

在一个区域内，选择足够数量的代表性流域。分别用其多年平均年降水量减去多年平均年径流量求得各流域形心处的单站多年平均年陆面蒸发量，并点在工作底图的流域形心处。由于它是以实测年降水、年径流资料作为依据的，成果精度较为可靠，故可作为勾绘等值线图的主要依据。

将一定区域的多年平均年降水量和年径流量等值线图相重叠，两等值线交叉点上降水量和径流量的差值，即为该点的多年平均年陆面蒸发量。这种数值是经过年降水、年径流等值线均化的结果，精度相对较差，可作为绘制等值线图的辅助点据。

平原水网区水文站稀少，实测径流资料短缺，难以用水量平衡原理估算当地的陆面蒸发量。当水网区供水条件充分时，陆面蒸发量接近于蒸发能力（近似于 E_{601} 型水面蒸发器），这一点可作为勾绘等值线图的一个控制条件。如果平原水网区供水条件不充分，可应用基于水热平衡原理的经验公式，由气象要素的实测值计算陆面蒸发量，补充部分点据，作为勾绘等值线图的参考。

第二步，分析多年平均年陆面蒸发量地区分布规律。

由于陆面蒸发量为降水量与径流量的差值。因此，多年平均年陆面蒸发量的地区分布与多年平均年降水量、多年平均年径流量的地区分布密切相关。一般说来，供水条件较好的南方湿润地区，蒸发能力为影响陆面蒸发量的主导因素。因此，多年平均年陆面蒸发量等值线与多年平均年水面蒸发量等值线有相近的分布趋势。供水条件差的北方干旱区，供水条件为影响陆面蒸发量的主导因素。因此，多年平均年陆面蒸发量的地区分布与多年平均年降水量的地区分布相近。

第三步，勾绘等值线图。

绘图时，以代表性流域水量平衡求得的点据为控制，以交叉点基于水热平衡原理经验公式得出的点据为参考，参照多年平均年水面蒸发量等值线图、多年平均年降水量等值线图及多年平均年径流深等值线图，并参照影响陆地蒸发量的主要自然地理因素，如地形、土壤、植被，明确整体走势，勾绘多年平均年陆面蒸发量等值线图，并在与降水和径流等值线图协调的原则下，反复修改完善。

2.2.3 河川径流量

根据水资源评价要求，河川径流量的分析与计算，主要是分析研究区域的河川径流量及其时空变化规律，绘制多年平均年径流深 $\bar{R}$ 和变差系数 C_v 的等值线图，阐明径流年内变化和年际变化的特点，推求区域不同频率代表年的年径流量及其年内时程分配。

2.2.3.1 径流资料的统计处理

为达到上述计算目的，最重要的是资料完备程度、长度和精度。因此，首先要对径流资料进行统计处理、分析论证。

1. 资料的收集

应着重收集以下 5 个方面的资料。

(1) 收集研究区域内及其外围有关水文站历年月、年流量资料，并注意收集以往的有关整编、分析计算结果。

(2) 收集流域自然地理资料，如土壤、地质、植被、气候等。并收集流域的工程情况、规划资料等。

(3) 收集大中型水库的有关资料，如水位，水位—容积、面积关系曲线，进出库流量资料，蒸发、渗漏等资料。

(4) 调查工业用水、农业用水，并了解灌区的基本情况。

(5) 水文站考证资料，包括测站沿革、迁移、变更、撤销、断面控制条件和测验方法、精度、浮标系数。测站集水面积来源情况。

资料收集后，要对资料进行审查。审查方法有上下游或相邻流域过程线对比、水量平衡、降雨径流关系等方法，可根据实际情况选择应用。审查工作应贯穿于资料统计、插补延长、等值线图绘制等各个环节中，发现问题应随时研究解决。

2. 资料的插补延长

在观测资料缺失情形下，要对资料进行插补延长。月径流资料的插补延长，根据不同情况可采用以下方法。

(1) 对于有水位资料而无径流资料的月份，可以借用相近年份的水位流量关系推求流量，但要分析水位流量关系的稳定性及外延精度。

(2) 对于枯季缺月资料插补可用历年均值法、趋势法、上下游月流量相关法推求。

(3) 汛期缺月资料插补采用上下游站或相邻流域月径流量相关法、月降雨量—月径流量相关法推求。

年径流资料的插补延长，一般可采用上下游站的年径流相关、与邻近流域站的年径流相关、流域平均年降水量与年径流相关、汛期流量与年径流相关等方法推求。

3. 资料的还原

水资源评价要计算的是天然状态下的年径流量，它系指流域集水面积范围内，人类活动影响较小，径流的产生、汇集基本上在天然状态下进行时，河流控制测流断面处全年的径流总量。由于人类活动的影响，使流域自然地理条件发生变化，影响地表水的产流、汇流过程，从而影响径流在时间、空间和总量上的变化，使河流（河道）测流断面的实测径流量不能代表天然径流量。如跨流域引水，修水库、塘堰等水利工程，旱地改水田，植树造林等措施，将使年径流量变化。因此需对实测资料进行还原计算，得到天然径流量。

将受人类活动调蓄和消耗的这部分径流量回加到实测值中，称为年径流的还原计算。还原计算应采用调查和分析相结合的办法，并要加强调查。凡有观测资料的，应采用观测资料计算还原水量，如无观测资料可通过调查分析进行估算。尽可能收集历年逐月用水资料，如果确有困难，可按用水的不同发展阶段选择丰水、平水、枯水典型年份，调查其年用水量及年内分配情况，推算其他年份还原水量。

还原计算时，尽可能按资料系列逐月、逐年还原。还原计算应按河系自上而下，按水文站控制断面分段进行，然后累积计算。引用河水和地下水应分开，还原时只计算河川径流部分。由于大量开采地下水，对河川径流量有明显影响的地区，应加以说明。

还原水量的合理性检查主要包括三个方面：工业、农业等用水合理性检查；对还原后的年径流量进行上下游、干支流和地区间的综合平衡，分析其合理性；对还原计算前后的降雨径流关系，进行对比分析，看还原后的关系是否改善了。

2.2.3.2　多年平均年径流深及年径流变差系数等值线图的绘制

1. 代表站的选择

绘制的水文特征值等值线图应反映该水文特征值的地带性变化，这种地带性变化是气候因素和下垫面因素综合作用的结果。等值线图应具有可移用性。因此，绘制 $\bar{R}$ 和 C_v 等值线图应选用具有地理代表性的中等流域面积水文站的计算值为主要依据，其集水面积一般为 300～5000km^2。流域面积过小的水文站，其年径流统计特征值由于受局部下垫面因素影响较强而对邻近地区代表性不足；流域面积过大的水文站其年径流统计特征值由于受到径流变化匀化的影响而对邻近地区失去代表性。在站网稀少的地区，选站条件可以适当放宽。代表站选定后，根据各站实测径流资料的可靠性和径流还原计算的精度，将代表站划分为主要站、一般站、参考站三类。

对于大江大河较大流域面积的水文站，用上下游站相减的方法得到区间流域的年径流量，除以区间面积得区间流域的年径流深，计算其统计特征值，可作为勾绘年径流深 $\bar{R}$ 及变差系数 C_v 等值线图的参考。

2. 统计参数的计算与点绘

各代表站按同步年径流系列计算其统计参数 $\bar{R}$ 、C_v ，分别点绘在代表站流域径流分布形心处。当流域的自然地理条件比较一致、高程变化不大时，以流域形心作为径流分布的形心。

3. $\bar{R}$ 、C_v 等值线图的勾绘和合理性检查

将各代表站的 $\bar{R}$ 、C_v 值点注完毕，即可着手勾绘等值线。在有充分实测径流资料的情况下，基本上可依据各点所标数值进行勾绘。首先勾绘出主要的等值线，以确定等值线分布和走向的大致趋势，然后再进行加密。对勾绘的等值线要进行检查。

2.2.3.3 河川径流量的分析计算

根据研究区域的气象及下垫面条件，综合考虑气象、水文站点的分布、实测资料年限与质量等情况，河川径流量的计算可采用代表站法、等值线图法、年降雨径流相关法、水热平衡法等。

1. 代表站法

代表站法的基本思路是在研究区域内，选择一个或几个位置适中、实测径流资料系列较长并具有足够精度、产汇流条件有代表性的站作为代表站。计算代表站逐年及多年平均年径流量和不同频率的年径流量。然后根据径流形成条件的相似性，把代表站的计算成果按面积比或综合修正的办法推广到整个研究范围，从而推算区域多年平均及不同频率的年径流量。

（1）当研究区域与代表站所控制的面积相差不大，自然地理条件也相近时，可用下式计算研究区域逐年或多年平均年径流量：

$$W_{区} = \frac{F_{区}}{F_{代}} W_{代} \tag{2.7}$$

式中：$W_{区}$ 为研究区域年径流量或多年平均年径流量，m^3；$W_{代}$ 为代表站控制范围的年径流量或多年平均年径流量，m^3；$F_{区}$ 、$F_{代}$ 分别表示研究区域和代表站的面积，km^2 。

（2）若研究区域内有两个或两个以上代表站，则将全区域划分为两个或两个以上部分。每部分有一个代表站。其各部分的计算同上，全区的年与多年平均径流以两个或两个以上分区的面积为权重计算之。

（3）当代表站的代表性不理想时，例如自然地理条件相差较大，此时不能采用简单的面积比法计算全区逐年及多年平均年径流量，而应当选择一些对产水量有影响的指标，对全区逐年及多年平均年径流量进行修正。

1）可用多年平均降水量进行修正。在以面积为权重的计算基础上，考虑代表站和研究区域降水条件的差异，进行修正。

2）用多年平均年径流深修正。该法不仅考虑代表站和研究区域降水量的差异，也考虑下垫面对产水量的综合影响。因此引入多年平均年径流深进行修正。

3）用年降水量或年径流量修正。当研究区域和代表站有足够的实测降水和径流资料时可用此法。

用以上方法求得研究区域逐年径流量，构成了该区域的年径流系列。在此基础上进行频率计算即可推求研究区域不同频率的年径流量。

2. 等值线图法

当区域面积不大并且缺乏实测径流资料时，可由多年平均年径流深和年径流变差系数 C_v 等值线图量算和图查读出本区域多年平均的年径流量和变差系数 C_v 值，由此求得不同频率代表年的年径流量。步骤如下：

第一步，多年平均年径流深与年径流变差系数 C_v 等值线图的转绘和加密。

径流等值线图是根据大范围中等流域资料绘制的，往往难以反映区域内局部因素对径流的影响，也不能满足区域内各计算单元径流量估算的需要。因此，可将大范围绘制的等值线及所依据的资料点据转绘到本区域较大比例尺的地形图上。充分利用本区域内各雨量站实测降水量资料、短系列实测径流资料、区域的年降水径流关系等资料，补充部分点据，加密本区域的等值线图。

第二步，计算区域多年平均及不同频率的年径流量。

根据转绘加密后的等值线图，在区域范围内，量算相邻两等值线之间的面积（为简便起见，也可以求积仪读数来表示）。采用面积加权法推求区域多年平均的年径流量。

$$\overline{R}_{区}=\frac{\overline{R}_1 f_1+\overline{R}_2 f_2+\cdots+\overline{R}_n f_n}{f_1+f_2+\cdots+f_n}=\frac{1}{F_{区}}\sum\overline{R}_i f_i \tag{2.8}$$

$$\overline{W}_{区}=R_{区}\ F_{区} \tag{2.9}$$

式中：$\overline{R}_{区}$ 为区域多年平均年径流深，m；$\overline{R}_i$ 为相应于面积 f_i 上的多年平均年径流深，一般取相邻两等值线径流深的平均值，m；$F_{区}$ 为区域总面积，m^2；$\overline{W}_{区}$ 为区域多年平均年径流量，m^3。

当区域面积较小，在中等流域面积范围内时，区域年径流 C_v 值可利用区域形心查 C_v 等值线图得出。如果区域面积超出中等流域面积范围较多，由等值线图查出的 C_v 值应加以修正，修正方法可借助于年径流 C_v 值与流域面积 F 的经验公式。

$$C_{v,R}=\frac{\gamma\cdot C_{v,P}}{a^n+m\lg F} \tag{2.10}$$

式中：$C_{v,R}$ 为年径流变差系数；$C_{v,P}$ 为年降水量变差系数；a 为年径流系数；F 为流域面积，km^2；γ、m 为地区性经验系数。

求得区域年径流变差系数 C_v 值，再根据前面求得的多年平均年径流量，即可求出区域不同频率的年径流量。

3. 年降雨径流关系法

在研究区域上，选择具有实测降水径流资料的代表站，逐年统计代表站流域平均年降水量和年径流量，建立年降水径流相关图。如本区域气候、下垫面情况与代表站流域相似，则可由区域逐年实测的平均年降水量在代表站年降水径流关系图上查得区域逐年平均的年径流量。进行频率计算，即可得到不同频率的区域年径流量。

4. 水文模型法

在研究区域上，选择具有实测降水径流资料的代表站，建立降雨径流模型，用于研究区域的水资源评价。

2.2.3.4　河川径流量的年内分配

受气候和下垫面因素的综合影响，河川径流的年内分配情势常常是很不相同的。即使年径流量相差不大，其年内分配也常常有所区别。这对水资源开发工程规模的选定、工农业和城市生活用水等也会带来很大的影响。因此，需要研究河川径流量的年内分配。提出正常年或丰、平、枯等不同典型年的逐月河川径流量，为水资源的开发利用提供必要的依据。在一般情况下，河川径流量年内分配的计算时段、项目和方法，应依据国民经济部门对水资源开发的不同要求、实测资料情况、区域面积大小和河川径流量变化的幅度来确定。

1. 多年平均年径流的年内分配

常用多年平均的月径流过程、多年平均的连续最大4个月径流百分率和枯水期径流百分率表示多年平均年径流的年内分配。

多年平均的月径流过程，常用月径流量多年平均值与年径流量多年平均值比值的柱状图或过程线表示。

多年平均连续最大4个月径流百分率，指最大4个月的径流总量占多年平均年径流量的百分数。可以绘制百分率的等值线图，就是将各代表站流域的百分率及出现月份标在流域形心处，绘制等值线而成。也可按出现月份进行分区，一般在同一分区内，要求出现月份相同、径流补给来源一致、天然流域应当完整。

枯水期径流百分率，指枯水期径流量与年径流量比值的百分数。根据灌溉、养鱼、发电、航运等用水部门的不同要求，枯水期可分别选为5～6月、9～10月或11月至翌年4月。也可绘制枯水期径流百分率等值线图。

2. 不同频率年径流的年内分配

一般采用典型年法，即从实测资料中选出某一年作为典型年，以其年内分配形式作为设计年的年内分配形式。典型年的选择原则是使典型年某时段径流量接近于某一统计频率相应时段的径流量，且其月分配形式不利于用水部门的要求和径流调节。选出典型年后对其进行同倍比缩放求出设计年相应频率的径流年内分配过程。

2.2.4 山丘区地表水资源量计算方法

有水文站控制的河流，按实测径流还原后的同步系列资料推求多年平均年径流量，再加上或减去水文站至出山口由等值线图或水文比拟法计算出的产水量，即为河流出山口多年平均年径流量。

没有水文站控制的河流，包括季节性河流和山洪沟，只要有山丘区集水面积的，可用等值线图或水文比拟法估算出年径流量。

将评价区内有水文站控制的河流的天然年径流量和没有水文站控制的河流用等值线图或水文比拟法估算的年径流量相加即为评价区内的河流总径流量。若评价区界限与流域天然界线一致，评价区河流径流量即为评价区内降水形成的地表水径流量。若评价区界线与流域天然界线不一致，当出山口河流径流量包含评价区外产流流入本区的水量时，评价区地表水资源量应从出山口河流总径流量中扣除区外来水量；当评价区内河流有水量在出山口前流出境外时，则评价区地表水资源量应为出山口水资源量加未控制的出境水量。

2.2.5 平原区地表水资源量计算方法

在分析计算条件许可的情况下，平原地区水资源量计算可仿照上述山丘区方法进行。但对平原水网地区，由于人类活动和城市化进程加快使流域下垫面发生较大改变，流域的产流机制和水资源情势也发生了相应的变化；流域经济发展程度较高，用水量和重复利用率增加，工程调蓄作用明显。从而，河川径流的还原计算难度增加。在水资源评价时，可建立平原地区水文模型，利用模型进行计算。

2.3　地下水资源量计算

地下水资源是总水资源的重要组成部分。区域地下水资源是指区域浅层地下水体在当地降水补给条件下，经水循环后的产水量。在区域水资源分析计算中，要求查清本区域地下水资源的水量、水质及其时空分布特点，分析地下水资源的循环补给规律。了解地下水与地表水之间的相互转化关系，推求多年平均和不同代表年的地下水资源量，为工农业生产和水利规划提供科学依据。

为正确计算和评价地下水资源量，通常按地形地貌特征、地下水类型和水文地质条件，将区域划分为若干不同类型的计算分区。各计算分区采用不同的方法计算地下水资源量，计算成果按流域和行政区划进行汇总。总的说来，按地下水资源计算的项量、方法不同，主要分为山丘区和平原区两大类型。一般山丘区、岩溶区及黄土高原丘陵沟壑区地下水资源的计算项量、方法大体相同，统称为山丘区；平原区、山间盆地平原区、黄土高原塬台阶地区、沙漠区及内陆闭合盆地平原区地下水资源的计算项量、方法相近或类同，统称为平原区。

地下水资源评价常用的方法为水均衡法、地下水动力学法等。

2.3.1　山丘区地下水资源量的计算

目前，直接计算山丘区地下水补给量的资料尚不充分，故可根据水均衡法的原理用地下水的排泄量近似作为补给量。计算公式为：

$$\overline{W}_{g山}=\overline{R}_{g山}+\overline{C}_{潜}+\overline{C}_{侧山}+\overline{C}_{泉}+\overline{E}_{g山}+\overline{g}_{山} \tag{2.11}$$

式中：$\overline{W}_{g山}$ 为山丘区地下水的总排泄量；$\overline{R}_{g山}$ 为河川基流量；$\overline{C}_{潜}$ 为河床潜流量；$\overline{C}_{侧山}$ 为山前侧向流出量；$\overline{C}_{泉}$ 为未计入河川径流的山前泉水出露量；$\overline{E}_{g山}$ 为山间盆地潜水蒸发量；$\overline{g}_{山}$ 为浅层地下水开采的净消耗量。式中各项均为多年平均值，计算单位均为 m^3。

式（2.11）各项排泄量中，以河川基流量为主要部分，也是分析计算的主要内容。对于我国南方降水量较大的山丘区，其他各项排泄量相对较小，一般可忽略不计。

2.3.1.1　河川基流量的计算

河川基流量为地下水对河道的排泄量。山丘区河流坡度陡，河床切割较深，水文站实测的逐日平均流量过程线既包括来自地表的地表径流，又包括来自地下水的河川基流量。河川基流量可通过分割实测流量过程的方法近似求得。

1. 分析代表站的选择

区域河川基流量由分割区域内代表站的实测流量过程线求得。分析代表站的选择应满足下列条件：

（1）代表站流域应为闭合流域，即地表、地下分水线基本一致。

（2）代表站流域的地形、地貌、植被和水文地质条件对本区域有足够的代表性。

（3）代表站流域面积一般为200～5000km²。水文站稀少的区域，可以适当放宽面积界限。所选站点应力求面上分布均匀。

（4）代表站实测流量资料系列较长。至少应包括丰水、平水、枯水年内的10年以上实测流量资料。

（5）代表站流域受人类活动的影响较小。

2. 常用的几种分割法

（1）直线平割法。将枯季无降水时期的某一特征最小流量作为河川基流量，水平直线分割日流量过程线。直线以上部分为地表径流量，直线以下部分即为河川基流量。直线平割法方法简单，工作量小。

（2）直线斜割法。在平均流量过程线上，自起涨点至峰后无雨情况下退水段的转折点（拐点），用直线相连，直线以下部分即为河川基流量。直线斜割法为分割基流的基本方法，关键是退水拐点的确定。常用的方法有：

1）综合退水曲线法。在历年日平均流量过程线上，选择峰后无雨、退水较匀称的退水段过程线若干条，将各条退水段过程线用相同的坐标比例绘出，在水平方向上移动，使其尾部重合，绘出外包线，即为综合退水曲线，或称标准退水曲线。把综合退水曲线绘在透明纸上，再在欲分割的流量过程线上水平移动使其与实测流量过程线退水段尾部相重叠，两条曲线的分叉处即为退水拐点。如不同季节的退水规律不同，也可分季节选定不同的综合退水曲线。

2）消退流量比值法。

3）消退系数比较法。对退水曲线方程取对数得：

$$\lg Q_t = \lg Q_0 - \beta t \tag{2.12}$$

此式说明 $\lg Q_t \sim t$ 的关系为坡度"$-\beta$"的直线。因此可将退水曲线日流量过程线点绘在半对数纸上。由于地表径流消退快，β 值大，地下径流消退缓慢，β 值小。绘在半对数纸上的退水过程线呈现出两段坡度不同的直线。其转折点即为所求的退水拐点。

在我国南方湿润地区，流量过程多呈复式峰，很难用上述方法分析确定综合退水曲线退水转折点，此时可采用一些经验公式进行控制。

3. 多年平均河川基流量的计算

（1）长系列法。点绘历年日流量过程线，分割基流。求得各年河川基流量，其算术平均值即为多年平均年河川基流量。

（2）典型年法。点绘典型年日流量过程线，分割基流。求得各典型年河川基流量，并按各典型年河川基流量占总径流量比例的均值计算多年平均的河川基流量。

（3）代表年径流量与河川基流相关法。选择8～10年代表性年份，分割基流，求得各代表年的年河川基流量。根据逐年年径流量，查相关图得未分割基流年份的年河川基流量，并计算其多年平均年河川基流量。

4. 不同频率的年河川基流量

根据历年的年河川基流量系列，用频率计算方法求得不同频率的年河川基流量。有的代表站受水文地质条件的限制，河川基流量经验频率曲线有时呈上凸形状，其 C_v 为负值。这时，为直接应用现行的P—Ⅲ型理论频率曲线计算不同频率河川基流量，需将上凸的经验频率曲线转换为下凹的经验频率曲线。

5. 区域河川基流量的计算

（1）采用模数分区法步骤如下。

1）分别计算区域内各代表站的多年平均年河川基流模数：

$$M_{基} = \frac{W_{基}}{f} \tag{2.13}$$

式中：$M_{基}$ 为代表站多年平均年河川基流模数，m^3/km^2；$W_{基}$ 为代表站多年平均年河川基流量，m^3；f 为代表站流域面积，km^2。

2）按区域植被、岩性及地质构造等分布特征将区域划分为若干均衡计算区，每个计算区包括一个或几个分割基流的代表站。

3）计算各均衡区的平均基流模数。可用各区代表站基流模数按代表面积加权平均求得。

$$\overline{M}=\frac{1}{\sum f_i}\sum M_{基i}f_i \tag{2.14}$$

式中：$\overline{M}$ 为计算区平均基流模数，m^3/km^2；f_i 为均衡计算区各站代表面积，km^2；$M_{基i}$ 为均衡计算区各站基流模数，m^3/km^2。

4）计算区域河川基流量，计算公式为：

$$\overline{R}_g = \sum \overline{M}_i F_i \tag{2.15}$$

式中：$\overline{R}_g$ 为区域河川基流量，m^3；$\overline{M}_i$ 为各均衡计算区平均基流模数，m^3/km^2；F_i 为各均衡计算区的面积，km^2。

（2）在水文地质条件比较单一的区域，可以用等值线图法计算区域河川基流量。其步骤如下：

1）将各代表站的多年平均年河川基流深点绘在地形图上各站流域面积形心处。

2）参照地形、地貌和水文地质图勾绘多年平均年基流深等值线图。

3）用面积加权平均法计算区域多年平均年河川基流量，即：

$$\overline{R}_R = \sum f_i R_i \tag{2.16}$$

式中：$\overline{R}_R$ 为区域多年平均年河川基流量，m^3；f_i 为任意两条等值线间的面积，m^2；R_i 为相邻两条等值线基流深的算术平均值，m。

2.3.1.2 其他排泄量的计算

（1）河床潜流量。流经河床松散沉积物中未被水文站测得的径流量称为河床潜流量：

$$U_{潜} = KIAt \tag{2.17}$$

式中：$U_{潜}$ 为河床潜流量，m^3；K 为渗透系数；I 为水力坡度；A 为垂直于地下水流向的河床潜流过水断面面积，m^2；t 为潜流历时，s。

若河床松散沉积物很薄，则 $U_{潜}$ 可不计。

（2）山前侧向流出量。经由山丘区和平原区地下界面的流出水量，就称为山前侧向流出量。可由达西公式分段计算，然后进行累加求得。如山丘区与平原区交界处水力坡降甚小（小于 1/5000），则山前侧向流出量可忽略不计。

（3）山前泉水出露量。地下水丰富的山丘区，尤其是岩溶区，地下水常以泉水的形式在山前排泄出来，未包括在河川径流量中，通常根据调查分析求得。

（4）山间盆地的潜水蒸发量。计算方法与平原区潜水蒸发量相同。

（5）浅层地下水实际开采的净消耗量。计算公式为：

$$\overline{g}_{山} = \overline{Q}_{农}(1-\beta_{农}) + \overline{Q}_{I}(1-\beta_{I}) \tag{2.18}$$

式中：$\overline{g}_{山}$ 为浅层地下水实际开采的净消耗量，m^3；$\overline{Q}_{农}$、$\overline{Q}_{I}$ 为用于农田灌溉、工业及城市生活的浅层地下水实际开采量，m^3；$\beta_{农}$、β_{I} 为井灌回归系数、工业及城市用水回归系数。

2.3.2 平原区地下水资源的计算

一般平原区地下水及气象等资料较山区丰富，因此可以直接计算各项补给量作为地下水资源量。有条件的地区，可同时计算总排泄量进行校核。地下水开发程度较高的平原区，一般尚需计算可开采量，以便为水资源供需分析提供依据。

2.3.2.1 以补给量估算

平原区补给量是指天然或人工开采条件下，由大气降水及地表水体渗入、山前侧向径流及人工补给等流入含水层的水量，计算公式为：

$$W_{g平} = \overline{U}_p + \overline{U}_s + \overline{U}_{侧山} + \overline{U}_{越补} \tag{2.19}$$

式中：$W_{g平}$ 为平原区地下水补给量；$\overline{U}_p$ 为降水入渗补给量；$\overline{U}_s$ 为地表水体对地下水的入渗补给量；$\overline{U}_{侧山}$ 为山前侧向流入补给量；$\overline{U}_{越补}$ 为越流补给量。式中各项为多年平均值，单位均为 m^3。

1. 降水入渗补给量

降水入渗补给量是指降水入渗到包气带后在重力作用下渗透补给潜水的水量，它是浅层地下水重要的补给来源，其计算公式为：

$$\overline{U}_p = \overline{\alpha}\overline{P}F \tag{2.20}$$

式中：$\overline{U}_p$ 为降水入渗补给量，m^3；$\overline{\alpha}$ 为年降水入渗补给系数；$\overline{P}$ 为年降水量，m；F 为计算区面积，m^2。

降水入渗补给系数的大小与地下水埋深、包气带岩性、降水量大小等有关，年降水入渗补给系数常用地下水动态资料计算确定。在地下侧向径流较弱、地下水埋深较浅的平原区，可按下式计算年降水入渗补给系数：

$$\alpha_{年} = \frac{\mu\sum h_i}{P} \tag{2.21}$$

式中：$\alpha_{年}$ 为年降水入渗补给系数；μ 为给水度；$\sum h_i$ 为年内各次降水入渗补给形成的地下水位升幅之和，mm；P 为年降水量，mm。

将给水度、地下水位升幅年总和及降水量代入式（2.21），即可计算出年降水入渗补给系数，进而可计算多年平均的年降水入渗补给系数。当地下水动态观测资料短缺时，可采用接近多年平均年降水量年份的相应量作为多年平均值。

给水度 μ 值是在重力作用下，饱和岩体排出的水体积与饱和岩体体积的比值。它的大小主要受地下水变幅带岩性及地下水埋深等因素的影响。确定 μ 值较常用的方法是实际开采量法和地下水动态资料分析法。

（1）实际开采量法。在地下水埋深较大、灌溉入渗、侧向径流、河道补排影响微弱的井灌区，可选取无降水的一段集中开采期，由地下水实际开采量及相应的地下水位变幅计算给水度 μ 值：

$$\mu = \frac{W_{开}}{(F \cdot \Delta h)} \tag{2.22}$$

式中：μ 为地下水变幅带的给水度；$W_{开}$ 为时间段内典型区地下水实际开采量，m^3；F 为典型区面积，m^2；Δh 为时段内典型区地下水位平均变幅，m。

（2）地下水动态资料分析法。地下水埋深较浅、侧向径流较弱的平原区，无地表水渗漏、无地下水开采的时段，潜水蒸发几乎是地下水消退的唯一因素，此时可借助于潜水蒸发量的经验公式计算出地下水位降幅内的给水度 μ 值。

常用的潜水蒸发量经验公式为：

$$E_{潜} = E_0\left(1-\frac{\Delta}{\Delta_0}\right)^n \tag{2.23}$$

式中：$E_{潜}$ 为潜水蒸发量，mm；E_0 为同期地表土壤饱和时的蒸发量，一般用 E_{601} 型蒸发器的水面蒸发量代替，mm；Δ 为地下水时段平均埋深，m；Δ_0 为临界地下水埋深，即潜水蒸发量为零时的地下水埋深，m；n 为与气候和土质有关的指数（一般取 1～3）。

当无降水、无地表水渗漏、无地下水开采，侧向径流微弱时，可写成：

$$\mu = \frac{1}{\Delta h/E_0}\left(1-\frac{\Delta}{\Delta_0}\right)^n \tag{2.24}$$

当 $\Delta = 0$ 时，$\mu = \frac{1}{\Delta h/E_0}$ 即可根据地下水动态观测资料，建立 $\Delta h/E_0 \sim \Delta$ 的相关关系，计算出给水度 μ 。

2. 河道渗漏补给量

当江河水位高于两岸地下水位时，河水渗入补给地下水的水量称为河道渗漏补给量。分析河道水位和两岸地下水位的变化特性，确定需计算河道渗漏补给量的河段。对于年汛期河水补给地下水、汛后地下水向河道排泄的河段，则分别计算补给量和排泄量，两者差值作为河道渗漏补给量。河道渗漏补给量可以通过水文分析法直接确定，也可以用地下水动力学法计算。

（1）水文分析法。此法适用于河道附近缺乏地下水观测资料、河段上下游有水文站的河段。利用上下游水文站实测径流资料估算河道渗漏补给量，计算公式为：

$$U_{河渗} = (R_{上} - R_{下}) \cdot (1-\lambda)\frac{L}{L'} \tag{2.25}$$

式中：$U_{河渗}$ 为河道渗漏补给量，mm；$R_{上}$、$R_{下}$ 分别为上、下游水文站实测年径流量，mm；L' 为上、下游水文站间的距离，km；L 为计算河段长度，km；λ 为上、下游水文站间水面及两岸浸润带蒸发量之和与 $(R_{上} - R_{下})$ 之比值，由观测、试验资料确定。

（2）地下水动力学法。当河段两岸有钻孔资料时，可沿岸切割渗流剖面，根据河水位与钻孔地下水位确定水力坡度，利用达西公式估算河道渗漏补给量。

3. 渠系渗漏补给量

灌溉渠道水位一般高于地下水位，各级渠道在输水过程中渗漏补给地下水的水量，称为渠系渗漏补给量。

补给系数法常用的计算公式为：

$$U_{渠道} = m \cdot \overline{W}_{渠首} \tag{2.26}$$

式中：$U_{渠道}$ 为渠系渗漏补给量，m^3；$\overline{W}_{渠首}$ 为渠首引水量，当缺乏实测资料时，可由毛灌溉定额乘以灌溉面积得出，m^3；m 为渠系渗漏系数。

$$m = \gamma(1 - \eta)$$

式中：η 为渠系有效利用系数；γ 为修正系数。

资料许可条件下，也可按达西公式计算。

4. 渠灌田间渗漏补给量

灌溉水进入田间后，经过包气带渗漏补给地下水的水量称为渠灌田间渗漏补给量，计算公式为：

$$U_{渠灌} = \beta_{渠} \cdot W_{渠灌} \tag{2.27}$$

式中：$U_{渠灌}$ 为灌溉田间入渗补给量，m^3；$\beta_{渠}$ 为渠灌田间入渗系数；$W_{渠灌}$ 为渠灌进入田间的水量，可由渠首引水量乘以渠系有效利用系数 η 得出，m^3。

5. 水库（湖泊、闸坝）蓄水体渗漏补给量

水库、湖泊、闸坝等蓄水体的水位高于周边地下水位时，渗漏补给地下水的水量称为蓄水体入渗补给量。可用出入库水量平衡法进行估算，计算公式为：

$$U_{库渗} = P_{库} + W_{入} - E_0 - W_{出} \tag{2.28}$$

式中：$U_{库渗}$ 为水库（湖泊、闸坝）渗漏补给量，mm；$P_{库}$ 为水库（湖泊、闸坝）水面上的降水量，mm；$W_{入}$ 为入库（湖泊、闸坝）水量，mm；E_0 为水库（湖泊、闸坝）的水面蒸发量，可用 E_{601} 型蒸发器观测值代替，mm；$W_{出}$ 为出库（湖泊、闸坝）水量，mm。

6. 山前侧向流入补给量

山前侧向流入补给量，指山丘区山前地下径流补给平原区浅层地下水的水量，估算方法见山丘区山前侧向流出量计算方法。

7. 越流补给量

越流补给量相对数量较小，一般情况下忽略不计。如数量较大不能忽略，可按达西公式计算。

8. 人工回灌补给量

人工回灌补给量按实际回灌量计算。

2.3.2.2 以排泄量估算

平原区地下水的排泄量主要包括潜水蒸发量、河道排泄量、侧向流出量、越流排泄量、人工开采净消耗量等。计算公式为：

$$W_{g平} = \overline{E}_R + \overline{U}_{g平} + \overline{U}_{侧平} + \overline{U}_{越排} \tag{2.29}$$

式中各项均为多年平均值，其符号意义如上。

1. 潜水蒸发量

潜水蒸发量是指浅层地下水在毛细管引力作用下，向上运动形成的蒸发量。它是浅层地下水消耗的重要途径。其大小主要取决于气候条件、潜水埋深、包气带岩性及有无作物生长等。常用的计算方法如下：

（1）地中渗透仪实测法。移用条件相似的均衡试验场地中渗透仪的实测潜水蒸发量作为估算依据。但由于地中渗透仪站点少，影响观测精度的因素较多，代表性论证困难，因此本法采用情况不多。

（2）经验公式法。常用的潜水蒸发量公式为：

$$E_R = E_0\left(1-\frac{\Delta}{\Delta_h}\right)^n \tag{2.30}$$

根据地下水动态观测资料分析得出 n、Δ_h 值，由 E_{601} 型蒸发器实测水面蒸发量 E_0 及时段平均地下水埋深，估算时段潜水蒸发量。

（3）潜水蒸发系数法。潜水蒸发量与水面蒸发量的比值称为潜水蒸发系数。

$$E_R = c \cdot E_0 \cdot F \tag{2.31}$$

式中：E_R 为潜水蒸发量，m^3；E_0 为年水面蒸发量，m；c 为潜水蒸发系数；F 为计算区面积，m^2。

潜水蒸发系数主要受潜水埋深、包气带岩性、气候及植被等因素的影响。有试验资料时直接由均衡试验场地中渗透仪观测的潜水蒸发计算。无潜水蒸发量实测资料的地区可用经验公式分析计算。具体确定方法与用动态资料分析确定给水度的方法相同。也可移用同类地区潜水蒸发系数经验值，但必须进行充分的论证。我国首次水资源评价综合了各流域片采用的数据。

2. 河道排泄量

当河道水位低于两岸地下水位时，地下水向河道排泄的水量称为河道排泄量。其计算方法为河道渗漏补给量的反运算。平原区地下水河道排泄量相当于河川基流量。如河段上下游有水文站实测径流资料，可分别绘制上、下游站平水年日流量过程线，分割基流，求出上、下游站的河川基流，两者之差可作为两站间平原区的地下水河道排泄量。

3. 其他排泄量

（1）侧向流出量。当区外地下水位低于区内地下水位时，通过区域周边流出的地下水量称为侧向流出量，具体计算方法同山丘区山前侧向流出量。

（2）越流排泄量。它是指浅层地下水越层排入深层地下水的水量。计算方法同越流补给量。若排泄量较小，且资料不齐全时，也可忽略不计。

（3）人工开采净消耗量。其按实际用水情况和回归情况进行计算。

2.3.3 地下水可开采量

地下水可开采量是指在经济合理、技术可行和不造成地下水位持续下降、水质恶化及其他不良后果条件下可供开采的浅层地下水量。它是在一定期限内既有补给保证，又能从含水层中取出的稳定开采量。估算方法有如下几种：

（1）实际开采量调查法。对于浅层地下水开发利用程度较高、开采量调查资料比较准确、潜水埋深大而潜水蒸发量小的地区，当平水年年初、年末的浅层地下水位基本相等时，则将年浅层地下水的实际开采量近似地作为浅层地下水多年平均年可开采量。

（2）可开采系数法。地下水可开采量与地下水总补给量之比称为可开采系数，用 ρ 表示。对浅层地下水有一定开发利用水平并积累有较长系列的开采量调查统计数据及地下水动态观测资料的地区，通过对多年平均年实际开采量、水位动态特征、现状条件下总补给量的综合分析，确定出合理的可开采系数 ρ 值。则多年平均开采量等于可开采系数 ρ 与多年平均条件下地下水总补给量的乘积。

可开采系数 ρ 值的确定，主要考虑浅层地下水含水层岩性及厚度、单井单位降深出水量、平水年地下水埋深、年变幅、实际开采程度等因素。对含水层富水性好、厚度大、地下水埋深较小的地区，选用较大的可开采系数；反之，则选用较小的可开采系数。

（3）多年调节计算法。当计算区具有较多年份不同岩性、不同地下水埋深的水文地质参数资料、井灌区作物组成及灌溉用水量资料、连续多年降水量及地下水动态观测资料时，可根据多年条件下总补给量等于总排泄量的原理，依照地面水库的调节计算方法对地下水进行多年调节计算。按时间顺序逐年进行补给量和消耗量的平衡计算，并与实测地下水位相对照。调节计算期间的总补给量与总废弃水量（消耗于潜水蒸发和侧向排泄的水量）之差，即为调节计算期的地下水可开采量。

2.3.4　不同频率代表年的地下水资源量

2.3.4.1　山丘区不同代表年的地下水资源量

如前所述，山丘区以地下水总排泄量估算地下水资源量。而总排泄量中以河川基流量为主体。因此，计算一些代表年（8～10 年）的河川基流量和地下水资源量，建立两者相关关系，由不同频率的年河川基流量查相关图求得不同频率代表年的地下水资源量。有的山丘区，河川基流量之外的其他排泄量可以忽略不计，则不同频率的年河川基流量即代表不同频率的山丘区地下水资源量。

2.3.4.2　平原区不同代表年的地下水资源量

平原区地下水资源量通常由地下水总补给量估算。总补给量的主体为降水入渗补给量。因此可计算一些代表年（8～10 年）的降水入渗补给量与地下水资源量，建立两者之间的相关关系。利用地区综合的降水入渗补给系数与年降水量的相关图，即可根据年降水量系列的频率分析求得不同频率的降水入渗补给量；再由降水入渗补给量与地下水资源量相关图，推求得出不同频率代表年的平原区地下水资源量。

2.4　区域水资源总量计算

根据目前水资源评价工作的实际情况，在水量评价中，将河川径流量作为地表水资源量，将地下水补给作为地下水资源量分别进行评价，再根据转化关系，扣除互相转化的重复水量，计算出各水资源评价区的水资源总量，即：

$$W = R + Q - D \tag{2.32}$$

式中：W 为水资源总量；R 为地表水资源量；Q 为地下水资源量；D 为地表水和地下水互相转化的重复水量。

分区重复水量确定方法，根据不同地貌类型有所不同，其水资源总量计算方法也有所区别。一般可分为 3 种类型。

2.4.1　单一平原区水资源总量

平原区大气降水落到地面以后，除枝叶截流、填洼和雨期蒸发外，其他部分可形成地表径流量、地下水补给量和包气带土壤水增量。因包气带水可以直接为作物所吸收或形成土壤蒸发，在水资源评价中不予计算。

根据地下水补排相等原理，平原区地下水中的降水入渗补给量 P_r 可用下式表示：

$$P_r = R_g + E_g \pm \Delta S_g + U_g \tag{2.33}$$

式中：R_g 为河道排泄地下径流量（基流）；E_g 为潜水蒸发量；ΔS_g 为地下水储蓄量变量；U_g 为地下水潜流量。

而在地表水资源评价中计算河川径流量为：

$$R = R_s + R_g \tag{2.34}$$

式中：R 为河川径流量；R_s 为地表径流量（不包括河川基流量）。

以上可以看出：平原区河川径流量与地下水补给量中，R_g 是重复计算量。所以平原区水资源总量，可用下式计算：

$$W = R_s + P_r = R + P_r - R_g \tag{2.35}$$

2.4.2　单一山丘区水资源总量

地表水资源量为河川径流量，地下水资源量按地下水补排平衡原理，即为总排泄量，用下式计算：

$$P'_r = R_g + R_{侧} + R_{深} + U_g + Q_{泉} + q + E_g \tag{2.36}$$

式中：P'_r 为山区降雨入渗补给量；R_g 为河道排泄地下径流量（河川基流量）；$R_{侧}$ 为山前侧向排泄量；U_g 为地下水潜流量；$Q_{泉}$ 为山前泉水出露总量；q 为浅层地下水实际开采净耗量；E_g 为潜水蒸发量。

因山区地下水埋深较大，潜水蒸发量较小，向深层渗漏量不大，可忽略不计，即：

$$P'_r = R_g + R_{侧} + U_g + Q_{泉} + q \tag{2.37}$$

河道排泄量 R_g 已包括在河川径流量中，故山区水资源总量为：

$$W' = R' + P'_r - R_g = R' + R_{侧} + U_g + Q_{泉} + q \tag{2.38}$$

式中：W' 为山区水资源总量；R' 为山区河川径流量（地表水资源）。

2.4.3　不同地貌类型混合区的水资源总量

对包括山区和平原的闭合区域，其水资源总量可采用下式计算：

$$W''=R+R'+P''_r-\sum R_i \tag{2.39}$$

式中：W'' 为混合区的水资源总量；P''_r 为混合区地下水补给总量；$\sum R_i$ 为重复计算量。

2.5　区域水质分析评价

2.5.1　地表水水质评价

地表水水质评价，包括河流水质评价和湖泊水体水质评价等两种类型。由于水体质量在各种因素综合影响下不断的变化，所以现行的水质评价是指现状评价。水质的变化可通过水质预测去判别，称为预断性评价。

2.5.1.1　河流水质评价

1. 河流水质评价程序和内容

河流水质评价大体按以下次序进行。

（1）河流水环境背景特征评价。水环境背景值是水环境研究的一项基础工作，对于研究水环境中污染物的变化规律，评价水体环境质量，进行河流水体污染趋势的预报，以及制定地面水标准，合理布局工农业生产等是不可缺少的基础资料。

（2）污染源调查与评价。通过对污染全面、周密、详细地调查、监测与研究，可以找出主要污染源和污染物，并研究它们的特点、途径、变化规律，以及提出防治措施。

(3) 河流污染现状评价。河流污染现状评价在于弄清河流污染现状、污染物种类、浓度和时空变化规律，以确定污染程度，查明污染危害及对环境的影响。

(4) 河流水体自净能力评价。研究主要污染物进入河流的污染状态（分布、浓度和变化），自净率和残留率，主要污染物的形态、转化和容量等，找出它们的变化规律，建立水体自净模式。

(5) 河流预断评价。在现状及自净能力评价的基础上，根据河流的资源量及国民经济各用水部门的要求，进行河流水体的预断评价。

(6) 河流综合防治评价。根据现状和预断评价中发现的主要问题，提出河流的近期治理方案和长远规划。

2. 评价因子的选择

河流水体污染的因素很多，进行河流水体水质评价时，不可能也没有必要对所有的因素（或称因子）进行评价，可按照评价的目的和要求选择合适的因子。

(1) 评价因子的选择方法。可根据河流水体质量评价的目的和要求进行选择，或根据污染源评价结论（主要污染物及其特点等）进行选择，也可根据现有分析评价的试验条件进行选择。

(2) 河流评价的因素。河流水体质量评价的因素主要有河流水质、底质和水生物。一般应选择在河流水体中起主导作用，对环境、生物、人体及社会经济危害大的因素作为主要评价因素。

主要因素有：①感官性因素，指味、嗅、颜色、透明度、浑浊度、悬浮物、总固体等；②氧平衡因素，指溶解氧（DO）、化学耗氧量（COD）、生物需氧量（BOD）、有机碳总量（TOC）、氧总消耗量（TOD）等；③营养盐类因素，指硝酸盐、氨盐、磷酸盐等；④毒物因素，指酚、氰、汞、铬、砷、银、铅、有机氮等；⑤微生物因素，指大肠杆菌群。

也有根据污染物的化学性质，把评价因素分为三类：①无机物，指硝酸盐类、氨态氮、磷酸盐、氯化盐、总固体等；②有机物，指 BOD、COD、酚、氰、碳、氯仿提取物（CCE）、洗涤剂等；③重金属，指汞、铬、铅、铜、砷等。

综上所述，河流水质评价的因素，一般可选用水温、电导率、pH 值、COD、BOD、DO、悬浮性固体、酚、氰、汞、铬、大肠杆菌等。

3. 河流水体水质评价方法

在进行水质评价前，首先应根据评价的目的和水体功能要求，选择合适的评价标准。

河流水质评价方法很多，实际工作中可根据需要选定适宜的方法。这里仅介绍水体污染指数法。污染指数是表征水体环境质量的一种数量指标。以原始监测数据的统计值为输入数据，以选定的评价标准为依据，通过拟定的数学指数公式，获得一个无量纲系数。

常用的污染指数法为直接评分法。

根据污染物的监测值及其对环境的影响，进行评分或根据污染情况分级给分。以分值表示污染指数的方法，即评分法。一般评分法用百分制，分数越高，说明水质越好。各参数评分后，用下式计算总分：

$$f_{\Sigma} = \sum_{i=1}^{n} A_i \tag{2.40}$$

式中：f_{Σ}为总分；A_i 为第 i 个参数的评分值，$i = 1,2,\cdots,n$ 。

4. 污染源排放评价的等标污染负荷法

等标污染负荷法是考虑污染物排放量及排放浓度的不同对受纳水体的水质影响也不相同，而通过计算评价水域接纳的各污染源及其各种污染物分别占评价水域总污染水平的比重（对评价水域的污染贡献），以更明确地确定评价水域的主要污染源和污染物。

$$\begin{aligned} K_i &= \frac{P_i}{P_m} \times 100\% \\ K_n &= \frac{P_n}{P_m} \times 100\% \\ P_i &= \frac{C_i}{|C_{oi}|} \times Q \times 10^{-6} \\ P_n &= \sum_{i=1}^{n} P_i \\ P_m &= \sum_{n=1}^{m} P_n \end{aligned} \tag{2.41}$$

式中：K_i 为某污染物等标污染负荷占评价区域等标污染负荷之比，%；K_n 为某污染源等标污染负荷占评价区域等标污染负荷之比，%；P_i、P_n、P_m 分别为某污染物、某污染源、评价区域等标污染负荷，t/a；C_i 为某污染物实测浓度，mg/L；$|C_{oi}|$ 为某污染物的排放标准，mg/L；Q 为某污染物的废水排放量，t/a。

2.5.1.2 湖泊、水库水质评价

湖泊是陆地上较大的蓄水洼地，水库是人工建造的地面蓄水容器（以下把湖泊、水库简称为湖泊）。上游和湖区的入湖河道及沟渠可将其流经地区的各种工业污水、生活污水带入湖泊，湖区周围的农用化肥、农药残留和其他污染物质可随农业回归水和降雨径流进入湖泊，常造成污染物来源多、种类复杂的特点。湖泊水体水质评价的目的是找出湖泊污染的主要来源，阐明污染在湖泊环境内（水质、生物、底质）含量的时空分布，评价其环境质量对国民经济各部门影响情况。

1. 评价程序和内容

在污染源的调查和评价的基础上，开展湖泊污染及环境的检测，根据实测资料进行污染评价，作出湖泊环境的综合评价。以水质综合评价为例，其评价程序如下。

（1）选择合适的评价因素（或称为因子）。

（2）若水库主要作为城市供水水源，可以按照生活饮用水卫生标准作为评价依据。

（3）选择计算指数的监测资料系统。

（4）选择水质评价方法。

（5）计算各因素各指数的污染指数。

（6）确定各参数的污染程度分级。

（7）计算水质污染的综合指数。

（8）进行水质污染程度的综合分级。

(9) 绘制水质污染综合分区图。

(10) 编制水质评价报告，提出对策和水源水质保护方案。

2. 水质监测与评价方法

(1) 水质监测。为了弄清湖水中污染物质的来量、去量及其在湖内的分布，应布设必要的监测点，根据目的要求确定监测参数和确定采样时间及采样次数。

(2) 水质评价方法。水质评价方法有分段叠加法、聚类分析法和污染指数法等，各种方法在实际应用中发现其评价结果基本相近。而指数法较其他方法具有概念清楚，计算简便和可比性强等一系列优点，因此在湖泊水质评价中经常被采用。

3. 水生生物评价方法

(1) 对比法。根据水质调查的水生生物之区系组成种类、数量，生态分布和资源情况等，与区内的同类水体或同一水体的历史资料进行对比，提出湖泊环境质量现状评价。这是一种常用的方法，但需要积累长期而可靠的资料，分析人员要有丰富的经验，因此其任意性常常很大，且因人而异。

(2) 指示生物法。根据对环境的有机污染或某种特定污染物质敏感的或有较高耐量的生物种类的存在或缺失量，来指示所在水体的有机物（或特定污染物）的多少或分布程度，即称为指示生物法。指示生物可根据要求和具体情况选择。选择生命长而且比较固定生活于某处的生物为好。例如静水中主要选用底栖动物或浮游生物，在流水中选择底栖生物或着生生物。

(3) 生物指数。生物指数主要是依据不利的环境因素，用数学形式表现群落结构和环境质量状况（包括污染在内的水质变化对生物群落的生态学效应）。某些对污染有指示价值的生物种类，因某种污染物出现，导致群落结构种类组成的比例变化，自养异养程度上的变化，生产力的变化等方面。每种生物指数一般仅能反映上述中的某几项的性质。因此，最好用几种不同的生物指数进行综合评价。

(4) 种类的多样性指标。一个群落中的种类多样性，是群落生态水平的独特的生物学特性，它反映了群落功能的组织特征。用群落中的种类数和涉及群落中各种种类个体数分布，这两种成分表述群落的多样性。它们可以单独用或结合起来用。标准的自然生物群落的特征往往用少数具有许多个体的种类和多数具有少数个体的种类表示。环境污染，会造成群落结构的显而易见的变化，导致被污染的水体中生物群落内总的生物种类数下降，而那些能忍受污染环境的生物种类继续生存下去，由于减少了其掠食的及生存的生物种类个体数，于是被保留下来的少数种类的个体数往往增加了。多样性指数概括了群落结构的大量信息，可用来比较两个生物群落的结构。

另外，还有表述生物种群或群落在一个生态系统内物质转移及能量流指标，即生产力，生物个体或群体的某种化合物或元素的残留量，即残留量指数和酶活性等的评价方法。

4. 底质评价

用污染指数评价底质污染状况时，由于缺乏底质评价标准，一般是在对湖区土壤中有害物质自然含量调查基础上，可用底质 i 污染的实测值（ρ_i）除以湖区土壤中 i 污染物的自然含量（ρ_i'）之比值（ρ_i/ρ_i'）计算污染指数（PI_i）。当计算出各参数的污染指数后，可按（$PI_{i\max}-PI_{i\min}$）/2式计算各参数共同作用下的底质综合污染指数（PI），以进行底质污染状况的分级。$PI=1\sim2$为轻污染，$PI=2$为污染。根据各采样点各有害物质的污染分级，作出湖泊底质中相应有害物质污染分区图，并以面积为权重求出全湖平均底质污染分级。

5. 湖泊环境质量综合评价

作出湖泊水质、生物、底质的综合污染分区图后，根据三者资料代表性的好坏或各种用途的重要性，用算术平均法，最大值法、加权平均法求出综合指标，求得湖泊环境质量的分级值。各环境要素（水、生物、底质）综合的污染分级值（清洁为1，轻污染为2，污染为3，重污染为4，严重污染为5）及各环境要素在综合评价的权重确定后，用加权平均法可求得湖泊环境质量分组值。逐点计算出采样点的环境质量分级值，绘制其等值线图即湖泊环境质量综合分区图，以面积为权重，求出湖泊的环境质量的平均分级值。

2.5.2 地下水水质评价

地下水水质评价是环境质量评价的重要组成部分，是研究和认识由于地下水开发利用引起的水质变化规律，为保护地下水资源，控制地下水污染，制定合理开发利用地下水方案提供科学依据。

1. 评价因子的选择

评价因子可选择四类。

（1）一般理化指标：包括K^+、Na^+、Ca^{2+}、Mg^{2+}、SO^{2-}、Cl^-、HCO_3^-、NH_4^+、NO_2^-、NO_3^-、pH、矿化度、总硬度、溶解氧、耗氧量等，这是构成地下水化学类型和反映地下水性质的常规化学成分。

（2）金属和非金属物质：包括Hg、Cr、Ca、Pb、As、F等。

（3）有机有害物质：如酚、CN、有机氯、有机磷，以及工农业排放的其他有机有害物质。

（4）细菌：如病虫卵、病毒等。

2. 评价的本底值

有人把评价区本底值视为评价的标准，认为该标准是进行地下水水质比较和评价的前提，也有人常用国家饮用水水质标准作为评价标准。

地下水污染过程是一个从量变到质变的过程，这一过程由于地下水存在的特殊环境及其自身的运动、变化的特点，难以发觉。但是一经发现污染，常常已经很严重，也难以治理。由此可见，企图提出地下水污染的起始值即本底值，作为评价的标准是十分困难的。当然，在环境水文地质调查中，进行区域岩石、土壤、地表水与地下水化学元素含量值的样品检测，污染源与污染因素调查，水环境质量的统计分析，按自然单元、水系、水体或含水岩组确定对照区或对照点，或直接测定未受污染影响地区的各种化学元素含量浓度，近似作为背景值或本底值，也还是比较现实的。一个地区地下水水质评价的本底值，多数还是可以近似确定的，并通过地下水环境质量因子的长期监测掌握其变化规律。

3. 地下水水质评价方法

单项污染指数法：

$$PI_i=\rho_i/\rho_{iB} \tag{2.42}$$

式中，PI_i 为污染物 i 的单项污染指数；ρ_i 污染物 i 的检测浓度值；ρ_{iB} 为污染物 i 的标准浓度值；$i=1$，2，…，n。

综合污染指数法：

$$PI = \sum_{i=1}^{n}\left(\frac{\rho_i}{\rho_{0i}}\right) \qquad \left(当\frac{\rho_i}{\rho_{0i}} < 1 时, \frac{\rho_i}{\rho_{0i}} = 0\right) \tag{2.43}$$

式中：PI 为综合污染指数；ρ_i 为某组分 i 在地下水中的实测含量；ρ_{0i} 为某水文地质单元某组分 i 的本底值或背景对照值；n 为参加评价的组分数；$i = 1,2,\cdots, n$ 。

根据综合污染指数 PI 值的大小，可将地下水水环境划分为未受污染（$PI = 0$）、轻污染（$1 \leqslant PI \leqslant 5$）、重污染（$5 \leqslant PI \leqslant 10$）、严重污染（$PI > 10$）四级。

综合水质指数法：

$$PI_B = \sum_{i=1}^{n}\left(\frac{\rho_i}{\rho_{iB}}\right) \tag{2.44}$$

式中：PI_B 为综合水质指数；ρ_i 为地下水中某组分的实测含量；ρ_{iB} 为地下水中某组分对应的饮用水水质标准；n 为参加评价的组分数；$i = 1,2,\cdots, n$ 。

根据综合水质指数 PI_B 值的大小，按优劣值法，将地下水水质划分为：优良水质（$PI_B < 2$）、良好水质（$2 \leqslant PI_B < 3$）、中等水质（$3 \leqslant PI_B < 5$）、差等水质（$5 \leqslant PI_B < 10$）、劣等水质（$PI_B > 10$）五等。

2.6 区域水资源评价指标

2.6.1 气候特征评价指标

（1）多年平均降水量（P）：以 mm 计。年降水量的大小反映气候湿润和干旱程度。

（2）多年平均蒸发能力（E_0）：可用 E_{601} 型蒸发器蒸发值表示，以 mm 计，蒸发能力大小与大气中相对湿度等有关，是反应气候干湿状况的重要指标。

（3）干旱指数（r）：反映气候干湿程度的综合指标，采用年水面蒸发量和年降水量的比值来表示。当干旱指数大于 1 时，说明蒸发能力大于降水量，气候偏向于干旱，越大越干燥；反之，当干旱指数小于 1 时，说明降水量超过蒸发能力，气候偏向于湿润，越小越湿润。

2.6.2 水资源构成评价指标

（1）地表水资源量：指当地河流、湖泊、水库等地表水体的动态水量，其定量特征用河川年径流量表示，但不包含区外流入本区的径流量，以亿 m^3 计。

（2）地下水资源量：主要是指与大气降水、地表水体有直接补给或排泄关系的动态地下水量，即参与现代水循环而且可以不断更新的地下水量。重点评价矿化度小于 1g/L 的地下淡水资源量。

（3）山丘区地下水资源量：包括河川基流量、河床潜流量、山前泉水流量、山前侧向排泄量（侧渗量）等。由于山丘区地下水大部分已转化为河川径流量，因此，具有实际开采价值的是平原区地下水资源量。

（4）水资源总量：指当地降水形成的地表和地下产水量，可用当地地表水资源量与不重复的地下水资源量之和表示。

(5) 多年平均客水资源量：指评价区域外产流流入本区的多年平均地表水年径流量。

2.6.3　时空分布评价指标

用年内集中度（多年平均连续最大 4 个月径流量与多年平均年径流量之比值）以及季节和月分配来分析水文要素年内变化特征。

用变差系数 C_v 值和极值比来分析水文要素多年变化。

2.6.4　转化规律评价指标

(1) 径流系数：指多年平均河川径流量与多年平均降水量之比值，反映流域降水产生河川径流量的能力。

(2) 产水系数：指多年平均水资源总量与多年平均年降水量之比值，反映评价区域内降水产生地表水和地下水的能力。

(3) 产水模数：指单位面积上产水量，可用水资源总量与面积的比值来表示。

(4) 降水入渗补给系数：指降水入渗补给量与降水量的比值，是计算地下水资源量中降水入渗补给量的重要指标。影响它的主要因素有降水特性、包气带岩性、地下水埋深前期土壤含水量。

(5) 河流渗漏补给系数：为河流渗漏补给地下水量与河流径流量之比值。

(6) 渠系渗漏补给系数：为渠系渗漏补给地下水量与渠首引水量之比值。

(7) 渠灌田间入渗补给系数：为渠灌区田间灌水入渗补给地下水量与田间灌溉水量的比值。

(8) 井灌回归补给系数：为井灌区灌水回归补给地下水量与井灌水量的比值。

(9) 潜水蒸发系数：为潜水蒸发量与水面蒸发量之比值。

2.6.5　水质状况评价指标

(1) 地下淡水：指矿化度小于 1g/L 的地下水。

(2) 微咸水：指矿化度大于 1g/L 而小于 3g/L 的地下水。

(3) 半咸水：指矿化度大于 3g/L 而小于 5g/L 的地下水。

(4) 咸水：指矿化度大于 5g/L 的地下水。

(5) 河流水质级别：用各水质参数评价代表值比照该参数水质评价标准值或背景值，确定各参数的水质级别，然后用各项参数评价结果的最差水质级别作为该流域或评价区域的地表水水质级别。

2.7　水资源可利用量

1. 地表水资源可利用量

地表水资源可利用量，是指在可预见的时期内，统筹河道内生态环境用水的基础上，通过经济合理、技术可行的措施可供一次性利用的最大水量，不包括回归水重复利用量。

地表资源可利用量按流域水系进行分析计算，以反映流域上下游、干支流、左右岸之间的联系以及整体性。在估算地表水资源可利用量时，应遵守下列原则：在水资源紧缺及生态环境脆弱的地区，应优先考虑最小生态环境需水要求，可采用从地表水资源量中扣除维护生态环境的最小需水量和不能控制利用而下泄的洪水量的方法估算地表水资源可利用量；在水资源较丰沛的地区，上游及支流重点考虑工程技术经济因素可行条件下的供水能力，下游及干流主要考虑满足较低标准的河道内用水。

2. 地下水资源可开采量

地下水资源可开采量是指在可预见的时期内，通过经济合理、技术可行的措施，在不致引起生态环境恶化条件下允许从含水层中获取的最大水量。

平原区多年平均浅层地下水资源可开采量的确定方法有实际开采量调查法（适用于浅层地下水开发利用程度较高、浅层地下水实际开采量统计资料较准确、完整且潜水蒸发量不大的地区）、可开采系数法（适用于含水层水文地质条件研究程度较高的地区）、多年调节计算法和类比法（用于缺乏资料地区）等。

山丘区多年平均地下水资源可开采量可根据泉水流量动态监测、地下水实际开采量等资料计算，也可采用水文地质比拟法估算。其中，在计（估）算的地下水资源可开采量中，凡已纳入地表水资源量的部分，均属于与地表水资源可利用量间的重复计算量。

3. 水资源可利用总量

水资源可利用总量是指在可预见的时期内，在统筹考虑生活、生产和生态环境用水的基础上，通过经济合理、技术可行的措施在当地水资源中可以一次性利用的最大水量。

水资源可利用总量的计算，可采取地表水资源可利用量与浅层地下水资源可开采量相加再扣除地表水资源可利用量与地下水资源可开采量两者之间重复计算量的方法估算。

第3章 水资源需求预测

3.1 需水的概念及分类

按用水特征，需水可分为河道内和河道外两类需水。按用户或行业特点，需水可分为生活、生产、生态三部分，见表3.1。

表3.1 用水户分类口径及其层次结构

分类	一级	二级	三级	四级	备注
河道外	生活	生活	城镇生活	城镇居民生活	仅为城镇居民生活用水（不包括公共用水）
			农村生活	农村居民生活	仅为农村居民生活用水（不包括牲畜用水）
	生产	第一产业	种植业	水田	水稻等
				水浇地	小麦、玉米、棉花、蔬菜、油料等
			林牧渔业	灌溉林果地	果树、苗圃、经济林等
				灌溉草场	人工草场、灌溉的天然草场、饲料基地等
				牲畜	大、小牲畜
				鱼塘	鱼塘补水
		第二产业	工业	高用水工业	纺织、造纸、石化、冶金
				一般工业	采掘、食品、木材、建材、机械、电子、其他［包括电力工业中非火（核）电部分］
				火（核）电工业	循环式、直流式
			建筑业	建筑业	建筑业
		第三产业	商饮业	商饮业	商业、饮食业
			服务业	服务业	货运邮电业、其他服务业、城市消防用水、公共服务用水及城市特殊用水
	生态环境	河道外生态环境	生态环境功能	湖泊湿地	湖泊、沼泽、滩涂等补水
			其他生态建设	城镇生态环境美化	绿化用水、城镇河湖补水、环境卫生用水等
				其他生态建设	地下水回补、防沙固沙、防护林草、水土保持等
河道内	生产	第一产业	林牧渔业	水产养殖	自然水体的淡水养殖业（不包括鱼塘），在河道内需水中考虑其水体要求
		第二产业	工业	水力发电	水力发电业
		第三产业	服务业	航运	内河、内湖运输业
				其他	水上旅游观光等
	生态环境	河道内生态环境	生态环境功能	河道基本功能	基流、冲沙、防凌、水生生物等
				河口生态环境	冲淤保港、防潮压碱、河口生物等
				通河湖泊与湿地	通河湖泊与湿地等

生活和生产需水又通称为社会经济需水。生活需水是指城镇生活与农村生活所需的水量。生产需水是指有经济产出的各类生产活动所需的水量，包括第一产业的种植业和林牧渔业，第二产业的高用水工业、一般工业、火（核）电工业和建筑业，以及第三产业的商饮业、其他服务业等，见表 3.2。

表 3.2　　国民经济和生产用水行业分类表

三大产业	7 部门	17 部门	40 部门
第一产业	农业	农业	农业
第二产业	高用水工业	纺织	纺织业、服装皮革羽绒及其他纤维制品制造业
		造纸	造纸印刷及文教用品制造业
		石化	石油加工及炼焦业、化学工业
		冶金	金属冶炼及压延加工业、金属制品业
	一般工业	采掘	煤炭采选业、石油和天然气开采业、金属矿采选业、非金属矿采选业、煤气生产和供应业、自来水的生产和供应业
		木材	木材加工及家具制造业
		食品	食品制造及烟草加工业
		建材	非金属矿物制品业
		机械	机械工业、交通运输设备制造业、电气机械及器材制造业、机械设备修理业
		电子	电子及通信设备制造业、仪器仪表及文化办公用机械制造业
		其他	其他制造业、废品及废料
	电力工业	电力	电力及蒸汽热水生产和供应业
	建筑业	建筑业	建筑业
第三产业	商饮业	商饮业	商业、饮食业
	服务业	货运邮电业	货物运输及仓储业、邮电业
		其他服务业	旅客运输业、金融保险业、房地产业、社会服务业、卫生体育和社会福利业、教育文化艺术及广播电影电视业、科学研究事业、综合技术服务业、行政机关及其他行业

生态环境需水是指为了维持生态环境系统一定功能所需要保留的自然水体或需要人工补充的水量。河道内生态环境需水指维持河流生态系统一定形态和一定功能所需要保留的水（流）量，按维持河道一定功能的需水量和河口生态环境需水量分别计算。河道外生态环境需水指保护、修复或建设给定区域的生态环境需要人为补充的水量，按城镇生态环境需水、湖泊沼泽湿地生态环境补水、林草植被建设需水和地下水回灌补水分别计算。

水资源需求增长的驱动因素是人口增加与经济发展，制约需求增长因素主要包括水资源条件、水工程条件、水市场条件和水管理条件。当人均水资源量较低时，水资源需求管理是社会可持续发展和水资源可持续利用的必然选择。需求管理的基本政策包括 4 个层次的内容：在生产力布局时对缺水地区限制大耗水产业的进一步发展，甚至进行转移；在发展过程中不断调整产业结构，形成节水型社会经济结构；调整水价体系，用经济杠杆促进节水、抑制需求；分行业推进各类节水措施，提高行业用水效率。

3.2 生活需水

这里所说的生活需水主要是指城镇居民和农村居民生活需水。由于它的增长速度快，用水高度集中，与人们生活息息相关，关系到千家万户，因此必须给以高度重视，尤其在我国北方水资源供需矛盾突出，更需及时通过调查，摸清生活需水的现状和发展动向，统筹规划，早作安排，以满足人民生活需水的要求。

3.2.1 生活需水的分类

（1）按用水户分布，分为城镇生活需水和农村生活需水。

（2）按供水系统，分为自来水供给的生活需水和自备水源供给的生活需水。

（3）按供水水源，分为地表水供给（不需调节的地表水与需要调节流量的地表水）；地下水供给（泉水、浅层地下水与深层地下水）；中水供给（经过处理的污水用于生活需水的那部分水）。

3.2.2 城镇生活需水预测

3.2.2.1 影响因素

一个城镇生活用水定额、用水结构与城镇的特点和性质有关。对未来生活需水量的变化预测离不开城镇生活用水的历史和现状。据此应考虑以下因素的变化：住楼房与平房人数在未来水平年所占的比例，供水的普及程度，家庭人员构成变化和家庭收支增加，家庭用水设备（淋浴、洗衣机、冲洗厕所等），安装户表情况等。

3.2.2.2 预测方法

1. 趋势法或简单相关法

城市生活需水，在一定范围内，其增长速度是比较有规律的，因而可以用趋势外延和简单相关法推求未来需水量。

对总需水量的估算，考虑的因素是用水人口和用水定额。人口数以计划部门预测数为准，而用水定额以现状调查数字为基础，分析定额的历年变化情况，或进行用水定额与国民平均收入的相关分析，考虑不同水平年城镇的经济发展和人民生活改善及提高程度，拟订一个城镇不同水平年的用水定额，按下式计算：

$$W_i = p_o(1+\varepsilon)^n K_i \tag{3.1}$$

式中：W_i 为某水平年城镇生活用水量，m^3；p_o 为现状人口，人；ε 为城镇人口计划增长率，%；n 为起始年份与某一水平年份的时间间隔，a；K_i 为某水平年份拟订的人均用水综合定额，m^3/(人·a)。有远郊城镇要分市区和远郊城镇两部分分别进行计算，然后汇总为总生活需水量。

在求出年总需水量后，年内分配可采用自来水供水系统月供水分配系数，在作一些修正后，用于不同水平年的生活用水的月水量分配。

$$W_{i-m} = \alpha_m p_o(1+\varepsilon)^n K \tag{3.2}$$

式中：W_{i-m} 为某一水平年内某一月份城镇生活需水量，m^3；α_m 为某一月份需水量占全年总需水量百分数；其他符号同上。

2. 分类分析权重变化估算法

一个城镇生活用水的各种用水项目之间存在一定的比例，而且这种定量比例与许多因素有关。同时各种用户的用水定额也是随着时间的推移而有所变化。因此，必须对各类用户的权重和定额进行分析，其变化趋势可通过历史资料分析，综合考虑各项影响因素的确定，如住房和公共设施规划，供水普及率的变化，用水设备的普及程度，以及受水源、价格等因素影响，有可能节约用水的动向等，提出一个合理的权重和用水定额，然后按下式计算总需水量：

$$W_i = \sum_{i=1}^{h} \varepsilon_i K_i M_i \tag{3.3}$$

式中：W_i 为某一水平年的总需水量，m^3；ε_i 为某一类用户在某一水平年所占的权重，%；K_i 为某一类用户在某一水平年的单位需水量，m^3/人；M_i 为某一类用户在某一水平年的用水人数。

各类用户权重变化可以用趋势外延法和相关法进行外延推算，定额预测考虑历史的变化，并通过典型分解分析累积推算进行。

根据城镇生活供水系统的水利用系数，在城镇生活净需水量预测的基础上进行毛需水量的计算。

3.2.3 农村生活需水预测

通过典型调查，按人均需水标准进行估算。公式为：

$$W_{居} = \sum n_i m_i \tag{3.4}$$

式中：$W_{居}$ 为农村居民生活需水量；m_i 为人均生活需水标准；n_i 为需水人数。

农村居民生活需水标准与各地水源条件、用水设备、生活习惯有关。南方与北方需水标准相差很大，应进行实地调查拟订需水标准。

3.3 工 业 需 水

工业需水一般是指工、矿企业在生产过程中，用于制造、加工、冷却、空调、净化、洗涤等方面的需水量。

工业需水是城市需水的一个重要组成部分。在整个城市需水中工业需水不仅所占比重较大，而且用水集中。工业生产大量用水，同时排放相当数量的工业废水，又是水体污染的主要污染源。世界性的需水危机首先在城市出现，而城市水源紧张主要是工业需水问题所造成。因此，工业需水问题已引起各国的普遍重视。

目前，没有哪个工业部门在没有水的情况下会得到发展，因此，人们称“水是工业的血液”。一个城市工业需水的多少，不仅与工业发展的速度有关，而且还与工业的结构、工业生产的水平，节约用水的程度，用水管理水平，供水条件和水资源的多寡等因素有关。需水不仅随部门不同而不同，而且与生产工艺有关，同时还取决于气候条件等。

3.3.1 工业需水分类

尽管现代工业分类复杂、产品繁多、需水系统庞大，需水环节多，而且对供水水流、水压、水质等有不同的要求，但仍可按下述 4 种分类方法进行分类研究。

1. 按工业需水在生产中所起的作用分类

按工业需水在生产中所起的作用可分为：①冷却需水，是指在工业生产过程中，用水带走生产设备的多余热量，以保证进行正常生产的那一部分需水量；②空调需水，是指通过空调设备用水来调节室内温度、湿度、空气洁度和气流速度的那一部分需水量。③产品需水（或工艺需水），是指在生产过程中与原料或产品掺混在一起，有的成为产品的组成部分，有的则为介质存在于生产过程中的那一部分需水量；其他需水，如清洗场地需水等。

2. 按工业需水过程分类

按工业需水过程可分为：①总需水，即工矿企业在生产过程中所需要的全部水量（$Q_{总}$）。总需水量包括空调、冷却、工艺、洗涤和其他需水。在一定设备条件和生产工艺水平下，其总需水量基本是一个定值，可以测试计算确定；②取用水（或称补充水），即工矿企业取用不同水源（河水、地下水、自来水或海水）的总取水量（$Q_{取}$）。③排放水，即经过工矿企业使用后，向外排放的水（$Q_{排}$）。耗用水，即工矿企业生产过程中耗用掉的水量（$Q_{耗}$），包括蒸发、渗漏、工艺消耗和生活消耗的水量。④重复用水。在工业生产过程中，二次以上的用水，称为重复用水。重复用水量（$Q_{重}$）包括循环用水量和二次以上的用水量，如图 3.1 所示。

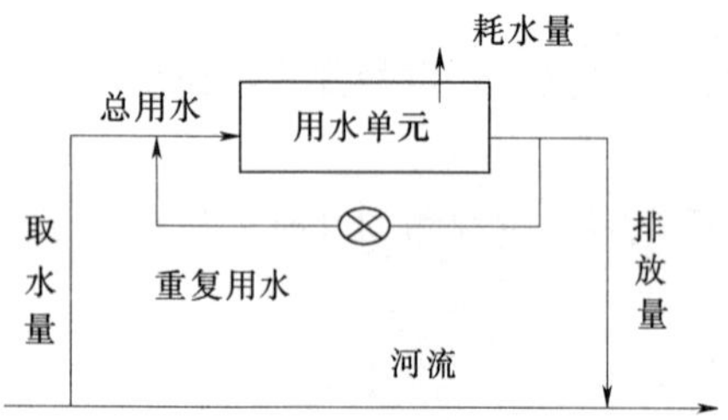

图 3.1　用水过程示意图

3. 按水源分类

按水源可分为：①河水，工矿企业直接从河内取水，或由专供河水的水厂供水。一般水质达不到饮用水标准，可作工业生产需水。②地下水，工矿企业在厂区或邻近地区自备设施提取地下水，供生产或生活用的水。在我国北方城市，工业需水中取用地下水占相当大的比重。③自来水，由自来水厂供给的水源，水质较好，符合饮用水标准。④海水，沿海城市将海水作为工业需水的水源。有的将海水直接用于冷却设备；有的海水淡化处理后再用于生产。⑤再生水，城市排出废污水经处理后再利用的水。

4. 按工业组成的行业分类

在工业系统内部，各行业之间需水差异很大，由于我国历年的工业统计资料均按行业划分统计。因此，按行业分类有利于需水调查、分析和计算。一般可分为高用水工业、一般工业和火（核）电工业三类用户分别进行预测。

高用水工业和一般工业需水可采用万元增加值用水量法进行预测。火（核）电工业分循环式、直流式两种冷却用水方式，采用单位装机容量（万 kW）取水量法进行需水预测，并可以采用发电量单位（亿 kW·h）取水量法进行复核。

有条件地区可对工业行业进一步细分后进行需水量预测。如分为电力、冶金、机械、化工、煤炭、建材、纺织、轻工、电子、林业加工等。同时在每一个行业中，根据需水和用水特点不同，再分为若干亚类，如化工还可划分为石油化工、一般化工和医药工业等；轻工还可分为造纸、食品、烟酒、玻璃等；纺织还可分为棉纺、毛纺、印染等。此外，为了便于调查研究，还可将中央、省市和区县工业企业分出单列统计。

在划分用水行业时，需要注意两点。

(1) 考虑资料连续延用。充分利用各级管理部门的调查和统计资料，并通过组织专门的调查使划分的每一个行业的需水资料有连续性，便于分析和计算。

(2) 考虑行业的隶属关系。同一种行业，由于隶属关系不同，规模和管理水平差异很大，需水的水平就不同。如生产同一种化肥的工厂，市属与区（县）所属化工厂单耗用水量相差很多；生产同一种铁的炼铁厂，中央直属与市属的工厂，每生产一吨铁的需水量也不同。因此工业行业分类既要考虑各部门生产和需水特点，又要考虑现有工业体制和行政管理的隶属关系。

工业需水分类，其中按行业划分是基础，如再结合需水过程、需水性质和需水水源进行组合划分，将有助于工业需水调查、统计、分析、预测工作的开展。一般说，按行业划分越细，研究问题就越深入，精度就越高，但工作量增加，而分得太粗，往往掩盖了矛盾，需水特点不能体现，影响需水问题的研究和成果精度。

3.3.2 工业需水调查计算

研究城市工业需水必须掌握可靠的第一手资料。但由于过去长期对用水问题不够重视，用水缺少观测，缺乏资料。因此，工业用水调查是获得用水资料的重要手段，是研究城市需水极其重要的一项工作。

工业需水调查内容主要包括：①基本情况，包括人口、土地、职工人数、工业结构和布局，历年工业产值及主要工业产品、产量等。②供排水情况，包括供水水源、供水方式、排水出路和水质情况等。水源情况调查，除自来水用量可直接从自来水公司记载中取得外，各单位自取河水、地下水都要进行调查。③用水情况，包括地区的工业发展规划，城市建设发展规模，将来的工业结构及布局，工业产值、产量的计划，供排水工程设施规划等。

工业用水调查不仅提供了工业用水的一般情况，更重要的是：通过调查了解一个地区工业用水的水平，可以找出合理用水的途径和措施，挖掘工业用水的潜力，同时为工业需水量的计算奠定基础。

1. 工业需水分析计算方法（水平衡法）

一个地区，一个工厂，乃至一个车间的每台用水设备，在用水过程中水量收支保持平衡。即一个用水单元的总需水量，与消耗水量、排出水量和重复利用水量相平衡。

$$Q_{总} = Q_{耗} + Q_{排} + Q_{重} \tag{3.5}$$

式中：$Q_{总}$为总需水量，在设备和工艺流程不变时，为一定值；$Q_{耗}$为消耗水量，包括生产过程中蒸发、渗漏等损失水量和产品带走的水量；$Q_{重}$为重复用水量，包括二次以上用水量和循环水量。

2. 工业需水的指标

重复利用率η，为重复用水量在总需水量中所占的比重：

$$\eta = \frac{Q_{重}}{Q_{总}} \times 100\% \tag{3.6}$$

或

$$\eta = \left(1 - \frac{Q_{补}}{Q_{总}}\right) \times 100\% \tag{3.7}$$

排水率 P，为排出水量在总需水量中所占有的百分比数：

$$P = \frac{Q_{排}}{Q_{总}} \times 100\% \tag{3.8}$$

耗水率 r，为耗水量在总需水量中所占的百分比数：

$$r = \frac{Q_{耗}}{Q_{总}} \times 100\% \tag{3.9}$$

以上三个指标以平衡方程式表示：

$$\eta + P + r = 100\%$$

这三个指标是考核工业需水水平和水量平衡计算的重要指标。

3.3.3 工业需水预测

3.3.3.1 预测方法

工业用水预测是一项比较复杂的工作，涉及的因素较多。一个城市或地区的工业用水的发展与国民经济发展计划和长远规划密切相关。通常采用的方法是：研究工业用水的发展史，分析工业用水的现状，考察未来工业发展的趋向和用水水平的变化，从中得出预测的规律。具体方法一般有以下几种。

1. 趋势法

用历年工业用水增长率来推算将来工业需水量。

预测不同水平年的需水量计算式为：

$$S_i = S_0(1+d)^n \tag{3.10}$$

式中：S_i 为预测的某一水平年工业需水量；S_0 为预测起始年份工业用水量；d 为工业用水年平均增长率；n 为从起始年份至预测某一水平年份所间隔时间。

一个城市工业用水的增长率与工业结构、用水水平、水源条件等有关。用趋势法预测关键是对未来用水量增长率的准确确定，需要找出与增长率紧密相连的因素，充分分析过去实际结构，合理确定未来不同水平年的平均用水增长率。一般来说，工业用水年平均增长率，随用水水平提高，单耗降低、重复利用程度提高，呈下降的趋势。

趋势法推算较简单易行。但是从历年调查资料中分析用水增长率时，必须是选取工业发展稳定阶段，该阶段是相当长的一个时段并具有准确度较高的用水量数值，便于观察历年用水增长趋向。对异常点要做合理性检查，才能把异常点省去，消除偶然因素的影响。如某一大型耗水性工厂经多年建设，在某一年正式投产使用，使某城市工业用水量骤增至某一个水平。又如，某年遇到连续干旱缺水年份，水源缺乏，供水量衰减，迫使工业用水减少等。当有一个较长系列的用水资料时，就可以作详细分析，避免偶然因素，删除异常点，对于特殊情况，应另作分析。

2. 相关法

工业用水的统计参数（单耗、增长率等）与工业增加值有一定的相关关系，如把增加值作为横轴，描绘上实际值，进行回归分析，则适合这种相关分析的回归方程有以下形式：

$$\log y = a\log x + b \tag{3.11}$$

$$y = \frac{a}{1 + b\mathrm{e}^{-a\log x}} \tag{3.12}$$

$$y = ax + b \tag{3.13}$$

式中：y 为单位用水量或增长率；x 为增加值；a、b 为常数。

工业用水弹性系数为工业用水增长率与工业增加值增长率之比。到 2000 年全国工业用水增长率平均约为 5.4%，工业用水弹性系数约为 0.7。一般预测情况是：工业用水弹性系数，一般地区为 0.6～0.8；工业基础较好或节水潜力较大地区为 0.45～0.65；工业基础薄弱或能源基地为 0.8～1.0。对工业用水增长率：一般地区都低于 7%；重要能源基地一般也不超过 10%。

3. 分行业重复利用率提高法

万元增加值用水量和重复利用率，是衡量工业用水水平的两个综合指标。一般来说，一个地区或一个工矿企业单位，工业结构不发生根本变化时，万元增加值用水基本取决于重复利用率。随着重复利用率的不断提高，万元增加值用水将不断下降。

重复利用率与万元增加值用水的关系，可用水平衡式推导。因为重复利用率：

$$\eta = \frac{Q_{重}}{Q_{总}} \times 100\% \tag{3.14}$$

或

$$\eta = \left(1 - \frac{Q_{补}}{Q_{总}}\right) \times 100\% \tag{3.15}$$

所以万元增加值用水：

$$q = \frac{Q_{补}}{A} \tag{3.16}$$

式中：A 为增加值；q 为万元增加值用水量。

对于同一行业，只要设备和工艺流程不变，生产相应数量的产品其所需的总用水量也不变。例如，某钢厂 1980 年总用水 4.5 亿 m^3，增加值为 8 亿元，在设备、工艺流程和产品不变化的情况下，以后相应生产 8 亿增加值总用水仍为 4.5 亿 m^3。当增加值增加，总用水也随之增加，在这种前提下，可进行下列推导：

$$1 - \eta_1 = \frac{Q_{1补}}{Q_{总}} \tag{3.17}$$

$$1 - \eta_2 = \frac{Q_{2补}}{Q_{总}} \tag{3.18}$$

由式（3.17）和式（3.18）可得：

$$\frac{1 - \eta_1}{1 - \eta_2} = \frac{Q_{1补}}{Q_{2补}} \tag{3.19}$$

由式（3.16）得：

$$Q_{1补} = Aq_1, \quad Q_{2补} = Aq_2$$

故得：

$$\frac{1 - \eta_1}{1 - \eta_2} = \frac{q_1}{q_2} \tag{3.20}$$

式中：A、$Q_{总}$ 分别为增加值和总用水量；η_1、$Q_{1补}$、q_1 分别为某一时间的重复利用率、补充水量和万元增加值用水量；η_2、$Q_{2补}$、q_2 分别是另一时间的重复利用率、补充水量和万元增加值用水量。

一个行业，如果已知现有用水重复利用率和万元增加值用水，根据该地水源条件、工业用水的水平，如能提出将来可达到的重复利用率，便可利用式（3.20）求出将来的万元增加值用水量。从而比较准确的推求将来的工业用水量。

例，已知某市1990年冶金工业用水重复利用率为76.3%，相应的万元增加值用水量为636m³。根据该市水资源条件和目前用水水平，参照国内外先进水平，提出2010年冶金工业重复水利用率将达到90%，相应的万元增加值用水量可求出为：

$$\frac{1-0.763}{1-0.90}=\frac{636}{q_2}$$

$$q_2=268\text{m}^3/\text{万元}$$

各个行业用上述方法，都可推求出不同水平年的万元增加值用水量。

4. 分块预测法

分块预测法就是将一个城市（或地区）的工业分成几大块，分别用不同的方法预测将来的用水量。一般有以下3种情况。

第一种，原有工业基础十分薄弱，要大规模发展工业的城市。

有的城市现有工业较少，今后要发展成为一个工业城市。这样，工业用水和增加值就很难说按某一速度增长，用水和增加值的关系也不受现状关系的影响。要预测这种城市的工业用水量，用递增法、相关法和重复水利用率提高法都有困难，只能用分块预测法，将整个工业用水分成两大部分，一部分是原有基础上发展的工业用水，可按前面讲的三种方法预测；另一部分是各时期新建起来的工业，根据计划新建工厂规模、建成的时间，按设计需水量计算。

第二种，电力工业和其他一般工业分块预测。

火电厂用水比较大，与其他一般工业相比，万元增加值用水大很多。要是将火电厂用水和一般工业用水放在一起预测，就会因火电厂发展规模、速度影响整个工业用水量。此外，火电厂用水性质和一般工业也不同，一般工业用过的水均有不同程度的污染，不作污水处理难以作为水源再利用，而火电厂用过的水基本上没有污染，其他工业和城市都可利用。对于一个地区来说火电厂总用水量大，而消耗水量小，所以应将火电厂用水量和一般工业用水量分别预测。一般工业用水按照前面讲的三种方法预测，火电厂用水可参照有关用水指标进行计算。

第三种，特殊工业用水需分别预测。

有的城市（或地区）是以某一种采矿产业和能源工业为主，其用水量与一般工业用水量不同。这类地区的工业用水就应分成两部分预测未来的用水量，一部分是一般工业发展用水，可选用前面三种方法之一进行预测；另一部分就是煤炭能源工业或采矿冶金工业发展用水，应根据计划发展的规模计算水量。

根据工业供水系统的水利用系数，在净需水量预测基础上进行毛需水量的计算。

3.3.3.2 几种预测方法的评价

影响工业用水的因素很多，每种预测方法都存在一定的局限性。一个城市或一个地区，用什么方法来预测更接近实际，必须进行具体分析，一般情况下要作几种方法的计算比较。

1. 趋势法和相关法

这两种方法实质都是应用数理统计原理，用历史资料进行外延预测今后的情况。其基本条件是：要有相当长的历史资料；工业发展要比较稳定。如果在工业发展的过程中，工业结构发生了根本变化，工业用水和增加值发生了突变，就无法分析出趋势和相关关系。

所以，相关法和趋势法只适于已经具有一定基础，今后稳步发展的城市。由于趋势法仅单方面考虑了用水量，而相关法则将用水量和工业增加值结合起来分析，多考虑了一些因素，所以相关法比趋势法又进了一步。

2. 分行业重复利用率提高法

许多城市近几年来，由于水源紧张，供水不足，工业用水得不到保证，采取了节约用水措施，减少工业用水量，使工业生产在用水减少的情况下得到发展。这种情况，预测未来用水必须考虑节约用水的因素，从而趋势法和相关法都不能适用。

节约工业用水的方法很多，如加强管理，减少跑、冒、滴、漏，改革工艺，改进设备等都可减少用水，但从近几年各城市节约用水情况来看，最根本的是提高重复利用率。国外也主要看重工业用水重复利用率。在预测工业用水中，将提高重复利用率问题考虑进去是符合工业发展规律的。其理论根据是水平衡式：

$$Q_{补} = Q_{总} - Q_{重} \tag{3.21}$$

如前面所讲，某一行业在一定的设备和工艺流程下总用水量是一定值，$Q_{总}$不变。那么，由式（3.21）就可以看出$Q_{补}$的大小，直接取决于$Q_{重}$，也就是取决于重复利用率η。

$$\eta = (1 - \frac{Q_{补}}{Q_{总}}) \times 100\% \tag{3.22}$$

现在的问题在于假设的设备不变、工艺流程不变是否合理？对于一个行业来讲，在某一段不长的时期内，设备和工艺不会有巨大的变化，是符合实际的；至于设备和工艺上的一些局部变故，引起$Q_{总}$变化是可能的，但这种变化，比起重复利用率提高对$Q_{补}$的影响为小。

根据上面的分析，分行业提高重复利用率法预测未来不同水平年的工业用水量是比较成熟的一种方法，在理论上和实践上都比趋势法和相关法更进了一步。

3. 分块预测法

分块预测法，根据工业在城市中的发展状态，分不同情况利用不同方法预测，是一种较适宜处理复杂情况的方法。

3.4 建筑业和第三产业需水

建筑业和第三产业需水量预测方法可参照工业需水量预测方法。建筑业需水预测可采用建筑业万元增加值用水量法，也可采用单位建筑面积用水量法。第三产业需水可采用万元增加值用水量法进行预测，也可参考城市建设部门分类口径及其预测方法进行复核。根据这些产业发展规划成果，结合用水现状分析，预测各规划水平年的净需水定额和水利用系数，进行净需水量和毛需水量的预测。

建筑业和第三产业需水量年内分配相对比较均匀。对年内用水量变幅较大的地区，通过典型调查进行用水量分析，计算需水月分配系数，确定用水量的年内过程。

3.5　农　业　需　水

我国是农业大国，农业用水量占总用水量的70%以上。长期以来，由于技术和管理水平落后、灌溉设施老化失修等原因，目前我国灌溉水的利用率与发达国家相差甚远，农业节水潜力很大。

农业需水包括农田灌溉和林牧渔畜需水。其中农田灌溉需水所占的比重较大，是农业需水的主体。与工业、生活需水相比，具有面广量大、一次性消耗的特点，而且受气候影响较大。当水资源短缺，水量得不到保证时，一般可以改变作物组成，使需水量减少，压缩农业需水来满足工业和生活需水。因此，农业灌溉需水的保证率低于生活和工业需水的保证率。但菜田需水要求较高的供水保证率，可与工业和生活需水一样得到保证。

3.5.1　农田灌溉需水

农田灌溉需水包括水浇地和水田的灌溉需水，灌溉需水预测采用灌溉定额预测方法，灌溉定额预测要考虑灌溉保证率水平。

1. 农作物的需水量

农作物的需水量一般是指农作物在田间生长期间植株蒸发量和棵间蒸发量之和（又称腾发量）。对水稻田来说，也有将稻田渗水量算在作物需水量之内，这点在引用灌溉试验资料进行计算时要特别注意。我国一些农作物全生育期需水量大致范围见表 3.3。

表 3.3　我国几种主要作物全生育期内田间需水量的变化范围　　单位：m^3/亩

作物	地区	年份		
		干旱年	中等年	湿润年
一季稻	东北	250～500	220～500	200～450
	黄河流域及华北沿海	400～600	350～550	250～500
中稻	长江流域	400～550	300～500	250～450
一季晚稻	长江流域	500～700	450～650	400～600
双季早稻	长江流域	300～450	250～400	200～300
双季晚稻	华南	300～400	250～350	200～300
冬小麦	华北	300～500	250～400	200～350
	黄河流域	250～450	200～400	160～300
	长江流域	250～450	200～350	150～280
	东北	200～300	180～280	150～250
	西北	250～350	200～300	—

续表

作物	地区	年份		
		干旱年	中等年	湿润年
棉花	西北	350～500	300～450	—
	华北及黄河流域	400～600	350～500	300～450
	长江流域	400～650	350～500	250～400
玉米	西北	250～300	200～250	—
	华北及黄河流域	200～250	150～200	130～180

作物需水量一般是通过灌溉试验确定，用产量法、蒸发系数法、积温法等分析估算，可由当地灌溉试验提供，在当地缺乏资料时，可应用邻近相似区域灌溉试验资料。

2. 灌溉制度

灌溉制度指在一定的自然气候和农业栽培技术条件下，为使农作物获得高产、稳产，对农田进行适时适量灌水的一种制度。它包括灌水定额［m^3/(亩·次)］、灌水时间（日/月)、灌水次数（次)、灌溉定额（m^3/亩）等。灌溉定额为各次灌水定额之和。灌水方式分地面灌溉、地下灌溉和地上灌溉等，如图 3.2 所示。对不同灌溉方式，同一作物其灌溉制度是不同的。

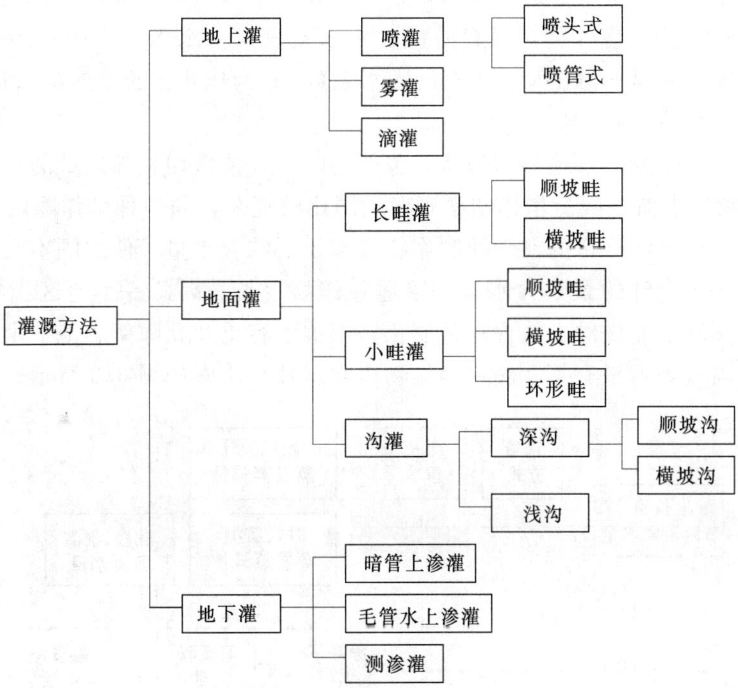

图 3.2 灌水方法图

影响灌溉制度的因素很多，主要有：气候、土壤、水文地质、作物品种、耕作方式、灌排水平以及工程配套程度等。一般灌溉制度的拟订要通过灌区调查，总结群众省水丰产的经验，综合分析制定。但是，实际年份的灌水情况受当地气候条件影响较大，其中受作物生长期的降雨及其分布影响最大。

3. 净灌溉定额和渠系水利用系数

灌溉定额是作物播种前及全生育期单位面积的总灌水量或灌水深度，是作物各次灌水量之和。不同的灌溉方式，不同的作物及其组成，有不同的灌溉定额。而实际某一年的灌溉定额又由当年的各种条件来决定。

以地面灌溉为例，分水稻和旱作物，从水量平衡原理进行计算的方法如下。

(1) 水稻净灌溉定额。按水量平衡原理有：

$$M = \frac{1}{m}M_{秧} + M_{泡} + E + M_{渗} - P' \tag{3.23}$$

$$E = \sum E_i \tag{3.24}$$

$$E_i = \alpha E_{水} \tag{3.25}$$

$$P' = nP \tag{3.26}$$

$$M_{渗} = s \times t \tag{3.27}$$

式中：M 为作物的净灌溉定额；$M_{秧}$ 为秧田灌溉定额（湿润育秧可忽略不计）；m 为亩秧田分插田亩数，一般为 $m=15\sim17$；$M_{泡}$ 为泡田需水量，可根据试验资料确定，盐碱地稻改区需考虑淋盐洗碱的泡田需水量；E 为作物全生育期的需水量；$M_{渗}$ 为作物全生育期的田间渗透量，一般用生长期乘日渗透强度求得；P' 为作物生长期的有效雨量；E_i 为作物某生育阶段的需水量；$E_{水}$ 为相应作物某生育阶段的水面蒸发量（水面蒸发换算系数引用附近水文气象部门资料）；α 为水稻在某生育期的需水系数；P 为作物生长期的降雨量；n 为作物生长期降雨量的利用率，%。

关于以上计算参数，各地都可以从有关部门收集，或借用相邻区域的试验资料。

(2) 旱作物净灌溉定额。旱作物灌溉在我国比较复杂，同一种旱作物的净灌溉定额因时因地而异。旱作物灌溉目的在于控制作物湿润土层的含水量，使之既不大于允许的最大含水量，又不小于允许的最小含水量，以适宜作物生长。因此一个地区当年的灌溉净定额，与耕作层深度、允许的土壤含水量变化、土壤干容重及孔隙率、地下水利用量、作物生长期的有效雨量等因素有关。确定旱作物用水量计算步骤如图 3.3 所示。

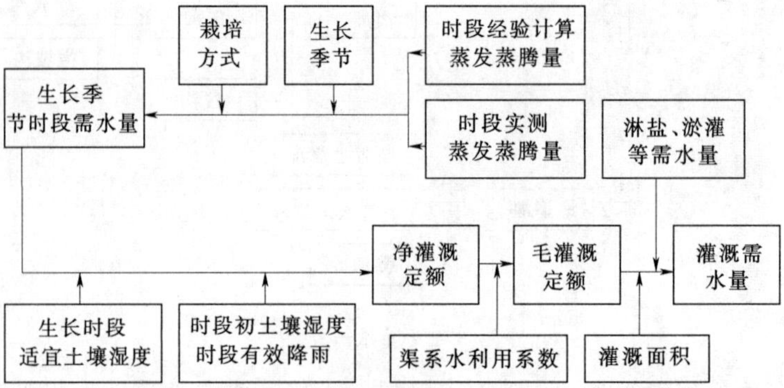

图 3.3　确定旱作物用水量计算框图

除了上述理论计算方法外，有关部门或研究单位大量的灌溉试验所取得的有关成果，可作为确定灌溉定额的基本依据。有条件的地区，亦可采用彭曼公式计算农作物蒸腾蒸发量，从中扣除有效降雨，计算农作物灌溉净需水量。

农作物灌溉定额还可分为充分灌溉定额和非充分灌溉定额。充分灌溉是指，在作物生育期完全按照作物高产所需水量实施灌溉的方式。非充分灌溉是指，在作物生育期部分地按作物生长需要水量实施的灌溉方式。各地通过多年的灌溉实践，已基本摸索出了当地农作物非充分灌溉技术及其非充分灌溉定额的经验值。对于水资源比较丰富的地区，一般采用充分灌溉定额；而对于水资源比较紧缺的地区，一般应采用非充分灌溉定额。

经济灌溉定额是单位水量的增产量最大时的灌溉需水量。原水电部新乡灌溉研究所对华北地区的灌溉定额做了深入研究，提出平水年在华北地区经济需水定额冬小麦为160～200m^3/亩，夏玉米为40～75m^3/亩，棉花为80～140m^3/亩。经济灌溉定额属于非充分灌溉范畴。

渠系水利用系数η通常指净灌溉用水量$W_{净}$与毛灌溉用水量$W_{毛}$之比值：

$$\eta = W_{净} / W_{毛} \tag{3.28}$$

设$\eta_{干}$、$\eta_{支}$、$\eta_{斗}$、$\eta_{农}$分别表示干渠、支渠、斗渠、农渠各级渠道（同时输水）的加权平均有效利用系数，则：

$$\eta = \eta_{干}\eta_{支}\eta_{斗}\eta_{农} \tag{3.29}$$

同时输水的同级渠道，其加权平均有效利用系数根据定义：

$$\eta = \sum q_{净} / \sum q_{毛} \tag{3.30}$$

式中：$\sum q_{毛}$为同时工作的同级渠道渠首毛流量之和；$\sum q_{净}$为同时工作的同级渠道渠尾净流量之和。

η的大小与各级渠道长度、沿线土质和水文地质条件、工程配套和衬砌情况、灌溉管理水平等因素有关。η的确定可在渠道运用过程中实测。我国目前已建灌区η值一般只有0.45～0.6。

4. 灌溉需水量估算

农业灌溉是分灌区进行，不同的灌区其灌溉条件不尽相同。因此，农业用水调查应按灌区进行，各灌区用水累计即全区域农业用水量。

现状灌溉需水量一般估算方法可分为直接估算法和间接估算法。

（1）直接估算法。直接选用各种作物的灌溉定额进行估算。其公式为：

$$W_i = \frac{1}{10^4}\omega_i \sum_{i=1}^{n} m_i \tag{3.31}$$

$$W = \sum W_i \tag{3.32}$$

$$W' = W/\eta \tag{3.33}$$

式中：m_i为某作物某次灌溉定额；ω_i为某作物灌溉面积；n为某作物灌溉次数；W_i为某作物净灌溉水量；W为全灌区所有作物净灌水量；η为灌区渠系水利用系数；W'为全灌区总毛灌溉用水量。

对于灌区有附加淋盐、淤灌水量应另行估算。

（2）间接估算法。即先计算各时段综合灌水定额，再算整个灌溉用水量，其计算公式为：

$$m_i = \alpha_1 m_{1t} + \alpha_2 m_{2t} + \cdots + \alpha_i m_{it} \tag{3.34}$$

$$m'_t = m_t/\eta \tag{3.35}$$

$$W'_t = \omega \cdot m'_t \tag{3.36}$$

$$W' = \sum W'_t \tag{3.37}$$

式中：m_i 为 t 时段综合净灌水定额；m_{1t}，m_{2t}，…，m_{it} 为 t 时段各种作物的净灌水定额；α_1，α_2，…，α_i 为各种作物占全灌区的灌溉面积比值，%；m'_t 为 t 时段毛综合灌水定额；η 为全灌区水利用系数；ω 为全灌区的灌溉面积；W'_t 为 t 时段全灌区毛灌溉用水量；W' 为全灌区总毛灌溉用水量。

未来不同水平年的灌溉需水量估算，主要考虑以下几个因素：灌溉面积的发展速度，不同保证率情况下的不同灌溉方式，不同作物及组成的灌溉定额，渠系水利用系数提高程度等。不同水平年不同保证率农业灌溉需水量预估，可按预测框图程序进行，如图3.4所示。

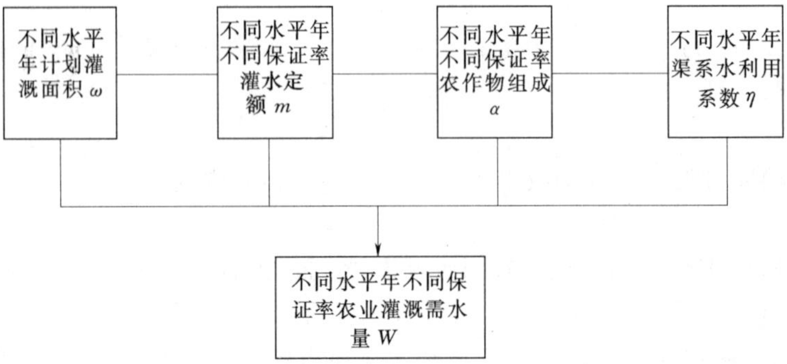

图3.4　不同水平年不同保证率农业灌溉需水量预估

3.5.2　林牧渔畜需水

林牧渔畜业需水量包括林果地灌溉、草场灌溉、鱼塘补水和牲畜用水等4项。

灌溉林果地和灌溉草场需水量预测采用灌溉定额预测方法，其计算步骤类似于农田灌溉需水量。根据当地试验资料或现状典型调查，分别确定林果地和草场灌溉净定额；根据灌溉水源和供水系统，分别确定田间水利用系数和各级渠系水利用系数；结合林果地与草场发展面积预测指标，进行林地和草场灌溉净需水量和毛需水量预测。

渔业需水是指维持一定养殖水面面积和相应水深所需要补充的水量，为养殖水面蒸发和渗漏所消耗水量的补充值。公式为：

$$W_{渔} = \omega(\alpha E - P + S) \tag{3.38}$$

式中：ω 为养殖水面面积；E 为水面蒸发量，由水文气象部门蒸发器测得；α 为蒸发器折算系数；P 为年降雨量；S 为年渗漏量（由调查、实测或经验数据估算）。

渔业需水也可以根据调查补水定额和养殖面积进行估算。公式为：

$$W_{渔} = \omega \cdot m \tag{3.39}$$

式中：ω 为养殖面积；m 为鱼塘补水定额。

牲畜用水：

$$W_{牲}=\sum n_i \cdot m_i \tag{3.40}$$

式中：$W_{牲}$为牲畜用水；n_i 为各种牲畜或家禽头数或只数；m_i 为各种牧畜或家禽用水定额（调查或实测值）。

3.6 河道内生产需水

河道内生产用水一般不消耗水量，可以“一水多用”，但要通过在河道中预留一定的水量给予保证。河道内生产需水量主要包括航运、水力发电、旅游等生产部门的用水。

1. 航运需水量

航运需要通航河段保持一定的水位和流量，以维持航道必要的深度和宽度。在设计航运基流时，根据治理以后的航道等级标准及航道条件，计算确定相应设计最低通航水深保证率的流量，以此作为通航河段河道内航运用水的控制流量。

通航河段设计最小通航流量，可采用保证率频率法及综合历时曲线法计算。

2. 水力发电需水量

水力发电用水一般指为保持梯级电站、年调节及调峰等电站的正常运行，需要向下游下泄并在河道中保持一定的水量。水力发电一般不消耗水量，但要满足在特定时间和河段内保持一定水量的要求。在统筹协调发电用水与其他各项用水的基础上，计算确定水力发电需水量。

3. 其他生产用水

其他生产用水可根据各地实际情况确定，如漂木用水、旅游业用水等。

3.7 生 态 需 水

3.7.1 基本概念与内涵

生态与环境需水是指为了维持给定目标下生态与环境系统一定功能所需要保留的自然水体和需要人工补充的水量。要结合当地水资源开发利用状况、经济社会发展水平、水资源演变情势等，确定切实可行的生态与环境保护、修复和建设目标，分别进行河道外和河道内的生态与环境需水量的预测。

河道内生态与环境需水指维持河流生态系统一定形态和一定功能所需要保留的水（流）量，按维持河道一定功能的需水量和河口生态与环境需水量分别计算。河道内生态与环境需水量要以河流水系主要控制断面为计算节点，对上、下游不同计算节点的计算值经综合分析后确定成果。河道内生态与环境需水量与河道内非消耗性生产需水量之间有重复的，计算时应予以注明。

河道外生态与环境需水指保护、修复或建设给定区域的生态与环境需要人为补充的水量，按城镇生态与环境需水、湖泊沼泽湿地生态与环境补水、林草植被建设需水和地下水回灌补水分别计算。

3.7.2 河道内生态与环境需水

河流在自然本质上是一个完整的连续体，自古以来河流两岸就是人类繁衍生息之地。人类活动对河流的开发利用与社会经济发展程度密切相关，河流水体生态退化主要受自然和人类双重活动的控制。河流资源利用方式的演变大致可以分为4个阶段：初级开发阶段、平衡利用阶段、掠夺开发阶段、协调发展阶段。

（1）初级开发阶段：人类自发对河流资源进行利用，河流资源基本上受自然规律支配，主要是洪涝灾害的影响，河流的连通性和宽度构成了河流生态系统的重要结构特征，具有河流所有的天然生态功能包括：维持水循环的连续性、生物完整性、自净过滤作用、通道作用和水沙输送等。

（2）平衡利用阶段：社会经济的发展，使得人们对河流资源的本质有了一定了解，利用能力不断提高。早期为了生存对渔业资源进行开发，开发航运功能并进行贸易往来，上游引水、中游筑坝以及泛洪平原的垦殖，在满足规模农业发展和初级工业化和人口、经济的发展需求的基础上，河流基本能够维持自然水文规律，河流的生物完整性和多样性没有遭到破坏，河流水资源的承载能力还没有得到充分体现和发挥。

（3）掠夺开发阶段：工业化程度高，对河流的开发利用主要着眼于经济的发展，对河流的控制能力极大地加强，以水库、水力发电等为代表的利用方式强化了对河流资源的利用，局部水循环的基本格局大都被打破，农业面源污染和大规模工业化造成的污染层出不穷，甚至出现"有河皆干，有水皆污"的局面。河流生物种大部分灭绝，河道断流频发。出现了世界性的河流环境污染和生态破坏，经济结构不合理，对生态系统的认识不足。河流水资源利用方式的不当对人类的生存和发展逐渐构成了现实威胁。

（4）协调发展阶段：城市化和工业化进程中对水资源的竞争，形成城市和工业用水挤占农业用水，农业用水挤占生态环境用水的不合理循环格局。河流有限水资源在量和质上的不足造成的生态环境恶化现状，使人类认识到人与自然实现和谐共处的必要性，人类对生态用水问题开始高度重视。河流生态系统作为流域生态系统的子系统，它的最基本的特征就是参与自然界的水分循环，通过水体介质不断地跟周围环境进行物质和能量交换，与周边环境相互影响和制约。

国外对河道生态用水问题关心较早。20世纪40年代，随着水库的建设和水资源开发利用程度的提高，美国的资源管理部门开始注意和关心渔场的减少问题。60年代初期，工业化国家开始出现水资源对国民经济的制约作用，这种影响在枯水期尤为显著。由于径流迅速减小，对水力发电、航运、供水的限制越来越大，常常造成巨大经济损失，更造成生态恶化。于是各工业化国家对枯水期径流开展了大规模研究。20世纪70年代以来，法国、澳大利亚、南非等国都开展了许多关于鱼类生长繁殖与河流流量关系等方面的研究，从而提出了河流生态流量的概念，并产生了许多计算和评价方法。20世纪90年代以前河流流量的研究主要集中在所关心的鱼类、无脊椎动物等对流量的需求。20世纪90年代后的研究，不仅研究维持河道的流量，而且还考虑了河流流量在纵向上、横向上的连接。从总体上讲，考虑了河流生态系统的完整性，考虑了生态系统可以接受的流量变化。

由于我国的自然条件复杂、人口众多，造成的生态用水问题极为复杂。研究生态系统某种临界状态下的水分条件，以此作为生态用水衡量标准，既是该领域理论和技术上的探索，也是生产实践中急需解决的问题。

3.7.2.1 维持河道一定功能的需水量

维持河道一定功能的需水包括生态基流、输沙需水量和水生生物需水量等。根据各地河流水系实际情况，选择不同方法计算，经比较选取合理结果。

1. 湿周法

湿周法是根据河道的水力特性参数，如湿周、水力半径、平均水深等，由实测的河道断面湿周与断面流量之间的对应关系，绘制流量—湿周关系图，由图中找出突变点或影响点（point of effection），与该点对应的流量值即为河道生态流量推荐值。它是基于满足临界区域水生生物栖息地的思想提出来的。

湿周法主要适用于：①小型河流或者是流量很小且相对稳定的河流；②泥沙含量少，水环境污染不明显的河流；③推荐的流量是主要为了满足某些大型无脊椎动物以及特殊物种保护的要求。

从关系图中直接判断突变点有时比较困难，甚至无法判断，尤其对于山区河流，变化点多数不明显，需要借助数学方法来加以判别。通常，该法较适用于平原地区河道。

2. Tennant 法

Tennant 在对美国 11 条河流的断面数据进行分析后，依据流量对应的流速、水深等增幅大小，认为年均流量的 10％是河流生境得以维持的最小流量，并以预先确定的年平均流量百分比将河流生境划分为不同的等级。

Tennant 法将全年分为两个计算时段，根据多年平均流量百分比和河道内生态与环境状况的对应关系，直接计算维持河道一定功能的生态与环境需水量。Tennant 法中，河道内不同流量百分比和与之相对应的生态与环境状况见表 3.4。

表 3.4　　Tennant 法中不同流量百分比对应的河道内生态环境状况

流量等级描述	推荐的基流百分比标准（年平均流量百分数）		流量等级描述	推荐的基流百分比标准（年平均流量百分数）	
	10 月至次年 3 月	4～9 月		10 月至次年 3 月	4～9 月
最大流量	200	200	好	20	40
最佳流量	60～100	60～100	中等或差（退化）	10	30
极好	40	60	最小	10	10
非常好	30	50	极差	<10	<10

根据 Tennant 法，维持河道一定功能需水量计算式如下：

$$W_R = 24 \times 3600 \times \sum_{i=1}^{12} M_i Q_i P_i \qquad (3.41)$$

式中：W_R 为多年平均条件下维持河道一定功能的需水量，m^3；M_i 为第 i 月天数，天；Q_i 为 i 月多年平均流量，m^3/s；P_i 为第 i 月生态与环境需水百分比。

Tennant 法将一年分为 2 个计算时段，4～9 月为多水期，10 月至次年 3 月为少水期，不同时期流量百分比有所不同。各流域计算时年内时段可按如下方法划分：将天然情况下多年平均月径流量从小到大排序，前 6 个月为少水期，后 6 个月为多水期。

用 Tennant 法计算维持河道一定功能的生态与环境需水量关键在于选取合理的流量百分比。不同的河流水系其河道内生态与环境功能不同，同一河流的不同河段也有差异，因此要根据实际情况选取合理的河流生态与环境目标来确定流量百分比。一些研究中，少水期通常选取多年平均流量的 10%～20%作为河道生态与环境需水量，多水期选取多年平均流量的 30%～40%，但要根据各河流水系的实际情况而定。

特殊河流（河段），如泥沙含量较高或有国家级保护物种的河流（河段），维持河道一定功能的需水应分单项计算，并对成果进行合理性分析检查。

3. 分项计算方法

（1）生态基流。生态基流指为维持河床基本形态、防止河道断流、保持水体天然自净能力和避免河流水体生物群落遭到无法恢复的破坏而保留在河道中的最小水（流）量。下面给出 3 种计算方法。

方法一：最小月流量平均法。

计算式为：

$$W_{Eb} = 365 \times 24 \times 3600 \times \frac{1}{10}\sum_{i=1}^{10} Q_{mi} \tag{3.42}$$

式中：W_{Eb} 为河道生态基流，m^3；Q_{mi} 为最近 10 年中第 i 年最小月平均流量，m^3/s。

方法二：典型年最小月流量法。

选择满足河道一定功能、未出现较大生态环境问题的某一年作为典型年，将典型年最小月平均流量作为满足年生态环境需水的平均流量。典型年最小月流量法计算公式为：

$$W_{Eb} = 365 \times 24 \times 3600 \times Q_{sm} \tag{3.43}$$

式中：Q_{sm} 为典型年最小月平均流量，m^3/s。

方法三：Q_{95} 法。

指将 95%频率下的最小月平均流量作为河道内生态基流。该法主要是用来计算河流纳污容量的。

不同河流水系，用以上 3 种方法计算得到不同的结果，综合分析后作为河道内生态基流。

（2）输沙需水量。河道输沙需水量指保持河道水流泥沙冲淤平衡所需水量，主要与河道上游来水来沙条件、泥沙颗粒组成、河流类型及河道形态等有关。

对北方多沙河流而言，河道泥沙输送主要集中在汛期，汛期水流含沙量高，通常处于饱和输沙状态，因此可根据汛期输送单位泥沙所需的水量来计算输沙需水量。汛期输送单位泥沙所需的水量可近似用汛期多年平均含沙量的倒数来代替。输沙需水量可用下式计算：

$$W_s = S_l \frac{1}{S_{cw}} \tag{3.44}$$

式中：W_s 为年输沙需水量，m^3；S_l 为多年平均输沙量，kg；S_{cw} 为多年平均汛期含沙量，kg/m^3。

基岩河床的河流或河床比降较大的山区河流，一般情况下水流处于非饱和输沙状态，可用多年最大月平均含沙量代表水流对泥沙的输送能力，输沙需水量计算式为：

$$W_s = S_l \cdot \frac{1}{S_{c\max}} \tag{3.45}$$

式中：S_l 为多年平均输沙量，kg；$S_{c\max}$ 为多年最大月平均含沙量，kg/m^3。

有资料的河段，可根据模型计算水流挟沙力，由水流挟沙力和输沙量计算河道输沙需水量，计算模型可参见河流泥沙有关论著。

（3）水生生物需水量。水生生物需水量是指维持河道内水生生物群落的稳定性和保护生物多样性所需要的水量。为保证河流系统水生生物及其栖息地处于良好状态，河道内需要保持一定的水量；对有国家级保护生物的河段，应充分保证其生长栖息地良好的水生态环境。

水生生物需水量可按下式计算：

$$W_C = \sum_{i=1}^{12} \max(W_{Cij}) \tag{3.46}$$

式中：W_C 为水生生物年需水量，m^3；W_{Cij} 为第 i 月第 j 种生物需水量，m^3，W_{Cij} 根据具体生物物种生活习性确定。

依据生物资料与河流流量资料，建立河道流量与生物量或种群变化关系，以生物为主要因子，考虑生境对河流流量的季节性变化要求。对湿地，可建立水量与高等大型植物的关系等。在生态需水计算过程中，要考虑对特定生物的保护要求。

资料缺乏地区，可按多年平均流量的百分比估算河道内水生生物的需水量，一般河流少水期可取多年平均径流量的10%～20%，多水期可取多年平均径流量的20%～30%，有国家级保护生物的河流（河段）可适当提高百分比。

（4）河道内生态基流、输沙需水量和水生生物保护需水量分月取最大值（外包），得到维持河道一定功能的年需水量。

此外，在某些情形下，为保持河流一定的水环境容量，根据水质保护标准和特定的环境要求，进行所需水量或流量的推求，作为河道环境需水量。

3.7.2.2 河口生态与环境需水量

河口生态与环境需水量指防止咸潮上溯、维持河口生态系统平衡所需的水量，主要包括河口冲沙需水量、防潮压咸需水量、河口生物需水量。各需水量之间有一定重复，各计算单项需水量的最大值为河口生态与环境需水量。

1．河口冲沙需水量

河口冲沙需水量指为了保持河口泥沙冲淤平衡所需要水量。冲沙需水量计算需分析历年入海水量的变化特点及河口生态环境、泥沙冲淤平衡状况，丰水年和平水年可利用汛期的排水及灌溉回归水冲淤，枯水年份需要保持一定的入海水量，满足河口冲沙的需要。河口泥沙受到河道水流与潮流的相互作用，水动力条件复杂，可用河口多年入海水量、含沙量、泥沙淤积量等进行估算。

2．防潮压咸需水量

防潮压咸需水量是为了避免咸潮上溯对河口地区生态环境和生活生产用水带来不利影响所需要的水量。咸潮河流为防止潮水上溯，保持河口地区不受咸潮影响，必须保持河道一定的防潮压咸需水量。有资料地区可根据河口流量与咸水位关系计算相应的入海压咸需水量。无资料地区可以河口处多年平均月最大潮水位和设计潮水位来计算防潮压咸所需水量。

3. 河口生物需水量

河口生物需水指为了保持河口水生生物及其栖息地所需要的水量。河口生物栖息地受河道水流和海洋潮流的共同影响，情况比较复杂。河口生物栖息地保护主要是维持河口入海水量与咸潮及泥沙的动态平衡，一般通过典型年入海水量的分析，确定其需水量。

3.7.2.3 河道内生态与环境需水量

河道内生态与环境需水量应在河流水系主要控制节点（包括河口）计算成果的基础上，综合分析河流水系不同河段河道内生态与环境保护、修复或建设目标，提出合理成果。

3.7.3 河道外生态与环境需水

3.7.3.1 城镇生态与环境需水量

城镇生态与环境需水量指为保持城镇良好的生态与环境所需要的水量，主要包括城镇河湖需水量、城镇绿地建设需水量和城镇环境卫生需水量。

1. 城镇绿地生态需水量

采用定额法，即按下式计算：

$$W_G = S_G \cdot q_G \tag{3.47}$$

式中：W_G 为绿地生态需水量，m^3；S_G 为绿地面积，hm^2；q_G 为绿地灌溉定额，m^3/hm^2。计算时要注意公式中单位转换系数（下同）。

2. 城镇河湖补水量

按照水量平衡法或定额法计算城镇河湖生态环境补水量。

（1）水量平衡法。根据水量平衡原理，城镇河湖补水量计算公式如下：

$$W_{cl} = F + f \cdot V - S \cdot (P - E)/1000 \tag{3.48}$$

式中：W_{cl} 为河湖年补水量，m^3；F 为水体渗漏量，m^3；V 为城镇河湖水体体积，m^3；f 为换水周期，次/a；S 为水面面积，m^2；P、E 分别为降水和水面蒸发量，mm。

（2）定额法。按照现状水面面积和现状城镇河湖补水量估算单位水面的河湖补水量，根据对不同规划水平年河湖面积的预测计算所需水量。也可以采用人均水面面积的现状定额为基础，结合未来城镇人口预测，采用适当的人均水面面积（根据城镇总体规划等）进行预测。

3. 城镇环境卫生需水量

按照定额法计算：

$$W_{ch} = S_c \cdot q_c \tag{3.49}$$

式中：W_{ch} 为环境卫生需水量，m^3；S_c 为城市市区面积，m^2；q_c 为单位面积的环境卫生需水定额（采用历史资料和现状调查法确定），m^3/m^2。

3.7.3.2 林草植被建设需水量

林草植被建设需水指为建设、修复和保护生态系统，对林草植被进行灌溉所需要的水量，林草植被主要包括防风固沙林草等。

林草植被生态需水量采用面积定额法计算：

$$W_p = \sum_{i=1}^{n} S_{pi} \cdot q_{pi} \tag{3.50}$$

式中：W_p 为植被生态需水量，m^3；S_{pi} 为第 i 种植被面积，hm^2；q_{pi} 为第 i 种植被灌水定额，可参照农作物灌水定额的计算方法，无资料地区可参考条件相似地区确定，m^3/hm^2。

3.7.3.3 湖泊沼泽湿地生态与环境补水量

湖泊沼泽湿地生态与环境补水量指为维持湖泊一定的水面面积或沼泽湿地面积需要人工补充的水量。

1. 湖泊生态与环境补水量

湖泊生态与环境补水量可根据湖泊水面蒸发量、渗漏量、入湖径流量等按水量平衡法估算，计算公式如下：

$$W_L = 10S\,(E-P) + F - R_L \tag{3.51}$$

式中：W_L 为湖泊生态与环境补水量，m^3；S 为需要保持的湖泊水面面积，hm^2；P 为降水量，mm；E 为水面蒸发量，mm；F 为渗漏量，m^3，参考达西公式计算，一般情况下可忽略不计；R_L 为入湖径流量，m^3。

此外，我国部分湖泊污染严重，还要考虑换水以改善水质，这部分水量要求可另行计算。

2. 沼泽湿地生态与环境补水量

沼泽湿地生态与环境补水量可用水量平衡法进行估算，其公式为：

$$W_w = 10S(E_w - P) + F - R_w \tag{3.52}$$

式中：W_w 为沼泽湿地生态环境需水量，m^3；S 为需要恢复或保持的沼泽湿地面积，hm^2；P 为降水量，mm；E_w 为沼泽湿地蒸发量，mm；F 为渗漏量，m^3，对于底层为冰冻或者泥炭层的沼泽湿地，可近似认为渗漏量为 0；R_w 为进入沼泽湿地的径流量，m^3。

3.7.3.4 地下水回灌补水量

地下水回灌补水指为了防治地下水超采，需要通过工程措施对地下水超采区进行回灌所需要的水量。通常情况下，如果开采量小于补给量，地下水超采区可逐步恢复。如确需通过工程措施对地下水超采区进行回灌，可根据地下水保护规划，结合地下水超采量、地下水采补平衡目标、地下水回灌系数和地下水回灌年数，确定合理的地下水回灌量。

3.7.4 天然植被生态需水

天然植被，尤其是干旱区天然植被，降雨量少，主要依赖地下水生存，要准确计算天然植被生态需水量，应该分析影响植物生长的环境因子，从植被生长的需水来源角度来研究生态需水量。

3.7.4.1 天然植被的地带分异规律

根据地带性理论，植被可分为地带性植被和非地带性植被。

地带性植被是指自然生态系统中仅靠降雨就能维持其生存的植被，不受人工水资源开发利用影响或影响很小。植被的大小、盖度、多样性与降水水文过程高度相关，对于西北干旱地区，在连续的干湿梯度上，从半荒漠区（降雨量为 300～400mm）到荒漠区（降雨量不足 120mm），再到极端荒漠区（降雨量不足 70mm），植被类型明显不同。当降雨量不足 400mm 时乔木就不能生长，120mm 的等雨量线是草原和荒漠植被的界线，70mm 的等雨量线是盖度不足 10%的稀疏矮小灌木散生植被和低洼集水地段生长的集聚植被的分界线。一般来说，西北内陆河河流上游降雨量大于 300mm，人类干预少，植被靠降雨维持其生存，生态相对稳定，大部分属地带性植被区；下游离径流较远的荒漠戈壁区也有极低盖度植被，也属地带性植被。根据地带性理论，在没有区外调水的情况下，只能维持现状。

非地带性植被是指靠降雨和径流共同作用才能生存的植被，主要是中下游沿河两岸的天然绿洲植被，它们是生态景观的主体，同时受水资源开发利用影响明显，是水资源短缺导致生态恶化最严重的部分。因此，在水资源开发利用时要重点考虑非地带性植被分布区的生态需水。

3.7.4.2　非地带性天然植被生长与环境因子关系

影响非地带性植被生长的主要因素是降雨、径流和土壤盐分。我国西北地区是典型的干旱半干旱地带，干旱少雨，蒸发量大，年降水一般在 400mm 以下，荒漠地带则在 250mm 以下，局部地区甚至只有 30～40mm。降水不足以维持其生态系统特别是非地带性天然植被组成的系统的正常运转，对生态环境起主要作用的是主要依靠地下径流维持的非地带性中生和中旱生植被。土壤盐分对植被生长的影响也与地下水位高低有关。当地下水位过高时，溶于地下水中的盐分受蒸发的影响就会在土壤表层聚集，导致盐渍化，不利于植被的生长。当地下水位过低时，地下水不能通过毛管上升到植物可以吸收利用的程度，导致土壤干化，植被衰败，发生土地荒漠化。因此，在降水稀少情况下，地下水埋深可以说是干旱区天然植被生长的主要环境因子。

生态学的适宜性理论指出：任一生物种的个数随某个环境因子变化而变化，当生物种的个数达到最大值时的环境因子值称为该物种的最适值。生物种在其最适环境中生长最好，生殖最快；随着环境因子偏离最适值，该类物种虽然可以出现生长，但其生殖已经受到胁迫；当环境因子继续偏离最适值，达到该物种能够存活的上下极限环境时，该物种就不再生长，个数减少，直到消失。生物种与环境因子之间存在非线性关系，这种非线性关系多是单峰二次曲线模型，最常用的就是高斯模型，也就是正态曲线，如图 3.5 所示。

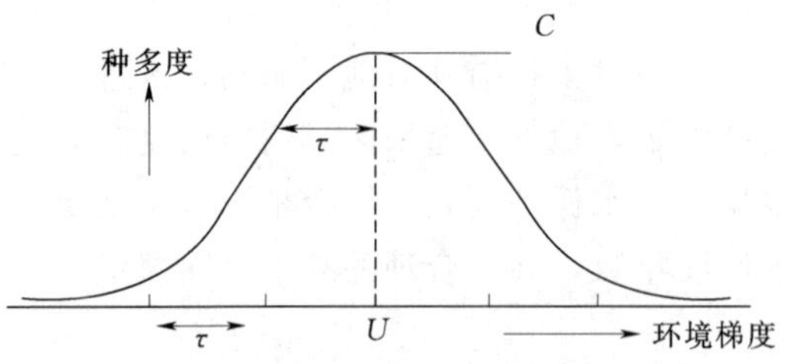

图 3.5　植物种多度与环境梯度关系

密度函数为：

$$y = f(x) = c\mathrm{e}^{-\frac{1}{2}\left(\frac{x-\mu}{\tau}\right)^2} \tag{3.53}$$

式中：y 为植物种多度，指群落内植物的数量，是环境因子 x 函数，即 $y = f(x)$；x 为环境因子值，即光热、水、土等自然环境因素的指标值；c 为种多度的最大值；μ 为植物种的最适值；τ 为植物种对环境因子的忍耐度，它是描述生态幅度的指标。

高斯模型虽然得到不少实验的证实，但在自然植物群落中，植物种和环境的关系十分复杂，不可能完全符合高斯曲线，大多数表现为一个单峰曲线，所以常将此类植物种与环境的关系统称为单峰模型。表 3.5 是根据在塔里木河干流流域对干旱区典型植物胡杨、红柳、芦苇、罗布麻、骆驼刺等优势植物的随机抽样研究，得到的干旱区典型植物在不同地下水埋深范围内出现频率统计表。

表 3.5 干旱区几种典型植被地下水位埋深与出现频率表 单位：%

群落	<1m	1～2m	2～3m	3～4m	4～5m	5～6m	6～7m	7～8m	8～9m	9～10m	>10m
胡杨	4.72	13.78	20.96	20.62	12.41	5.90	7.26	7.11	4.77	0.37	
柽柳	4.34	19.96	26.11	22.12	13.59	3.92	0.92	5.17	0	2.31	1.56
芦苇	14.29	36.93	29.45	16.85	6.02	1.81	0.77				
罗布麻	4.01	12.20	41.15	13.95	20.85	4.97	0.96	1.93			
甘草	2.7	18.9	40.5	24.3	10.8	0	2.7				
骆驼刺	5.56	11.1	22.8	22.2	19.4	8.33	2.78	2.78			

从表 3.5 可以看出，数据分布明显不是正态分布，而类似于正偏分布。因此，用频率代替种多度，对表中数据作参数为 μ、σ 的对数正态分布的拟合。方程为：

$$f(x) = \frac{1}{\sqrt{2\pi}\sigma x} e^{-\frac{1}{2}\left(\frac{\ln x - \mu}{\sigma}\right)^2} \tag{3.54}$$

式中：x 为地下水位埋深，即环境因子；μ 为 $\ln x$ 的数学期望，反映 $\ln x$ 的平均值；σ 为 $\ln x$ 的方差，反映 $\ln x$ 偏离其数学期望的程度。

对上述植物作对数正态分布拟合所得 μ 、σ 参数见表 3.6，所得曲线如图 3.6 所示，并可计算植物频率最大值对应的地下水位埋深 X_{pm} ，地下水位埋深的数学期望 $E(X)$ 以及地下水位埋深均方差 $\sigma(X)$ 。

$$X_{pm} = f(x)\big|_{\max} = e^{\mu - \sigma^2} \tag{3.55}$$

$$E(X) = \int_0^{\infty} f(x)\mathrm{d}x = e^{\mu + \frac{1}{2}\sigma^2} \tag{3.56}$$

$$\sigma(X) = \left\{\int_0^{+\infty} [x - E(X)]^2 f(x)\mathrm{d}x\right\}^{1/2} = e^{\mu + \frac{1}{2}\sigma^2}(e^{\sigma^2} - 1)^{\frac{1}{2}} \tag{3.57}$$

式中：X_{pm} 为植物出现频率的众数，即频率最大值对应的地下水位埋深，m；$E(X)$ 为地下水位埋深的数学期望，m；$\sigma(X)$ 为地下水位埋深方差。

表 3.6 主要植物对数正态分布拟合曲线参数表

植物种类	μ	σ	X_{pm}	$E(X)$	$\sigma(X)$
胡杨	1.3127	0.6254	2.5133	4.5187	3.1260
柽柳	1.1207	0.5420	2.2862	3.5522	2.0758
芦苇	0.7113	0.6364	1.3583	2.4938	1.7622
罗布麻	1.0835	0.4030	2.5120	3.2048	1.3457
甘草	1.0216	0.3763	2.3894	2.9548	1.1524
骆驼刺	1.2878	0.4926	2.8438	4.0927	2.1450

在植被适宜地下水范围内，植被生长良好，出现频率高，相应的盖度也高；在其最适地下水位埋深时达到峰值；在其他地下水范围内则植被长势受水分亏缺或土壤盐渍化的影响，生长相对不好，出现频率相应就低，盖度也低，如图 3.7 所示。

若在某地下水位埋深 $(x_2, x_3]$ 范围内 [满足 $f(x_2) = f(x_3)$]，某种植物出现频率高，累积概率达到 α ，即：

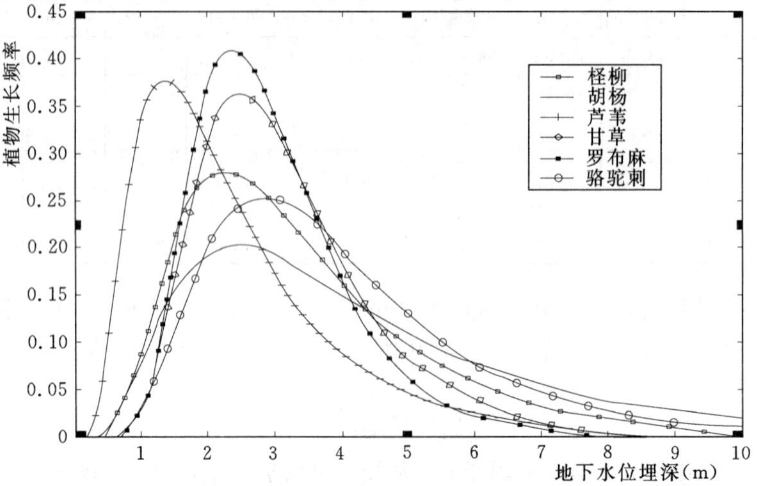

图 3.6 主要植物生长频率与地下水位埋深拟合曲线

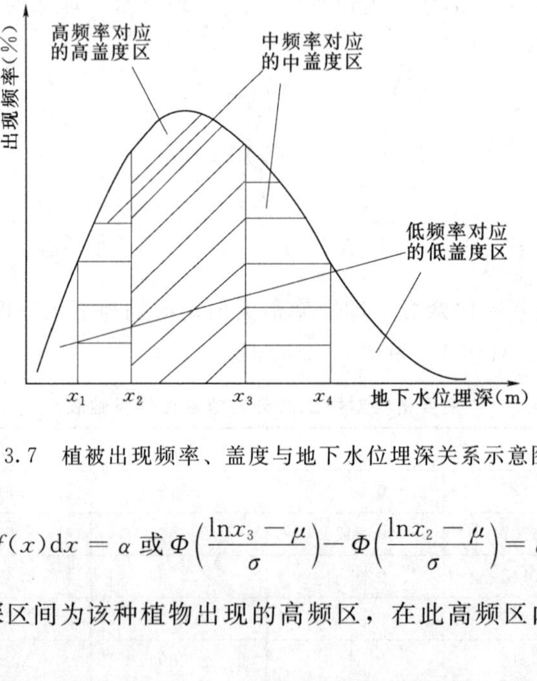

图 3.7 植被出现频率、盖度与地下水位埋深关系示意图

$$\int_{x_2}^{x_3} f(x)\mathrm{d}x = \alpha \text{ 或 } \Phi\left(\frac{\ln x_3 - \mu}{\sigma}\right) - \Phi\left(\frac{\ln x_2 - \mu}{\sigma}\right) = \alpha$$

则该地下水位埋深区间为该种植物出现的高频区，在此高频区内，该植物生长良好，盖度高。

若在某地下水位埋深 $(x_1, x_4]$ 范围内［满足 $f(x_1) = f(x_4)$］，某种植物出现频率较高，累积概率达到 $\beta(\beta > \alpha)$，即：

$$\int_{x_1}^{x_4} f(x)\mathrm{d}x = \beta \text{ 或 } \Phi\left(\frac{\ln x_4 - \mu}{\sigma}\right) - \Phi\left(\frac{\ln x_1 - \mu}{\sigma}\right) = \beta$$

则地下水位埋深区间 $(x_1, x_2]$ 和 $(x_3, x_4]$ 为该种植物出现的中频区，在此中频区内，该植物生长较好，盖度为中盖度。

相应地，地下水位埋深区间 $(-\infty, x_1]$ 和 $(x_4, +\infty]$ 为该种植物出现的低频区，在此低频区内，该植物生长环境恶劣，盖度低。

如果研究区域有足够的实测资料，就可以确定上述累积概率及其与植被盖度之间的关系，从而可确定不同植被、不同盖度相对应的地下水位埋深区间。

3.7.4.3 干旱区天然植被生态需水计算方法

应用遥感技术对研究区域进行生态分区，划分不同植被群落类型和不同植被盖度等级，测出植被群落类型 i（$i=1, 2, \cdots$）的第 j 种（$j=1, 2, \cdots$）盖度 p_{ij} 的面积 A_{ij}。将不同盖度植被覆盖面积 $p_{ij}A_{ij}$ 或棵间面积 $(1-p_{ij})A_{ij}$，以其在各地下水埋深区间 $k(x_k, x_{k+1}]$ 中的概率 ω_{ijk} 为权重分配在各地下水埋深区域，分别计算其植株蒸腾量 Q_{i1} 和棵间潜水蒸发量 Q_{i2}。然后计算 i 类植被总需水量 Q_i 以及计算区域总需水量 Q。注意在计算植株蒸腾量 Q_{i1} 时，取植株蒸腾和相应地下水位埋深区间潜水蒸发的较大值。计算公式为：

$$Q = \sum_i Q_i \tag{3.58}$$

$$Q_i = Q_{i1} + Q_{i2} \tag{3.59}$$

$$Q_{i1} = \sum_j \sum_k A_{ijk} \max(ET_i, EV_k) \tag{3.60}$$

$$Q_{i2} = \sum_j \sum_k B_{ijk} EV_k \tag{3.61}$$

$$A_{ijk} = \omega_{ijk} p_{ij} A_{ij} \tag{3.62}$$

$$B_{ijk} = \omega_{ijk}(1-p_{ij})A_{ij} \tag{3.63}$$

$$\omega_{ijk} = \int_{x_k}^{x_{k+1}} f_i(x)\mathrm{d}x \tag{3.64}$$

以上各式中：Q 为计算区域总需水量；Q_i 为计算区域 i 类植被总需水量；Q_{i1} 为计算区域植物生长蒸腾需水量；Q_{i2} 为计算区域植物棵间潜水蒸发量；p_{ij} 为计算区域 i 类植物的 j 种盖度值；A_{ij} 为计算区域 j 种盖度的 i 类植物遥感测得的面积；A_{ijk} 为计算区域 j 种盖度的 i 类植物在地下水位埋深区间 $k(x_k, x_{k+1}]$ 的覆盖面积；B_{ijk} 为计算区域 j 种盖度的 i 类植物在地下水位埋深区间 $k(x_k, x_{k+1}]$ 的棵间面积；ω_{ijk} 为计算区域 j 种盖度的 i 类植物在地下水位埋深区间 $k(x_k, x_{k+1}]$ 出现的概率；ET_i 为计算区域 i 类植物的蒸腾量；EV_k 为计算区域在地下水位埋深区间 $k(x_k, x_{k+1}]$ 的潜水蒸发量。

上述干旱区天然植被生态需水量计算方法，有两个重要的计算参数，即植物蒸腾和潜水蒸发。这两个参数均应采用现场实验数据。

蒸腾是指水分以气体状态通过植物体的表面从体内散发到体外的现象。水分首先进入根部；经过皮层薄壁细胞，进入木质部的导管和管胞中；然后水分沿木质部向上运输到茎或叶的木质部；接着，水分从叶片木质部末端细胞进入气孔下腔附近的叶肉细胞壁的蒸发部位；最后，水蒸气通过气孔蒸腾出去。在陆生植物吸收的水分中，只有一部分用于代谢，绝大部分散失到体外去。关于植物蒸腾定额的确定，目前还没有完善的理论研究成果，主要靠实验确定，并以野外实验为主。在野外条件下测定植物蒸腾定额有两种方法：

一种是三次称重法。即测定切断植物部分，如带叶的枝条或叶片，在短时间内重量变化。这种方法测定的依据是假定在切割后最初的几分钟期间，叶片的蒸腾仍保持自然状态而没有重大的改变。通常离体叶片的暴露时间，即两次称重之间的时间，需要 3～5min 是比较合理的。表 3.7 为在黑河流域下游额济纳旗所做的三次称重法现场实验数据。另一种是使用电子湿度探测器的气量计法。

表 3.7　　额济纳旗几种典型植被的蒸腾量

植物种类	胡　杨	柽柳、梭梭林	苦豆子、胖姑娘
蒸腾量（m^3/亩）	667～800	6.7～20	13.3～20

潜水蒸发是地下水的主要排泄方式，蒸发量的大小受气候因素影响并随地下水埋深的增加而减少。根据地渗仪的观测资料地下水埋深 1～2m 时潜水蒸发量随气温升高而增加，随气温下降而减少；当地下水埋深大于 3m 时潜水蒸发量随气温变化影响显著减小；当大于 4m 时几乎没有潜水蒸发。不同地下水位埋深潜水蒸发量见表 3.8。

表 3.8　　额济纳三角洲不同地下水埋深年蒸发量

地下水埋深（m）	0.5	1.0	1.5	2.0	2.5	3.0	3.5	4.0
年蒸发量（mm）	480	320	162	130	58	23	18	15

例如，黑河流域下游地区的植被除少量林地外大部分属天然植被，可按上述方法计算该区天然植被生态需水量。根据 2000 年 9 月的遥感资料，将植被群落分为胡杨林、灌丛、草地三种，并分别取胡杨作为胡杨林代表，柽柳作为灌丛类植被的代表，苦豆子、胖姑娘或甘草作为草地类的代表，测出不同植被类型不同盖度的面积。按上述生态需水量计算方法计算得狼心山以下区域的植株蒸腾、棵间潜水蒸发及总生态需水量分类统计见表 3.9、表 3.10、表 3.11。

表 3.9　　下游狼心山以下植物蒸腾量

植物种类	总面积（km^2）	盖度（%）	地下水位（m）	有效面积（km^2）	植物蒸腾定额（万 m^3/km^2）	潜水蒸发定额（万 m^3/km^2）	计算取值（万 m^3/km^2）	小计（亿 m^3）
胡杨林	121.14	75	2～2.5	45.21	100	9.40	100	0.452
			2.5～3	45.65	100	4.05	100	0.456
	117.43	50	1～1.5	5.86	100	24.10	100	0.059
			1.5～2	9.10	100	14.60	100	0.091
			3～3.5	9.95	100	2.05	100	0.100
			3.5～4	8.90	100	1.40	100	0.089
			4～6	24.91	100	0	100	0.249
	77	15	0.5～1	0.96	100	40.00	100	0.010
			6～10	10.59	100	0	100	0.106

续表

植物种类	总面积（km^2）	盖度（%）	地下水位（m）	有效面积（km^2）	植物蒸腾定额（万 m^3/km^2）	潜水蒸发定额（万 m^3/km^2）	计算取值（万 m^3/km^2）	小计（亿 m^3）
灌木	283.44	75	2～2.5	109.08	3	9.40	9.40	0.103
			2.5～3	103.50	3	4.05	4.05	0.042
	537.35	50	1～1.5	33.20	3	24.10	24.10	0.080
			1.5～2	56.91	3	14.60	14.60	0.083
			3～3.5	53.12	3	2.05	3	0.053
			3.5～4	43.16	3	1.40	3	
			4～5.5	82.05	3	0	3	
	956.84	15	0.5～1	19.14	3	40.00	40.00	0.077
			5.5～11	124.33	3	0	3	0.037
草地	46.65	75	2～2.5	17.98	3	9.40	9.40	0.017
			2.5～3	17.00	3	4.05	4.05	0.007
	363.17	50	1.5～2	63.16	3	14.60	14.60	0.092
			3～3.5	71.98	3	2.05	3	0.036
			3.5～4	46.44	3	1.40	3	
	3200.34	15	0.5～1	9.27	3	40.00	40.00	0.037
			1～1.5	115.95	3	24.10	24.10	0.280
			4～7	354.83	3	0	3	0.106
合计	5703.36							2.662

表 3.10　　下游狼心山以下潜水蒸发量

植物种类	盖度（%）	总面积（km^2）	地下水位（m）	有效面积（km^2）	潜水蒸发定额（万 m^3/km^2）	小计（亿 m^3）	合计（亿 m^3）
胡杨林	75	121.14	2～2.5	15.07	9.40	0.017	0.085
			2.5～3	15.22	4.05	0.008	
	50	117.43	1～1.5	5.86	24.10	0.017	
			1.5～2	9.10	14.60	0.016	
			3～3.5	9.95	2.05	0.002	
			3.5～4	8.90	1.40	0.002	
			4～6	24.91	0	0	
	15	77	0.5～1	5.63	40.00	0.023	
			6～10	59.82	0	0	
灌木	75	283.44	2～2.5	36.36	9.40	0.034	0.662
			2.5～3	34.50	4.05	0.014	
	50	537.35	1～1.5	33.23	24.10	0.080	
			1.5～2	56.96	14.60	0.083	
			3～3.5	53.16	2.05	0.011	
			3.5～4	43.19	1.40	0.006	
			4～5.5	82.14	0	0	
	15	956.84	0.5～1	108.45	40.00	0.434	
			5.5～11	704.86	0	0	

续表

植物种类	盖度（%）	总面积（km^2）	地下水位（m）	有效面积（km^2）	潜水蒸发定额（万 m^3/km^2）	小计（亿 m^3）	合计（亿 m^3）
草地	75	46.65	2～2.5	5.98	9.40	0.006	1.966
			2.5～3	5.68	4.05	0.002	
	50	363.17	1.5～2	63.16	14.60	0.092	
			3～3.5	71.98	2.05	0.065	
			3.5～4	46.44	1.40	0.007	
	15	3200.34	0.5～1	52.53	40.00	0.210	
			1～1.5	657.07	24.10	1.584	
			4～7	2010.64	0	0	
合计		5703.36					2.713

表 3.11　下游天然生态需水统计表　　单位：亿 m^3

植被类型	胡杨		灌木		草地		合计	
需水类型	数量	百分比（%）	数量	百分比（%）	数量	百分比（%）	数量	百分比（%）
植株蒸腾	1.612	94.99	0.475	41.78	0.575	22.63	2.662	49.53
潜水蒸发	0.085	5.01	0.662	58.22	1.966	77.37	2.713	50.47
小　计	1.697	31.57	1.137	21.15	2.541	47.28	5.375	100

从表 3.11 可知，下游狼心山以下总生态需水量为 5.375 亿 m^3，其中植株蒸腾为 2.662 亿 m^3，占总需水量的 49.53%，潜水蒸发为 2.713 亿 m^3，占总需水量的 50.47%，接近 1/2。

3.8　综合需水分析与计算

在生活、生产和生态（环境）三类需水预测基础上，进行河道内和河道外、城镇和农村需水预测成果的综合分析与计算。综合时应注意，某些需水项之间有一定重复，应综合考虑。

1. 河道外需水量

河道外需水量，要参与区域或流域水资源的供需平衡分析。应分别提出不同代表年，如降水频率为 $P=50\%$、$P=75\%$ 和 $P=90\%$，按城镇和农村分类汇总的需水量预测成果。

2. 河道内需水量

河道内生产需水量要与河道内生态环境需水量综合考虑，其超过河道内生态环境需水量的部分，要与河道外需水量统筹协调，参与区域或流域水资源的供需平衡分析。

为了保障预测成果具有合理性，要对经济社会发展指标、用水定额以及需水量进行合理性分析。主要分析内容包括：各类预测指标发展变化趋势的合理性分析，区域间和各类用水间的数据协调性分析及国内外其他地区的指标比较等。

第4章　水资源供需分析

4.1　供需分析的概念

天然状态下的水资源在时间和空间上的分布是不均匀的，与人类社会经济发展用水和生态环境用水的要求往往不相一致，为此需要建设水利工程，对天然状态下的水资源进行调节，以满足社会经济发展和生态环境用水的需要。在特定的水资源条件和需水要求下，充分发挥水利工程的作用，通过水利工程的调节计算，可得到水利工程供水与需水之间的关系，这就是水资源供需分析。

供需分析主要是针对未来社会经济发展的需要进行的。根据未来社会经济发展的需要预测需水量，根据区域水资源状况和开发利用条件拟定水利工程建设方案，通过供、需两方面的安排，实现未来一段时期内水资源供给与需求之间的平衡。

4.2　水利工程可供水量计算

4.2.1　引水工程

引水工程是指从河道或其他地表水体能够自流取水的水利工程。

某一引水枢纽，在逐日来水过程线给定时，考虑河道下泄流量的要求，当河道日平均可引流量小于和等于引水渠道的最大过水能力时，全引；当河道日平均可引流量大于引水渠道的最大过水能力时，只引渠道的最大过水流量。将渠道逐日引用的水量相加，即为渠道全年最大可引水水量，也即引水工程的供水能力。显然，工程的供水能力指的是工程措施充分发挥作用时可提供的水量。

但这样算得的渠道最大可引水量，并不是许可供给的水量，因为年最大可引水量可能有一部分是没有用的，例如农业灌溉，在非灌溉期的那部分引水量是毫无用处的。因此，许可的引水量必须从年最大可引水量中减去用户不用的水量，剩余部分才是引水工程可以供给的水量，简称可供水量。可供水量与工程的供水能力是不同的，供水能力未考虑需水限制。可供水量大小，取决于来水过程、下游河道流量要求、渠道过水能力以及用户的需水要求等。

综上所述，水利工程的可供水量是指在给定的来水条件下，考虑供水对象的需水要求，通过水利工程可以提供的水量。

可供水量的计算时段应取得比较适中，不能过大，也不能过小。划得过大，往往会掩盖供需之间的矛盾，因为一个地区的缺水，往往只是几个关键时期，甚至是很短的一段时间，所以只有把计算时段划小，才能把供需之间的矛盾暴露出来。但划得太小，则分析计算工作量大，有时还受资料的限制。所以，计算时段的划分应以能客观反映供需矛盾为准则。一般来说，北方供需矛盾突出的地区按月进行分析可能满足要求，南方供需矛盾突出的地区在作物灌溉期甚至要按旬或按周进行分析才可能满足要求；对一些供需矛盾不突出地区，则可能按主要作物灌溉期和非灌溉期进行分析，甚至可能按年进行分析等。

1. 一用户情形

有一河流引水工程向某地区供水，引水渠道过水能力为 $Q_{max}=70\mathrm{m^3/s}$，取水口流量过程与需水量过程见表 4.1，设下泄流量要求不低于 $60\mathrm{m^3/s}$。试计算该工程的年可供水量。

表 4.1　**取水口径流量过程与需水量过程**　单位：$\mathrm{m^3/s}$

月份	1	2	3	4	5	6	7	8	9	10	11	12
来水 Y_t	110	150	120	140	130	110	110	115	150	100	90	130
需水 D_t	65	80	50	70	50	90	60	70	75	60	50	80

如图 4.1 所示，可供水量受到过水能力、需求和可引水量的制约，即：

$$w=\sum_{t=1}^{12}\min(D_t,Y_t-60,Q_{max}) \tag{4.1}$$

据此可计算可供水量为 $1.7\times10^9\mathrm{m^3}$。

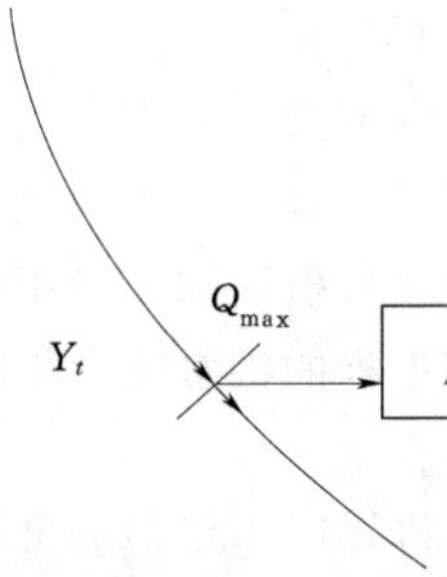

图 4.1　一用户情形

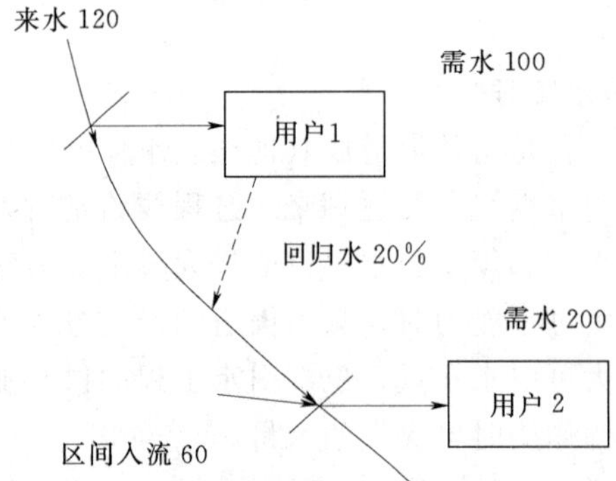

图 4.2　两用户情形（单位：$\mathrm{m^3/s}$）

2. 两用户情形

有一河流向两个用户供水，设引水渠道的过水能力和取水口下泄流量不受限制，河流来水与用户需水情况如图 4.2 所示，试计算可供水量。

按照不同的计算原则，有不同的计算方法。

第一种方法，自上而下计算，按“属地优先权”原则，先尽量满足第 1 用户要求，然后再进行第 2 用户的分析计算。

$$\begin{cases}\text{第 1 用户}:Q_1=100\mathrm{m^3/s}\\ \text{第 2 用户}:Q_2=100\mathrm{m^3/s}\end{cases}$$

第二种方法，按两用户“均衡受益”原则进行分析计算。“均衡受益”是指，如果在资源紧缺的条件下，两用户供水量与需水量之比应相等。因无调节能力，以一个时段为例说明，其他时段类似计算。

设 Q_1 代表向用户 1 供水量，Q_2 代表向用户 2 供水量。则有方程式：

$$\begin{cases}120 - Q_1 + Q_1 \times 20\% + 60 = Q_2 & \text{水量连续方程}\\ \dfrac{Q_1}{100} = \dfrac{Q_2}{200} & \text{均衡受益方程}\end{cases} \tag{4.2}$$

联立求解得：$Q_1^* = 180/2.8 = 64.28$（m^3/s），$Q_2^* = 360/2.8 = 128.59$（m^3/s）。

3. 考虑用户重要性不同

为方便计，在两用户情形，如图 4.3 所示，可建立优化模型：

$$\min\left(\frac{D_1 - Q_1}{D_1}\right)^2 + \left(\frac{D_2 - Q_2}{D_2}\right)^2 \tag{4.3}$$

$$\text{s. t. } Y_2 = I_2 + (Y_1 - Q_1) + \beta Q_1$$

求最优解，得到：

$$\frac{D_1 - Q_1}{D_1} = \frac{D_2 - Q_2}{D_2} \tag{4.4}$$

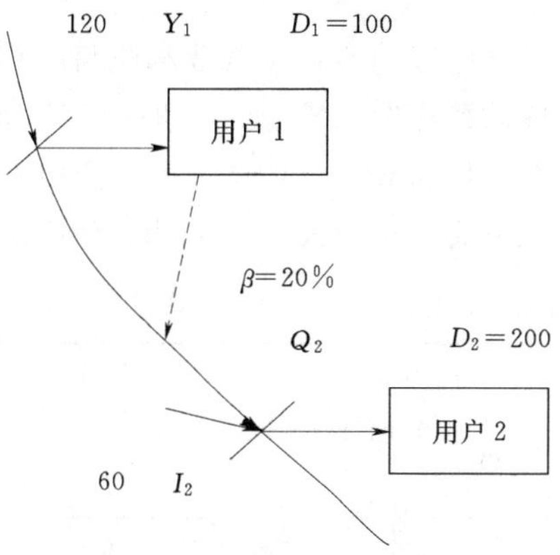

图 4.3 考虑用户重要性情形（单位：m^3/s）

如果用户 2 较用户 1 重要，这样供水就是不合理的，因为它使两用户的缺水率相等，未能考虑用户重要性的不同。设 $\Delta Q_1 = D_1 - Q_1$，$\Delta Q_2 = D_2 - Q_2$，下面用权重来考虑用户的重要性。设用户 1 权重为 α_1，用户 2 权重为 α_2，把目标函数修改为：

$$\min\left(\alpha_1 \frac{\Delta Q_1}{D_1}\right)^2 + \left(\alpha_2 \frac{\Delta Q_2}{D_2}\right)^2 \tag{4.5}$$

通过求解，可得到：

$$\alpha_1 \frac{\Delta Q_1}{D_1} = \alpha_2 \frac{\Delta Q_2}{D_2} \tag{4.6}$$

$$\frac{\Delta Q_2}{D_2} = \frac{\alpha_1}{\alpha_2} \frac{\Delta Q_1}{D_1} \tag{4.7}$$

如选用户 1 为参考用户，用户 2 作为比较用户，假定用户 2 的重要性是用户 1 的 2 倍，即 $\alpha_1 = 1$，$\alpha_2 = 2$，则：

$$\frac{\Delta Q_2}{D_2} = \left(\frac{\Delta Q_1}{D_1}\right)/2 \tag{4.8}$$

即用户 2 的缺水率只是用户 1 的 1/2。这是理论上分析结果，实际问题中，由于受到约束条件制约，不可能完全达到理论解，但结果将是靠近理论解的情形。

一般地，以农业部门用户为参考，对其他部门进行加权，形成相对重要性权重系数，如生活：工业：农业=4：2：1 等。

对上述例子：如 $\alpha_1 = 1$，$\alpha_2 = 2$

$$\begin{cases} 120 - Q_1 + Q_1 \times 20\% + 60 = Q_2 \\ \left(\dfrac{100 - Q_1}{100}\right)/2 = \dfrac{200 - Q_2}{200} \end{cases} \tag{4.9}$$

求解得：$Q_1 = 80/1.8 = 44.44$（m^3/s），$Q_2 = 260/1.8 = 144.44$（m^3/s）。

4.2.2　蓄水工程

蓄水工程能在时间上对水资源重新分配，在来水多时把水蓄起来，在来水少时根据用水要求适时适量地供水。这种把来水按用水需求在时间上和数量上重新分配的过程，称为水库调节。

1. 大、中型水库

一般而言，年调节水库与一年一次调蓄过程。为简单起见，设年初、年末库容均为水库的死库容。Y_t 表示 t 时段来水流量，D_t 表示 t 时段需水量，Q_t 表示 t 时段可供水量，单位均为 m^3/s。V_t 表示 t 时段初水库蓄水量，单位为 $m^3/s \cdot \Delta t$。时段长 $\Delta t = 90$ 天，一年划分为 4 个时段。有关计算情况见表 4.2，不同计算模式如图 4.4 所示。

表 4.2　水库调节计算表

<table>
<tr><td rowspan="3">调节计算模式</td><td>时段</td><td colspan="2">1</td><td colspan="2">2</td><td colspan="2">3</td><td colspan="2">4</td></tr>
<tr><td>Y_t</td><td colspan="2">300</td><td colspan="2">100</td><td colspan="2">0</td><td colspan="2">0</td></tr>
<tr><td>D_t</td><td colspan="2">200</td><td colspan="2">200</td><td colspan="2">200</td><td colspan="2">200</td></tr>
<tr><td rowspan="2">（1）</td><td>Q_t</td><td colspan="2">200</td><td colspan="2">200</td><td colspan="2">0</td><td colspan="2">0</td></tr>
<tr><td>V_t</td><td>0</td><td colspan="2">100</td><td colspan="2">0</td><td colspan="2">0</td><td>0</td></tr>
<tr><td rowspan="2">（2）</td><td>Q_t</td><td colspan="2">100</td><td colspan="2">100</td><td colspan="2">100</td><td colspan="2">100</td></tr>
<tr><td>V_t</td><td>0</td><td colspan="2">200</td><td colspan="2">200</td><td colspan="2">100</td><td>0</td></tr>
<tr><td rowspan="2">（3）</td><td>Q_t</td><td colspan="2">200</td><td colspan="2">100</td><td colspan="2">50</td><td colspan="2">50</td></tr>
<tr><td>V_t</td><td>0</td><td colspan="2">100</td><td colspan="2">100</td><td colspan="2">50</td><td>0</td></tr>
</table>

（1）"有水就用"模式。如果有水，只要需要就给予供给。

按如下水量平衡方程进行计算：

$$V_{t+1} = V_t + (Y_t - Q_t)\Delta t \tag{4.10}$$

$Q_1 = 200m^3/s, Q_2 = 200m^3/s, Q_3 = 0, Q_4 = 0$。这种结果显然是不合理的，缺水集中在后两个计算时段，不便于生活与生产的安排。

（2）"过程相似"模式。供水总量虽不能满足需水总量要求，但其过程应尽可能与需水一致，这样便于生活与生产的安排。

如果水库期初、末不蓄不放水，维持库容不变，总来水恰好用完。总来水为 400 $m^3/s \cdot \Delta t$，总需水为 $800m^3/s \cdot \Delta t$，来水总量为需水总量的 1/2。按过程相似，每时段应供水流量 $100m^3/s$。水库蓄水量变化过程，如图 4.4 所示。

$$Q_1 = Q_2 = Q_3 = Q_4 = 100m^3/s$$

$$V_0 = 0 \qquad V_1 = 200 \qquad V_2 = 200 \qquad V_3 = 100 \qquad V_4 = 0$$

（3）如水库库容有限，$V_{有效} = 100m^3/s \cdot \Delta t$。

第一时段末，水库最多能蓄 $100m^3/s \cdot \Delta t$ 水量。这时 $Q_1 = 100m^3/s \cdot \Delta t$，就要弃水 $100m^3/s \cdot \Delta t$。这显然是不合适的，实际上 $Q_1 = 200m^3/s \cdot \Delta t$，它也能蓄至库满。

第二时段，后三个时段需水 $600m^3/s \cdot \Delta t$，现有水量 $200m^3/s \cdot \Delta t$，一是来水 $100m^3/s \cdot \Delta t$,一是水库蓄水 $100m^3/s \cdot \Delta t$。按过程相似，每时段应供流量 $200/3m^3/s$，但这样做第二时段末要蓄水 $200-200/3m^3/s$，超过水库有效库容又要弃水，显然也是不合适的。水库最多能蓄 $100m^3/s \cdot \Delta t$，从而 $Q_2=100m^3/s$。

第三、四时段，共有水 $100m^3/s \cdot \Delta t$，从而两时段各供水 $50m^3/s$。$Q_3=Q_4=50m^3/s$。

水库供水过程如图 4.5 所示。

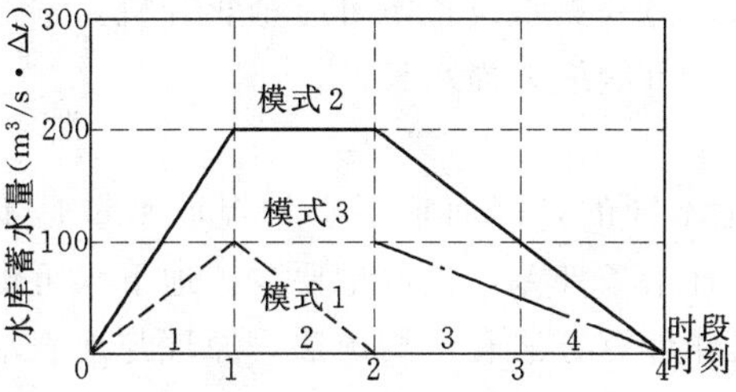

图 4.4　不同计算模式示意图

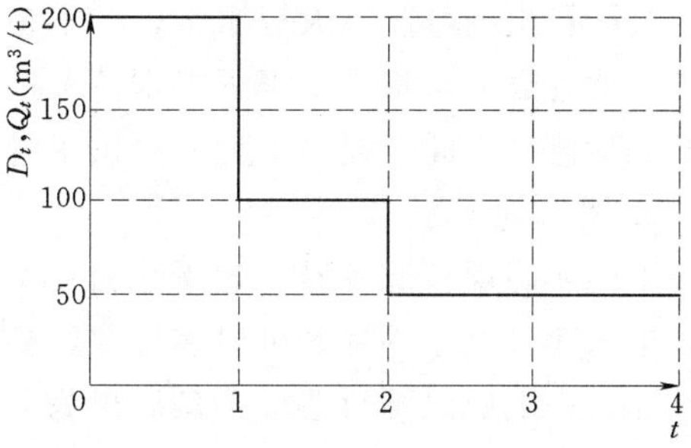

图 4.5　库容有限时的供水过程示意图

2. 小型蓄水工程

这类工程的特点是数量多而且缺乏实测资料，所以往往采用“复蓄指数”法来估算可供水量。

所谓的“复蓄指数”，就是水库、塘坝年可供水量与有效库容之比值。由于水库、塘坝库容较小，从而来水可使有效库容多次充蓄，复蓄指数可大于 1.0。复蓄指数与水库的集雨面积、来水多少、有效库容大小、担负的灌溉面积等多种因素有关，一般通过典型工程分类实地调查分析来确定。

按小型蓄水工程的不同类别，把实际调查到的复蓄指数和相应年份的年来水频率绘在几率格纸上，通过适线求得复蓄指数和年来水频率之间的相关线。在应用时，可根据来水的频率查出相应的复蓄指数。

当水库、塘坝的复蓄指数确定以后，利用下面公式可算出可供水量。

$$W_{供} = n \cdot V \tag{4.11}$$

式中：$W_{供}$ 为水库、塘坝的可供水量；n 为复蓄指数；V 为水库塘坝的有效库容。

4.2.3　提水工程

提水工程包括地表水提水工程和地下水提水工程。地表水提水工程可供水量是指通过动力机械设备从江河、湖泊中提取的水量。地下水可供水量是指通过提水设备从地下提取为用户所用的水量。

1. 从河道提水

从河道提水，其最大可提水量取决于河道来水情况、下游河道的水流要求以及提水设备能力，如图 4.6 所示。

图 4.6 中，Q_t 为某取水点的年逐日流量过程线；$Q_{设}$ 为提水设备能力；$Q_{下}$ 为下游河道的水流要求。

那么，全年最大可提水量可用下式计算：

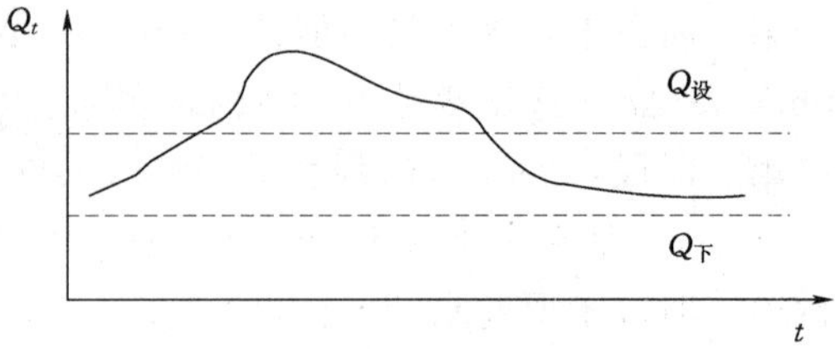

图 4.6　河道最大可提水量示意图

$$W_{可提} = \int_t q(t)\mathrm{d}t \tag{4.12}$$

其中

$$q(t) = \min[Q_t - Q_{下},\ Q_{设}] \tag{4.13}$$

这样算出的可能最大提水量，并不是提水工程可供水量，因为不是全年任一时刻都需要提如此计算的水量，要根据需水情况进行提水；另外提水设备不可能全年开机，它需要维护、检修。因此，提水工程的可供水量必定小于可能最大提水量。

2. 提取地下水

不同年降雨情况各异，地下水补给状况也是不同的，因而地下水年提取水量是不同的，丰水年补给条件好，可以多提取，枯水年，补给条件差，提取量要少。地下水可供水量计算，一般应以不致造成不良后果为前提，具体计算方法有水均衡法，原理与地表水库的相同，或利用地下水动力模型进行调节计算。在计算时，要受到地下水开采井的设备能力限制。

地下水多年平均可供水量的控制极限一般为多年平均综合补给量。

从以上对水利工程可供水量的分析计算可知，在利用水利工程对天然水资源进行时间和空间上的调节计算时，有两种基本的方式：一种是有水即用，如果发生缺水，将比较集中在某一用户或某些时段上，可称之为“集中余缺”方式；另一种是如果发生缺水，把缺水尽可能比较均衡地分散在各个用户各个时段上，可称之为“分散余缺”方式。两种方式并不影响年可供水总量，但两者的供水过程不同，后者更便于生产过程的安排。

4.3　区域可供水量的计算

4.3.1　系统概化

水资源系统是以水为主体构成的一种特定系统，这个系统是指处在一定范围或环境下，为实现水资源开发利用目标，由相互联系、相互制约、相互作用的若干水资源工程单元和管理技术单元所组成的有机体。从逻辑关系上，水资源系统一般由水源、调蓄工程、输配水系统、用水户、排水系统等部分组成。从水源、调蓄工程系统通过输水系统将水分配到用水系统使用，然后由排水系统排放。其过程可用图 4.7 描述。

1. 用户概化

在一个较大区域，往往包含多种多样的水利工程，包含许多具体的用水户。区域可供水量的计算，就是在各种用水户需水要求下，对区域内部所有水利工程的可供水量进行计算。

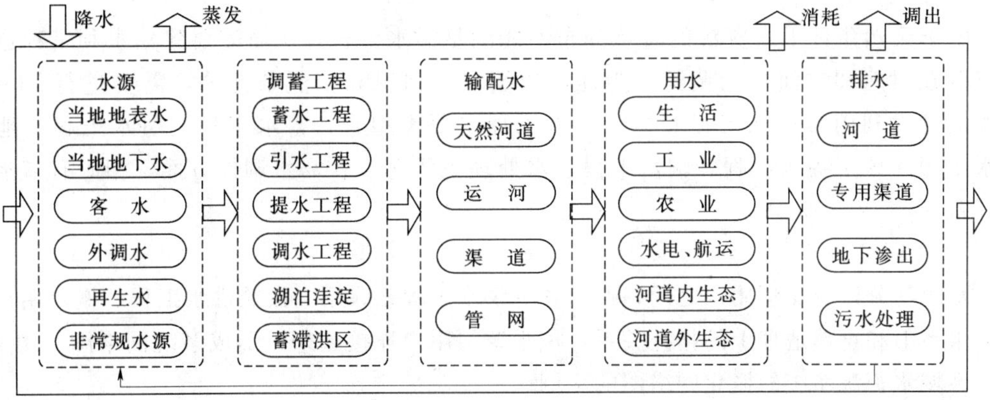

图4.7　水资源系统组成要素图

一个区域内部，具体用水户的数量是非常大的，为了便于计算，可把地域相近的用水户进行归类合并。即把研究区域进行分区，每一分区作为一个供水对象。分区的大小应根据需要，因地制宜来定，不宜过大，也不宜过小。如果分区过大，把几个流域、水系或供水系统拼在一起进行调算，往往会掩盖地区之间的供需矛盾，造成“缺水”是真，“余水”是假象；如果分区过小，则工作量将成倍增加。如果研究区域很大，可以逐级划区，即把要研究的整个区域划为若干个一级区，每一个一级区又可划为若干二级区，以此类推，最后一级区称为计算单元。分区的主要方法如下。

（1）按行政区划分区。有利于资料的搜集和统计。

（2）按自然地理单元分区。如按流域、水系结构划分，有利于算清水账。

（3）按社会经济单元划分。如按特定经济圈、开发区等，有利于突出分析的重点。

（4）按流域水资源分区与区域行政分区相结合的方法进行划分。考虑区域不同自然特点和自然分区（流域、水系、水文地质单元等）及行政区划的界限，并尽可能地保持自然分区的完整性，对区域进行水资源分区。

分区的要求是，有利于展示区域水资源需求在空间上的分布；有利于资料的收集、整理、统计、分析；有利于计算成果的校核、验证等。

一个分区内部的用水户也有各种类型，其用水性质也不尽相同。根据用水性质的不同，划分成几类。如城市生活、农村生活、工业和建筑业及第三产业、农业、河道外生态环境、河道内生态环境等。

2. 水源划分

作为供水来源的区域内的水源，可划分成当地水和外来水。当地水又可分为当地地表水、当地地下水及再生水等。外来水可分为流入本地的河流等客水，以及跨区域调水。

当地地表水是指区域内的河流、湖泊等，按照流域水系进行划分。当地地下水是指区域内的地下含水层等，按含水层所属的地质单元划分。再生水等按照不同的收集、处理与供给系统划分。

客水是指流入区域内的河流、含水层跨界补给等。调水是指从研究区域外通过工程措施调入本区域的水量，按照不同的调水系统划分。

3. 工程安排

由于天然条件下水资源的时空分布不能满足需水要求，从而需要建立水利工程进行水资源在时间和空间上的调配。为此，依据需水情况和自然条件等，需要进行每一个水源的开发利用布局和工程安排。供水工程主要类型有：蓄水工程、引水工程、地表提水工程、地下提水工程、输水工程、水处理工程等。在需水调控方面，相应有节水工程等布局。

4. 系统网络图

水源与分区分类型用户之间，通过各种供水工程相联系。按照供水工程、概化用户在流域水系上和自然地理上的拓扑关系，把水源与用户连接起来，形成系统网络图。图 4.8 为一区域水资源系统的概化网络图的示例。

系统网络图是对真实系统的抽象概化，主要由水资源开发、利用、转化的概化元素构成。概化元素包括计算单元、水利工程、分汇水节点以及各种输水通道等。

计算单元是划分的最小一级计算分区，是各类资料收集整理的基本单元，也是水资源利用的主体对象；在网络图上用长方形框表示，属于“面”元素。水利工程是网络图上标明的水库及引提水工程等。分汇水节点包括天然节点和人为设置的节点两类，前者是重要河流的交汇点或分水点，后者主要是对水量水质有特殊要求或希望掌握的控制断面，在网络图上属于“点”元素。输水通道是对不同类别输水途径的概化，包括河流水系，水利工程到计算单元的供水传递关系，计算单元退水的传递关系、水利工程之间或计算单元之间的联系等，在网络图上属于“线”元素。

以概化后的点、线、面元素为基础，构筑天然和人工用水循环系统，动态模拟逐时段多水源向多用户的供水量、耗水量、损失量、排水量及蓄变量过程，实现真实水资源系统的仿真模拟。

4.3.2 基于模拟的可供水量计算

区域中的各项供水工程组成一个体系，共同为用户供水，彼此既相互联系，又相互影响。按概化系统网络图，有串联、并联、混联多种情况，比较复杂。在计算区域总可供水量时，应根据系统具体情况分析，但总的要求是统筹兼顾各分区各种类型的用水需求，合理安排各种水源各类工程的供水策略，以利于系统供需平衡。

基于模拟的可供水量计算方法，是以概化的系统网络图为基础，以事先拟定的各种调配规则为依据，按一定次序，对各水源、各计算单元进行各水利工程调节计算的方法。区域水资源一般性的调配规则主要有以下几方面。

1. 计算程序

可供水量计算程序为：自上而下，先支流后干流，逐单元计算。每一单元的计算遵循水量平衡的原则。

计算时，可把水源划分为本计算单元内部分配和多个单元间联合分配两种情形。前者包括对当地地表水及地下水等水源的分配，这类水源原则上只对所在计算单元内部各类用户进行供水，不跨单元利用。后者包括大型水库、外流域调水、处理后污水等水源或水量的分配与传递，这类水源可为多个计算单元所使用，其水量的传递和利用关系由系统网络

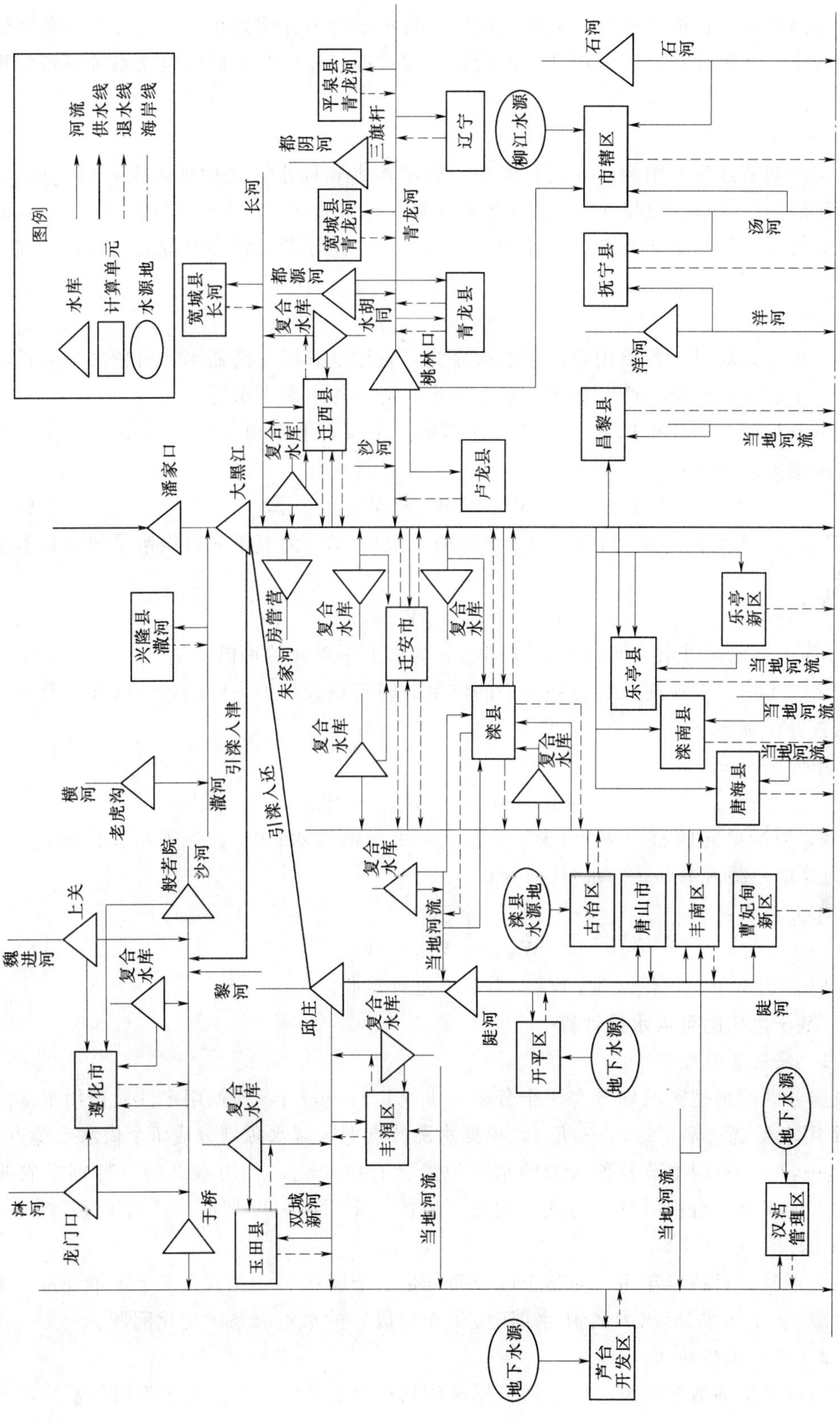

图 4.8　水资源系统概化网络图示意图

图传输线路确定；根据事先制定的调配规则，将水量合理分配到相关单元。如一条河流上有上下两个计算单元，可以应用“分散余缺”方式进行计算等。后者也是系统模拟的重点和难点。

2. 供水次序

通常的调节计算原则为：先用自流水，后用蓄水和提水；先用地表水，后用地下水；先用本流域的水（包括过境水），后用外流域调水；水质优的水用于生活等用户，其他水用于水质要求较低的农业或部分工业用户。此外，应充分考虑各类水源之间存在的相互影响关系。

3. 用水次序

在水资源紧缺时，各类用户的用水次序为，先尽量满足生活需水，再依次是河道内最小生态需水、工业和第三产业需水、农业需水、河道外生态需水等。

在一条河流上的计算单元，对某一计算单元来说，上下单元对这一单元的计算有影响。上一单元的退水：

$$W_{退} = W_{弃} + W_{回} \tag{4.14}$$

式中：$W_{退}$为上单元的退水量；$W_{弃}$为上单元的弃水量；$W_{回}$为上单元可供水量回归到本单元的水量。

$$W_{回} = \beta W_{可供} \tag{4.15}$$

式中：β为上单元可供水的回归水系数；$W_{可供}$为供上一单元的可供水量。

生活、工业、农业灌溉等各种类型的供水的回归系数是不一样的，一般通过典型区的具体调查分析确定。

本单元来水：

$$W_{来} = W_{上退} + W_{区水} + W_{调入} \tag{4.16}$$

式中：$W_{来}$为本单元的整个来水；$W_{上退}$为上一单元的退水；$W_{区水}$为本单元的区间来水；$W_{调入}$为外单元调入本单元的水量。

本单元弃水：

$$W_{弃水} = W_{来} - W_{可供} \tag{4.17}$$

式中：$W_{可供}$为本单元可供水量；$W_{弃水}$为本单元的弃水。

4.3.3 基于优化的可供水量计算

4.3.3.1 决策变量分析

根据分区原则把区域划分为J个分区（$j=1,2,\cdots,J$），根据用水性质把用水部门分为K个用水类型（$k=1,2,\cdots,K$），根据水源特点把区域水源划分成I个供水水源点（$i=1,2,\cdots,I$）。不同季节各种水源的水资源量会有所变化，各用水部门（特别是农业用水）对水的需求会有所增减，为此，把计算域按一定时间尺度划分成T个时段（$t=1,2,\cdots,T$）。

由此可见，对特定年份，对整个区域而言是一个拥有$I\times J\times K\times T$个决策变量（$I$个供水水源、$J$个用水分区、$K$个用水部门、$T$个时段）的水资源系统优化问题。

4.3.3.2 优化模型建立

水资源系统的数学模型一般包括目标函数和约束条件两部分。对于不同的系统，不同的水资源问题，由于自然条件和社会、经济条件的不同，数学模型是不同的。

为了更好地满足生活、工农业生产以及生态等的用水需求，设定优化目标为区域供水系统相对总缺水量最小。数学表达式为：

$$\min\sum_{j=1}^{J}\sum_{k=1}^{K}\sum_{t=1}^{T}\alpha_{jk}\left(\frac{D_{jkt}-\sum_{i=1}^{I}Q_{ijkt}}{D_{jkt}}\right)^2 \tag{4.18}$$

式中：D_{jkt} 为区域在第 j 分区第 k 用水部门第 t 时段的需水量；Q_{ijkt} 为区域第 i 供水水源给第 j 分区第 k 用水部门第 t 时段的供水量；α_{jk} 为第 j 分区第 k 用水部门相对其他用水部门优先得到供给水资源的重要程度系数。

约束条件表示了优化的限制条件。推求目标函数达到最优时的决策变量，应是在约束条件下求得的。在供水系统优化中，产水量、需水量、输水建筑物的过水能力等都可能成为约束条件。

1. 可供水量约束

水源供给各分区各用水部门的供水量不应多于其可供水量。

$$\sum_{j=1}^{J}\sum_{k=1}^{K}Q_{ijkt}\leqslant W_{it}\quad(i=1,2,\cdots,I;t=1,2,\cdots,T) \tag{4.19}$$

式中：$\sum_{j=1}^{J}\sum_{k=1}^{K}Q_{ijkt}$ 为第 i 供水水源对第 J 个分区 K 个用水部门第 t 时段的供水量之和；W_{it} 为规划水平年内第 i 个供水水源第 t 时段的可供水量。

2. 需水量约束

本着资源节约和有效利用的原则，水源供给各分区各用水部门的供水量不应多于其需水量。

$$\sum_{i=1}^{I}Q_{ijkt}\leqslant D_{jkt}\quad(j=1,2,\cdots,J;k=1,2,\cdots,K;t=1,2,\cdots,T) \tag{4.20}$$

式中：$\sum_{i=1}^{I}Q_{ijkt}$ 为 I 个供水水源对第 j 分区第 k 用水部门第 t 时段的供水量。

3. 供水能力约束

各分区的输水河道及泵站等都有各自的供水能力，因此在计算时，供水水源对各分区各用水部门的供水量不应大于其最大输水能力。

$$\sum_{k=1}^{K}Q_{ijkt}\leqslant Q_{\max ij}\quad(i=1,2,\cdots,I;j=1,2,\cdots,J;t=1,2,\cdots,T) \tag{4.21}$$

式中：$Q_{\max ij}$ 为第 i 供水水源对第 j 分区的输水工程过水能力。

4. 工程运行可行域约束

对于特定水源，其供水应在调节计算的约束域内进行。

$$Q_{ijkt}\in S_i\quad(i=1,2,\cdots,I;j=1,2,\cdots,J;k=1,2,\cdots,K;t=1,2,\cdots,T) \tag{4.22}$$

式中：S_i 为第 i 供水水源调节计算时的约束域，如水库运行的水位限制条件等。

5. 变量非负约束

$$Q_{ijkt}\geqslant 0\quad(i=1,2,\cdots,I;j=1,2,\cdots,J;k=1,2,\cdots,K;t=1,2,\cdots,T) \tag{4.23}$$

将上述目标及各种约束条件组合在一起，即构成区域供水系统优化模型。通过求解，即可得到满足区域供水系统相对总缺水量最小的区域可供水量，并在区域各分区各用水部门之间体现“分散余缺”的相互协调作用方式。

需要说明的是，上述模型只是一个原则性的描述模型，在实际问题研究中，要根据具体情况进行详细描述。

4.3.3.3 优化模型求解

结合数学模型的特点，选择适宜的优化方法进行求解。

下面以某年调节水库的供水优化为例，问题可作如下描述。

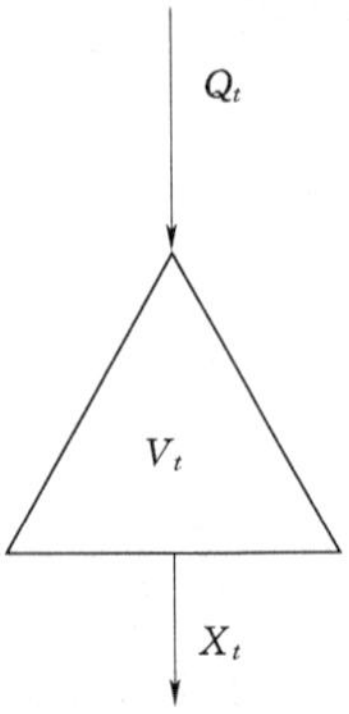

图 4.9 水库供水优化

图 4.9 是一座年调节的供水水库，若自蓄水期到供水期末，一个完整的计算期 T 为一年，一般将年划分为 12 个相等的时段，每个时段长 ΔT 为 1 个月，每月（时段）入库水量为 Q_1，Q_2，…，Q_{12}，且相应的需水量为 D_1，D_2，…，D_{12}。

对于该库供水优化问题，考虑供水在时间上的一致性，选择整个供水过程的相对缺水率最小为目标函数，即：

$$\min\sum_{t=1}^{12}\left(\frac{D_t-X_t}{D_t}\right)^2 \tag{4.24}$$

式中：D_t 为 t 时段的需水；X_t 为 t 时段的供水。

一般地，约束条件有水库水量平衡约束、水库蓄水变化范围约束和供水量变化范围约束等。

水量平衡约束：

$$V_t = V_{t-1} + Q_t - X_t \quad (t = 1,2,\cdots,12) \tag{4.25}$$

式中：V_{t-1}、V_t 分别为第 t 时段初、末水库蓄水量；Q_t 为 t 时段入库水量；X_t 为第 t 时段供水量。

水库蓄水量的限制：

$$V_{t\min} \leqslant V_t \leqslant V_{t\max} \quad (t = 1,2,\cdots,12) \tag{4.26}$$

式中：$V_{t\min}$、$V_{t\max}$ 分别为第 t 时段末水库允许最小和最大蓄水量，如在汛期 $V_{t\max}$ 为防洪限制水位相应的库容，非汛期 $V_{t\max}$ 为正常蓄水位相应的库容。

供水量的限制：

$$X_{t\min} \leqslant X_t \leqslant X_{t\max} \quad (t = 1,2,\cdots,12) \tag{4.27}$$

式中：$X_{t\min}$、$X_{t\max}$ 分别为第 t 时段允许的最小和最大供水量；X_t 为第 t 时段的水库供水。

从而，整个问题的数学模型如下：

$$\begin{aligned}
&\min\sum_{t=1}^{12}\left(\frac{D_t-X_t}{D_t}\right)^2\\
&\text{s. t. } V_t = V_{t-1} + Q_t - X_t\\
&V_{t\min} \leqslant V_t \leqslant V_{t\max}\\
&X_{t\min} \leqslant X_t \leqslant X_{t\max}\\
&X_t \geqslant 0 \quad (t = 1,2,3,\cdots,12)
\end{aligned} \tag{4.28}$$

用动态规划方法进行优化。把调节期（1 年）离散为 12 个时段，水库运行可看成是一阶段（时段）一阶段（时段）地运行。每一时段末的库蓄水量是其下一时段初的库蓄水量，这就是说每一阶段末的库蓄水量只影响（联系）其下一时段的库蓄水量，而与其他时段的蓄水量无关。关系式 $V_t = V_{t-1} + Q_t - X_t$ 反映了这一性质。另外每一时段系统的相对缺水率也只与该时段的水量：Q_t、X_t、V_t、V_{t-1} 有关，与其他时段的量无关，并且整个调节（度）期的目标是各时段的相对缺水率之和。这样的系统及描述系统的模型，满足了分段决策模型的条件，利用最优化原理，可用动态规划方法求解上述模型。

（1）阶段变量 t：根据调度要求和径流资料情况选取阶段，可取一个月或一个旬为一个时段，也可根据限制条件和资料的不同采用月和旬等相结合。

（2）状态变量：可以运用月初水库蓄水量 V_{t-1} 为状态变量，则状态是在正常蓄水位相应的库容和死水位相应的库容之间连续变化。进行离散化时，取水库蓄水量的变化幅度为 ΔV（步长），将库蓄水量划分成 $m-1$ 个网格，共有 m 个库蓄水量。同理，在汛期库蓄水量的状态变量数及网格均少于非汛期。从各阶段间网格交点连线组成的调度线簇中来选择最优调度线。它是动态规划求解中使用很广泛的一种方法。格点越多，计算工作量越大，所得结果的精度也越高。反之，格点越少，计算工作量越少，所得结果的精度就越差。格点的多少，应根据精度要求具体分析确定。

（3）决策变量：选用各时段的供水量 X_t，相应于一个决策，就有一个阶段效应（如相对缺水率）。

（4）状态转移方程：Q_t 为环境输入变量，则输入状态变量 V_{t-1}，决策变量 X_t，输出状态变量 V_t 之间的关系为：

$$V_t = V_{t-1} + Q_t - X_t \tag{4.29}$$

即水量平衡方程。

V_0 为调节期初库蓄水量，V_{12} 为调节期末库蓄水量。V_0、V_{12} 为已知值，对于年调节水库调节期取一年，V_0 及 V_{12} 常取正常蓄水位的 1/2。

（5）递推方程：对于已知初、末状态的分级决策问题可以用顺推法，也可以用逆推算法。

下面按照逆推算法，写出动态规划的递推方程：

$$f_t^*(V_{t-1}) = \min_{\Omega}\{r_t(V_{t-1},X_t) + f_{t+1}^*[T(V_{t-1},X_t)]\} \tag{4.30}$$

式中：$r_t(V_{t-1},X_t)$ 为面临第 t 时段在时段初状态为 V_{t-1} 和该时段决策变量为 X_t 时的相对缺水率；f_{t+1}^* $[T(V_{t-1}, X_t)]$ 为余留期（从 $t+1$ 时段到第 12 时段）最小的相对缺水率之和，T 表示状态转移的符号，说明由面临时段输入状态 V_{t-1}，作出决策（供水量）为 X_t 时，由状态转移方程 $V_t = V_{t-1} + Q_t - X_t$ 得到输出状态变量为 V_t；$f_t^*(V_{t-1})$ 为从 t 时段初水库蓄水量 V_{t-1} 出发，到第 12 时段的最小的相对缺水率之和；Ω 表示决策变量 X_t 在 V_{t-1} 已给定时的满足约束条件的允许决策集合。

这样，原模型改述为动态规划模型，如下：

$$\begin{aligned}
&f_t^*(V_{t-1}) = \min_{\Omega}\{r_t(V_{t-1},X_t) + f_{t+1}^*(V_t)\} \\
&\text{s. t. } V_t = V_{t-1} + Q_t - X_t \\
&V_{t\min} \leqslant V_t \leqslant V_{t\max} \\
&X_{t\min} \leqslant X_t \leqslant X_{t\max} \\
&X_t \geqslant 0 \quad (t = 1,2,3,\cdots,12)
\end{aligned} \tag{4.31}$$

这样，上述年确定型供水水库优化调度问题可描述为：已知水库各时段入库流量 Q_1，$Q_2,\cdots,Q_{12}$，寻求供水的最优策略 $\{X_1,X_2,\cdots,X_{12}\}$，使得年相对缺水率平方和最小，并由此得出水库在整个调节时期内的各时段的水位变化过程线，这条水位过程线就是最优化后的水库调度线。

动态规划方法的算法包括两个步骤（按逆推法）：第一步，根据最优化原理按递推方程自最后阶段向前逐时段求出相对缺水率平方和最小的逆时序递推过程；第二步，求出最优策略及相应的各状态的回代过程。

算法描述如下。

1. $t=n$

因是最后一个时段，本时段 $V_t=V_{12}$ 为一固定值，因而对时段初的任一状态来说，本时段只有唯一的一条调度线，即时段初蓄水量到时段末相应库容之间的连线，该调度线也就是最优调度线，没有选择的余地。现对不同的时段初状态进行计算。

（1）时段初状态网格数序号 $j=1$。

（2）计算供水量：

$$X=(V_{t-1}^{j}-V_t)+Q_t \tag{4.32}$$

若 $X\leqslant 0$，转（4），否则往下计算；

若 $X>X_{t\max}$，则 $X=X_{t\max}$。

（3）计算相对缺水率的平方和并赋给变量：

$$f(j,t)=\left(\frac{D_t-X}{D_t}\right)^2 \tag{4.33}$$

（4）$j=j+1$，状态网格值变化到下一个值。若 $j\leqslant m$，转（2）。直到 $t=n$ 时段的库蓄水量状态格点全部计算完毕后，可转2。

2. $t=n-1$

（1）时段初蓄水量状态网格数序号为 $j=1$。

（2）时段末库蓄水量状态网格序号为 $k=1$，调度期内相对缺水率平方和输出值为 $P=100$，是假定的一个大数，为下步比较用。

（3）计算 t 时段输入状态变量 V_{t-1} 取 V_{t-1}^{j}，输出状态 V_t 取 V_t^k 的时段相对缺水率平方及其与余留期的最小相对缺水率平方之和，选取从 V_{t-1}^{j} 出发的最优值。

1）计算：

$$X=(V_{t-1}^{j}-V_t^k)+Q_t \tag{4.34}$$

若 $X\leqslant 0$，转3）；若 $X>X_{t\max}$，则 $X=X_{t\max}$。

2）计算相对缺水率的平方和：

$$r=\left(\frac{D_t-X_t}{D_t}\right)^2,f_s=r+f(k,t+1) \tag{4.35}$$

若 $f_s<P$，则 $P=f_s$，$f(j,t)=f_s$，$l(j,t)=k$。

3）$k=k+1$，本时段末蓄水量状态网格值变化到下一个值。若 $k\leqslant m$，则返回1）。

（4）$j=j+1$，状态网格值变化到下一个值。若 $j\leqslant m$，转2）。

（5）$t=t-1$，若 $t\geqslant 2$，则返回（1）。

3. $t=1$，时段末库蓄水量状态网格序号为 $k=1$，$P=100$

计算时段初状态变量为 V_0，时段末取 V_t^k 的时段相对缺水率平方及其与余留期的最小相对缺水率平方之和，选取从 V_0 出发的最优值。

（1）计算：

$$X=(V_0-V_t^k)+Q_t \tag{4.36}$$

若 $X\leqslant 0$，转 3)；

若 $X>X_{tm}$，则 $X=X_{tm}$。

（2）计算相对缺水率的平方和：

$$r=\left(\frac{D_t-X_t}{D_t}\right)^2, f_s=r+f(k,t+1) \tag{4.37}$$

若 $f_s<P$，则 $P=f_s$，$l_v=k$。

（3）$k=k+1$，本时段末蓄水量状态网格值变化到下一个值。若 $k\leqslant m$，则返回（1）。

上述步骤为逆时序计算求最优值。下面的步骤为顺序回代求最优调度线及相应于该调度线的各时段的供水量。

4. $t=1$

（1）计算最优蓄水容量：

$$V_t=V_{t\min}+(l_v-1)\cdot\Delta V \tag{4.38}$$

（2）$t=t+1$，$L_v=l(l_v,t)$。若 $t<12$，则转（1）。

（3）计算最优供水量：

$$X_t=V_{t-1}-V_t+Q_t\quad(t=1,2,\cdots,12) \tag{4.39}$$

4.4　区域水资源供需分析方法

4.4.1　水平年

区域水资源供需分析是为了掌握未来一段时期区域需水能够满足的程度。通常并不针对未来每一年去分析，而是选择几个代表年去分析，通过对代表年的分析，基本掌握区域水资源供给与需求的态势。选择出的代表年，要能够反映区域发展不同阶段社会经济达到的水平、相应的需水水平和水资源开发水平，所以通常称其为水平年。

一般来说，需要研究三个阶段的供需情况，即现状情况、近期情况、远期情况，也即三个水平年情况。现状水平年又称基准年，是指现状供需情况以已过去的某一年为代表来分析，近期水平年为从基准年以后的5～10年，远期水平年一般为从基准年以后的15～20年。供水的目的是为了促进区域社会经济的持续发展，从而供需分析的水平年应尽可能与区域国民经济和社会发展规划的水平年相一致。

现状情况是未来发展的基础，因此要作多方面的调查和分析研究，力求反映实际情况。近期供需情况将可能直接为有关单位编制年度计划、五年计划提供依据，因此要求一定的精度，例如要求需水作合理性论证，增加的供水量要有工程规划为依据，还要作必要的投入产出分析等。远期供需情况将对未来发展态势作出展望，要求的精度可低一些。

4.4.2　系列法

在水平年确定后，要预测区域内各分区各部门不同水平年的需水量，综合考虑区域内水资源条件、需水要求、经济实力、技术水平等因素，作出近期和远期水平年水利工程建设方案的初步安排。根据预测的需水量和相应的水利工程安排情况，按照可供水量计算方法，作水资源长系列的逐年分析计算，以掌握未来不同来水条件下区域水资源供需状态。

一般来说，区域内各概化用户要求的供水保证率是不同的。生活、工业用户的保证率高，农业用户的保证率可低一些等。在计算中要予以考虑。通过对长系列调节计算结果的统计分析，可得到不同来水频率下的各分区各部门的余缺水量。

4.4.3　典型年法

按历史长系列逐年进行分析计算，往往分析计算工作量大，而且在系列资料缺乏时，这种分析计算还难以进行。所以，在一般的区域水资源供需分析时，亦可采用典型年的方法。

与单项工程选择典型年不同的地方是，区域供需分析中所要选择的典型年是面上的典型年，其范围包括整个区域或区域中的一大部分。由于不同地区不同年份的不同季节的降雨、径流及用水状况差异很大，即使同一年，区域内各分区的降水频率也不一定相同，这样就给典型年的选择带来了一定的困难。所以，在选择一个流域或一个区域的典型年时应考虑河流上、中、下游的协调与衔接，并从面上分析旱情的特点及其分布规律，找出有代表性的年份。

一般地，平水年频率 $P=50\%$，枯水年 $P=75\%$，特枯水年 $P=90\%$ 或 $P=95\%$。在进行区域水资源供需分析时，北方干旱缺水地区一般要分析 $P=50\%$ 和 $P=75\%$ 两种典型年的供需情况，南方湿润富水地区一般要分析 $P=50\%$、$P=75\%$ 和 $P=90\%$（或 $P=95\%$）三种典型年的供需情况。具体一个区域进行水资源供需分析时，选几种典型年来分析，要根据分析的目的来定，例如北方干旱缺水地区，如想通过分析提出特枯年份的对策措施，则分析 $P=90\%$ 或 $P=95\%$ 典型年供需状况是必不可少的；又如南方湿润富水地区，已经觉得平水年的供需分析在决策中不能说明多大问题，在分析时，就不必进行 $P=50\%$ 的典型年的供需分析。

用典型年来分析区域水资源的供需情况，必须要求所选典型年具有比较好的代表性。为此，典型年选择过程必须把握住年总水量和年水量分配两个环节。

1. 典型年年总水量的选择

典型年年总水量选择的一般过程是，首先根据区域具体情况选择主要控制站（水文上称参证站）；其次以控制站的来水系列进行频率计算，选择符合某一频率的典型年份，求出典型年的总水量；最后，通过主要控制站控制面积与区域控制面积比例计算，换算出整个区域的年总水量。

一般地，选择典型年所依据的系列有以下几种：全年天然径流系列，全年降雨量系列，主要农作物灌溉期的天然径流系列，主要农作物灌溉期的降雨量系列，等等。

2. 典型年年水量分配

一般常采用下面两种方法。

（1）用实际典型年份时空分配为模式。这种方法直观，易被人们所接受，但地区内降雨、径流的时空分配受所选择实际典型年支配，有一定的偶然性。为了克服这种偶然性，通常要选用相近频率的几个实际年份的时空分配来进行分析计算，从中选出对区域供需平衡偏于不利的那种情形。

（2）组合频率法，这种方法从区域内各分区地理条件和实际供需情况出发，使主要控制分区来水与整个区域来水同频率，其余分区来水与整个区域来水相应。

利用区域可供水量计算方法，算出不同水平年在不同频率下的区域可供水量，如 $P=50\%$、$P=75\%$ 或 $P=90\%$ 时的可供水量。

4.5　区域水资源供需平衡

4.5.1　一次供需分析

水资源一次供需分析，就是在流域现状供水能力与外延式增长的用水需求间所进行的供需分析。在水资源需求方面，考虑不同水平年人口的自然增长、经济结构不因水的因素而变化、城市化程度和人民生活水平外延式提高，预测不同水平年各分区各部门需水量。在水资源供给方面，在不考虑新增供水投资来增加供水量的前提下，考虑生态环境要求进行区域可供水量调节计算。

水资源一次供需分析本身不是目的，而是希望通过一次供需分析来了解和明晰现状供水能力与外延式用水需求条件下的水资源供需缺口。更为重要的是，水资源一次供需分析的缺口为水资源的开源、节流和污水处理回用安排提供了基础。如当地水资源进一步挖潜，包括通过地表水和地下水的进一步开发、污水处理回用等提高区域供水能力，以及通过提高水价、工程性节水措施、量化管理等抑制用水需求增长，使缺口的上下包线同时向内收缩，以解决或缓解水资源供需矛盾。

水资源一次供需分析主要回答三个问题：一是确定在无新的供水工程投资条件下，未来不同阶段的供水能力和可供水量；二是确定在无直接节水工程投资条件下，未来不同阶段的水资源需求自然增长量；三是确定现状开发状态下，未来不同阶段的水资源供需缺口，为确定节水、治污和挖潜等措施提供依据。

4.5.2　二次供需分析

水资源二次供需分析，主要是在一次供需分析的基础上，在水资源需求方面通过节流等各项措施控制用水需求的增长态势，预测不同水平年需水量；在水资源供给方面通过当地水资源开源等措施充分挖掘供水潜力，给出不同水平年供水工程的安排；通过调节计算，分析不同水平年供需态势。

通过供给与需求两方面的调控，如果二次供需分析不存在缺口，则实现了区域水资源的供需平衡。如果还存在缺口，在抑制需求和增加供给共同作用下，一次供需分析的缺口将有较大幅度的下降，即得到二次供需分析的缺口。

在二次供需分析时，要进行供给与需求两个方面调控的多种方案分析计算，从中选择最好的方案。从而，二次分析的供需缺口，实质上是在充分发挥当地水资源承载力条件下仍不能满足用水需求的缺口。对于这一缺口，在有外调水条件的地区，可以考虑实施外调水予以解决。

4.5.3　三次供需分析

水资源三次供需分析，是在二次供需分析的基础上，进一步考虑跨流域调水解决当地缺水问题，将当地水与外调水作为一个统一整体进行调配。将二次平衡的供需缺口作为需水项，以不同调水规模的方案作为新增供水项参加水资源供需平衡。通过不同方案的对比和分析，为确定调水工程的规模提供依据。

一次供需分析是初步摸一摸供需情况的底，并不要求供需平衡和提出实现平衡的方案计划。若一次供需分析有缺口，则在此基础上进行二次供需分析，即考虑进一步新建工程、强化节水、治污与污水处理再利用、挖潜等工程措施，以及合理提高水价、调整产业结构、抑制需求的不合理增长和改善生态环境等措施进行水资源供需分析。二次供需分析则要求努力平衡和提出实现平衡的方案计划。若二次供需分析仍有较大缺口，应进一步加大调整产业布局和结构的力度，当具有跨流域调水可能时，应增加外流域调水并进行三次水资源供需分析。

4.5.4　供需平衡宏观控制

进行区域水资源供需分析的最终目的，是要提出本区域在不同发展时期水的长期供给的措施、方案和计划，其中的核心问题是要宏观控制住水资源的供需平衡。

（1）选取的计算水平年要与国民经济发展总目标协调一致。

（2）用某一来水频率的典型年来控制水资源的供需平衡。水资源的供需平衡是一种相对的平衡，具有一定的保证率概念。在某一保证率它平衡了，而在另一保证率时，又可能出现不平衡。一个区域究竟选择哪一种保证率控制水资源的供需平衡，是个复杂的问题，严格来说应通过经济效益等方面的论证来确定。一般，在水资源匮乏的地区，为了充分利用平水年份的水资源，选择的保证率可以低些；相反，在水资源充沛、供水工程投资较低的地区，选择的保证率可适当的提高。

（3）进行河道外用水和河道内用水的协调平衡。按用水的性质分类，水资源供需平衡可分为河道外用水的供需平衡和河道内用水的供需平衡。河道外用水为工业、农业、生活等用水，河道内用水为水力发电、航运、冲沙以及维持河道生态用水等，两者既相互联系，又相互制约。在一个流域内，选择一些有代表性的控制站，以河道内的用水要求作若干方案，然后进行整个流域的河道外用水的供需平衡分析，最后选择一种认可的方案。

（4）为严重缺水区作出补水布局安排。区域内水资源供需缺口较大的地区是缺水地区，必须要通盘规划之后，统筹考虑作出合理补水布局安排，才可能保证实现地区之间的水资源供需的大致平衡。

第5章　水资源优化配置

5.1　水资源优化配置的概念

5.1.1　水资源优化配置的目标

一个区域的水资源是有限的，当这种有限性使区域水资源成为稀缺性的资源时，各种用户的水需求之间就具有了竞争性，就会面临把有限的水资源如何分配给各用户的问题。水资源供需分析是进行不同水平年水资源在各用户间分配的方法之一，它主要根据用户重要性的不同，从尽量满足供给与需求之间的平衡角度出发，进行水资源在各用户之间的分配。很显然，它没有直接考虑水资源分配的效益问题。水资源优化配置就是从效益最大化角度出发进行水资源分配的方法。

水资源优化配置要实现的效益最大化，是从社会、经济、生态三个方面来衡量的，是综合效益的最大化。从社会方面来说，要实现社会和谐，保障人民安居乐业，促使社会不断进步；从经济方面来说，要实现区域经济持续发展，不断提高人民群众的生活水平；从生态方面来说，要实现生态系统的良性循环，保障良好的人居生存环境；总体上达到既能促进社会经济不断发展，又能维护良好生态环境的目标。

水资源优化配置要合理解决各用户之间的竞争性用水问题。按照用水类型的划分及用水后果的影响程度，可把水资源配置分成不同层次。

在可持续发展层次，保持人与自然的和谐关系。人类为了发展社会经济，必须利用一部分水资源；而为了人类自身的存在，又必须维护适宜的生存环境。因此，必须研究如何与自然环境合理地分享水资源。兼顾当前与长远，在社会经济发展与生态环境保护两大类目标间进行权衡，进行社会经济用水与生态环境用水的合理分配，力争使长期发展的社会净福利达到最大。

在社会经济发展层次，兼顾社会公平与经济效益。人类为了发展经济，必须利用水资源；而经济发展，又必须有和谐的社会环境。因此，进行水资源配置时必须统筹考虑公平与效益问题。兼顾局部与全局，在社会公平与经济效益两类目标间进行权衡，进行区域水资源在各类用户之间的合理分配，保障社会和谐与经济快速发展。

在水资源开发利用层次，对水资源需求侧与供给侧同时调控。调动各种手段，力求使需要与可能之间实现动态平衡。寻求技术可行、经济合理、环境无害的水资源开发、利用、保护与管理模式。在需水方面通过调整产业结构与调整生产力布局，积极发展高效节水产业，抑制需水增长势头，以适应较为不利的水资源条件。在供水方面则是加强管理，并通过工程措施改变水资源天然时空分布与生产力布局不相适应的被动局面，统筹安排降水、当地地表水、当地地下水、中水、外调水的联合利用，增加水资源可供水量，协调各用水部门竞争性用水。在不同水平年条件下，给出用水需求和用水次序安排，给出可供水量和供水次序安排以及给出水资源开发利用方案的整体安排。

5.1.2 水资源优化配置的原则

根据水资源优化配置的涵义，水资源优化配置应遵循公平性、高效性、可持续性的原则。

1. 公平性原则

公平性原则，主要是指在发达地区和落后地区之间进行水资源分配时要把握公平公正的原则，考虑不同区域间和社会各阶层间的各方利益进行水资源的科学分配，实现不同区域（上下游、左右岸）之间的协调发展，以及资源利用效益在同一区域内社会各阶层中公平分配。

2. 高效性原则

高效性原则，主要是指水资源的高效利用，取得环境、经济和社会协调发展的最佳综合效益。效率是基于水资源作为社会经济行为中的商品属性确定的。对水资源的分配，应以其利用的经济效益作为区域经济发展的重要指标，而其对社会生态环境的保护作用（或效益）作为整个社会健康发展的重要指标，使水资源利用达到物尽其用的目的。这种高效性不是单纯追求经济意义上的效益，而是同时追求经济、环境和社会协调发展的综合利用效益。这需要在水资源配置问题中设置相应的经济目标、环境目标和社会发展目标，并考察目标之间的竞争性和协调发展程度，满足真正意义上的高效性原则。

3. 可持续原则

可持续原则就是坚持水资源可持续利用的原则。水资源是一种再生资源，具有时空分布不均和对人类利害并存的特点。对它的开发利用要有一定限度，必须保持在它的承载能力之内，以维持自然生态系统的更新能力和可持续地利用。流域是由水循环系统、社会经济系统和生态环境系统组成的具有整体功能的复合系统，流域水循环是生态环境最为活跃的控制性因素，并构成流域经济社会发展的资源基础。以流域为基本单元的水资源优化配置，要从系统的角度，注重除害与兴利、水量与水质、开源与节流、工程与非工程措施的结合，统筹解决水资源短缺与水环境污染对社会经济可持续发展的制约。水资源的优化配置必须与流域或区域社会经济发展状况和自然条件相适应，因地制宜，按地区发展计划，有条件地分阶段配置水资源，以利环境、经济、社会的协调持续发展。

5.1.3 水资源优化配置的手段

一般来说，水资源配置的方式主要有工程手段、科技手段、行政手段和经济手段等。

1. 工程手段

通过采取工程措施对水资源进行调蓄、输送和分配，达到合理配置的目的。时间调配工程包括水库、湖泊、塘坝、地下水等蓄水工程，用于调整水资源的时程分布；空间调配工程包括河道、渠道、运河，管道、泵站等输水、引水、提水、扬水和调水工程，用于改变水资源的地域分布；质量调配工程包括自来水厂、污水处理厂、海水淡化等水处理工程，用于调整水资源的质量。调配的方式主要有地表、地下水联合运用；跨流域调水与当地水联合调度；蓄、引、提水多水源统筹安排；污水资源化、雨水利用、海水利用等多种水源相结合等。

2. 科技手段

建立水资源实时监控系统，准确及时地掌握各水源单元和用水单元的水信息。科学分析用水需求，加强需水管理。采用优化技术进行分析计算，提高水资源规划与调度的现代化水平。

3. 行政手段

利用法律约束机制和行政管理职能，直接通过行政措施进行水资源配置，调配生活、生产和生态用水，调节地区、部门等各用水单位的用水关系，实现水资源的统一管理。水资源统一管理主要体现在两个方面：一是流域的统一管理；二是地域的，主要是城市水务的统一管理。

4. 经济手段

按照市场经济要求，建立合理的水使用权分配和转让的管理模式，建立合理的水价形成机制，以及以保障市场运作为目的的、以法律为基础的水管理机制。利用经济手段进行调节，利用市场加以配置，使水的利用方向从低效益的经济领域向高效益的经济领域转变，水的利用模式从粗放型向集约型转变，提高水的利用效率。

综上所述，水资源优化配置是指，根据特定区域或流域的自然和社会经济条件，以公平、高效和可持续发展为原则，采用科学的技术方法和先进的管理体制，通过合理抑制需求、有效增加供水、积极保护生态环境等方面的工程与非工程措施，对有限的、不同形式的水资源在区域间和各用水部门间进行合理的分配，以期实现水资源可持续利用、保障社会经济可持续发展和生态环境良性循环。

水资源优化配置的实质是要提高水资源的配置效率。一方面是提高水的分配效率，合理解决各部门和各行业（包括环境和生态用水）之间的竞争用水问题；另一方面则是提高水的利用效率，促使各部门或各行业内部高效用水。主要解决的问题包括以下几个方面。

（1）社会经济发展问题。探索适合流域或区域现实可行的社会经济发展模式和发展方向，推求合理的工农业生产布局。

（2）水资源需求问题。分析现状条件下各分区各部门的用水结构、用水效率及提高用水效率的技术和措施，预测未来各种经济发展模式下的水资源需求。

（3）水资源开发利用方式、水利工程布局等问题。进行现状水资源开发利用评价、供水结构分析、水资源可利用量分析，进行各种水源的联合调配，给出各类规划水利工程的配置规模及建设次序。

（4）水环境污染问题。评价现状水环境质量，分析各部门再生产过程中各类污染物的排放情况，预测河流水体中各主要污染物的浓度，制定合理的水环境保护目标和保护策略。

（5）生态问题。评价现状生态系统状况，分析生态系统保护与水资源开发利用的关系，制定合理的水生态保护目标和保护策略。

（6）供水效益问题。分析各种水源开发利用所需的投资及运行费用，分析各种水源的供水效益。

（7）水价问题。研究水资源短缺地区由于缺水造成的国民经济损失，分析水价对社会经济发展的影响和水价对水需求的抑制作用，明晰水价的制定依据。

（8）水资源管理问题。研究与水资源优化配置相适应的水资源管理体系，制定有效的政策法规，确定可行的实施办法等。

（9）技术方法研究问题。研究水资源优化配置模型，如评价模型、模拟模型、优化模型的建模机理及建模方法；研发水资源管理决策支持系统等。

水资源优化配置还有广义和狭义之分。从广义上讲，水资源优化配置是在水资源开发利用过程中，对洪涝灾害、干旱缺水、水生态环境恶化等问题解决的统筹安排，实现除害兴利结合、防洪抗旱并举、开源节流并重，协调上下游、左右岸、干支流、城市与乡村、流域与区域、开发与保护、建设与管理、近期与远期等各方面的关系。从狭义上讲，水资源优化配置主要是指水资源供给与需求之间关系的处理。

5.2　基于经济效益的水资源优化配置

基于经济效益的水资源配置模型，主要解决下列问题：确定各用户的发展规模，如农业的灌溉面积等；确定主要水利工程的规模，如水库、渠道等的物理尺寸，以及确定最优分水策略。它是按照经济效益最大化来进行水资源分配的。

用 B 表示研究对象的整体经济效益，则 B 是一个三组变量的函数。

$$B = f(X_1, X_2, X_3) \tag{5.1}$$

式中：X_1 为反映各用户发展规模的变量；X_2 为反映水利工程安排的变量；X_3 为反映供水运行策略的变量。

各 X_i 本身常为一多维向量，f 代表的是效益函数的具体形式。

设有 n 个水源（水利）工程，其经济寿命为 T 年。每年第 j 个工程（$j = 1,2,\cdots,n$）生产毛效益 B_{jt}，运行维护费用为 M_{jt}（$t = 1,2,\cdots,T$）；第 j 个工程建设总投资为 K_j，为折算到工程开始发挥效益年份的值。系统总体净效益 Z 可表示为：

$$Z = \sum_{j=1}^{n}\sum_{t=1}^{T}\frac{B_{jt} - M_{jt}}{(1+i)^t} - \sum_{j=1}^{n}K_j \tag{5.2}$$

式中：i 为折算率。

按照经济效益最大化进行水资源配置，就是以式（5.2）为目标函数，在各种约束条件作用下求最优的问题。

以某一条河流为例来说明模型的建立和求解。实际情况如图 5.1 所示。

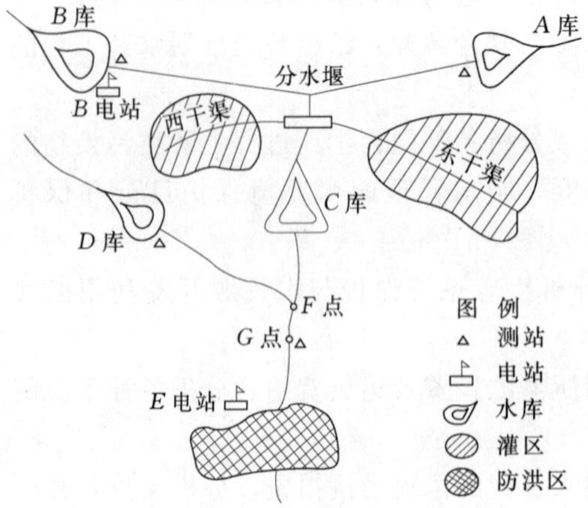

图 5.1　水资源系统略图

1. 系统概化

为了便于求解，在保持水资源系统主要特性的情况下，可把它进行概化，如图 5.2 所示。

从图 5.2 中可见，把实际系统进行了简化，保留了两个水库、一个灌区和一个径流式电站。水资源配置的任务就是要作出使系统经济效益最大的方案。

为简化描述，用多年平均径流量代表水资源条件。把一年分为两季，即雨季和旱季。有关数据已标在图上，括号内的上排数值表示雨季的河流平均径流量，下排数值表示旱季的河流平均径流量。从最上端看，河流丰水季流入水量为 40.7 亿 m^3，枯水季为 17.3 亿 m^3。

河流上端第一个水库 B，它的有效库容以 Y 表示，为一未知设计变量。由于雨季将有 Y 的水被拦蓄，旱季又放出，故水库下游的径流量为，雨季：$40.7-Y$ 及旱季：$17.3+Y$，如图 5.2 所示。

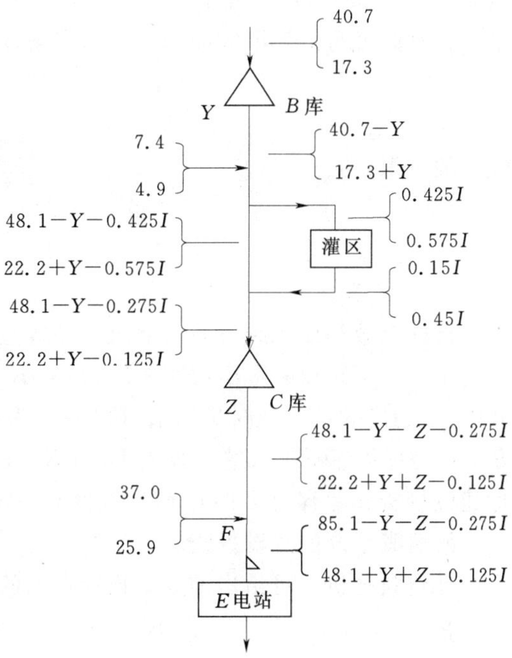

图 5.2 概化的水资源系统图（单位：亿 m^3）

水库下游有一支流汇入，然后从干流引水到灌区。设年总的引水量为 I，它是第二个未知的设计变量。根据灌区降雨特点，灌区的灌溉制度要求年总引水量在雨季与旱季的水量分配比为 42.5% 及 57.5%。灌溉水回归系数雨季为 35.3%，旱季为 78.2%。图 5.2 中各河段的径流量，用水量平衡概念列出。

河流下端布置一水库，其有效库容为 Z，是第三个设计变量。它在雨季蓄水 Z，而在旱季泄放。水库下游布置一径流式电站，设年发电量为 E，是第四个设计变量。

总的来说，要解的问题是：确定 B 库和 C 库的库容、灌溉引水量及电站的发电量，在满足相关约束条件限制下，使系统获得最大可能的净效益。

2. 约束条件

约束条件可分为三组。

第一组约束是简单的要求 4 个设计变量均为非负。

第二组约束是要求系统各河段的径流量必须为非负。从图 5.2 中可得下列 4 个约束条件。

$$
\begin{aligned}
&40.7-Y\geqslant 0\\
&48.1-Y-0.425I\geqslant 0\\
&22.2+Y-0.575I\geqslant 0\\
&48.1-Y-Z-0.275I\geqslant 0
\end{aligned}
\tag{5.3}
$$

虽然形式上共有 10 个包含设计变量的约束条件，但如果变量的非负要求和上面 4 个约束条件满足了，则其余 6 个也必满足。例如 $17.3+Y\geqslant 0$ 在变量非负时就自然满足。$22.2+Y+Z-0.125I\geqslant 0$，在式（5.3）中第三个约束满足时也必然会满足。

第三组约束是系统要求年发电量为两季各半。为在雨、旱两季发出既定的电量，通过水电站的两季的径流量必须适当。

根据自然条件，水电站的平均水头为 47.76m，设出力系数为 8.8，则水电站季生产

电能为 $E=0.117F$ 。其中 E 表示季生产的电能，以亿 kW・h 表示；F 表示通过水轮机的水量。由此可写出发电方面的两个约束条件如下：

$$
\begin{aligned}
0.117(85.1-Y-Z-0.275I) &\geqslant 0.5E \\
0.117(48.1+Y+Z-0.125I) &\geqslant 0.5E
\end{aligned}
\tag{5.4}
$$

经整理后得：

$$
\begin{aligned}
Y+Z+0.275I+4.27E &\leqslant 85.1 \\
-Y-Z+0.125I+4.27E &\leqslant 48.1
\end{aligned}
\tag{5.5}
$$

3. 目标函数

目标函数是使系统发电与灌溉的净效益现值尽可能地最大，表达式为：

$$\max\pi = B_1(E)+B_2(I)-K_1(Y)-K_2(Z)-K_3(E)-K_4(I) \tag{5.6}$$

式中：π 为净效益的现时折算值（以万元为单位表示）；$B_1(E)$ 为每年发电的净收入现值；$B_2(I)$ 为每年灌溉供水的净收入现值；$K_1(Y)$、$K_2(Z)$、$K_3(E)$、$K_4(I)$ 分别为库容为 Y 的 B 库建设投资、库容为 Z 时 C 库建设投资、每年发电量为 E 的电站建设投资及每年引水量为 I 的灌溉系统的建设投资。

经资料分析，可给出前 3 个投资费用的函数表达式，为：

$$
\begin{aligned}
K_1(Y) &= 3483Y/(1+0.016Y) \\
K_2(Z) &= 3807Z/(1+0.024Z) \\
K_3(E) &= 2060E-10E^2
\end{aligned}
\tag{5.7}
$$

这三项都反映出随该项工程规模的增大，单位造价是降低的。

函数 $K_4(I)$ 略为复杂一些。由于种种条件限制，使仅有 37 亿 m^3 的水量能自流灌溉。自流引水工程的建设费用为基数 4500 万元，加上每亿立方米灌溉引水量另须 3567 万元。当灌溉需水超过 37 亿 m^3 时，就需另建一抽水站。抽水站的建设费用基数为 500 万元，加上每亿立方米抽水量另须 5189 万元。

如果把灌溉水量分成两部分，以 I_1 表示自流引水，I_2 表示抽水灌溉，则灌溉工程的总投资费用函数可用下式表示：

$$K_4(I) = 3567I_1+5189I_2+4500I_1^{\#}+500I_2^{\#} \tag{5.8}$$

其中

$$I_1+I_2=I\ ,\ I_1\leqslant 37$$

而 $I_1^{\#}$ 为一函数，当 $I_1>0$ 时取值 1，当 $I_1\leqslant 0$ 时取值 0，$I_2^{\#}$ 亦同。

下面分析 $B_1(E)$ 和 $B_2(I)$ 的表达形式。每一个均可分四步来求。第一步把年毛收入表达为开发规模 E 或 I 的函数；第二步把年运行维护费用同样地表达为 E 或 I 的函数；第三步把年毛收入减去年运行维护费用，即为年净收入；第四步应用现值因子计算年净收入的现时折算值。假设建筑物的设计年限寿命为 50 年，贴现率为 25%，则现值因子为 28.4。即在此情况下，50 年中每年 1 元之现值和为 28.40 元。

对发电收入 $B_1(E)$ 的计算。若每千瓦时电价为 0.09 元，则年毛收入为 $900E$ 万元。取年运行维护费用为 $20E$，则发电年净收入为 $880E$，电能生产的现值为：

$$B_1(E) = 880\times 28.4E = 25000E$$

灌溉净效益的现值 $B_2(I)$ 的计算较为复杂。其原因一部分是由于抽水站所引起的曲线的不连续性，另一部分是由于灌溉水量的边际价值，即增加单位水量所增毛收入，不能看作常数。通过资料分析，灌溉的边际价值可表达为（以元/m^3 计）：

$$\frac{\mathrm{d}B}{\mathrm{d}I} = 0.17 + 0.26/(1 + 0.016I) \tag{5.9}$$

对式（5.9）从 0 到 I 进行积分，则总的毛收入为 $170I + 36800 \times \log(1 + 0.016I)$。取灌溉的年运行维护费用为 $40.5I_1 + 126.4I_2$。故年净收入为 $129.6I_1 + 43.7I_2 + 36800 \times \log(1 + 0.016I)$。应用现值因子，得总的净收入：

$$B_2(I) = 3677I_1 + 1239I_2 + 1045000\log(1 + 0.016I) \tag{5.10}$$

把上述 6 个部分相加得出目标函数表达式为：

$$\begin{aligned} \max\pi = {} & 22940E + 10E^2 + 110I_1 - 3950I_2 \\ & + 1045000\log(1 + 0.016I) - 4500I_1^{\#} - 500I_2^{\#} \\ & - 3483Y/(1 + 0.016Y) - 3807Z/(1 + 0.024Z) \end{aligned} \tag{5.11}$$

从式（5.3）、式（5.5）～式（5.11）可见，这是一个非线性、不连续的优化问题。虽然目标函数比较复杂，但对类似的水资源系统配置问题具有代表性。

4. 优化方法

此问题的整体优化模型是一个在诸线性约束条件下求极值的问题。可以利用线性化处理办法进行线性化，用一般线性规划方法来求解。也可以选择适宜的非线性规划方法求解。

最优解为：$Y = 0$，$Z = 15.72$ 亿 m^3，$E = 13.834$ 亿 kW·h 及 $I = 37$ 亿 m^3。而总净效益为 49.46 亿元。

5.3　基于宏观经济的水资源优化配置

设水资源系统可供水量为 W，分配给各用户的水量分别为 $w_1, w_2, \cdots, w_n$，产生的效益相应为 $f_1(w_1), f_2(w_2), \cdots, f_n(w_n)$，基于经济效益最大的水资源配置即为求解下列优化问题。

$$\begin{aligned} \max f &= f_1(w_1) + f_2(w_2) + \cdots + f_n(w_n) \\ \text{s. t. } & w_1 + w_2 + \cdots + w_n = W \end{aligned} \tag{5.12}$$

显然，这样分配没有考虑各个用户之间的生产关系。基于宏观经济的水资源优化配置就是解决这一问题的。

宏观经济系统和水资源系统之间具有一系列内在的、相互依存和相互制约的关系：宏观经济的发展速度，将影响需水量的增长速度；经济结构的变化和城市化进程，将影响到城市工业用水与灌溉用水的比例；经济发展过程中所排放的各类污染物，有可能污染水体并造成有效水资源量的减少，经济积累中用于扩大供水能力和加大污水处理同用比例的投资额的大小，既影响其他经济部门的投资比例，也直接关系到水资源开发利用和保护管理的格局。

5.3.1　国民经济各部门划分

在制约区域经济发展的诸多内在因素中，最为重要的是国民经济各部门之间的投入产出关系，其次为年度之间的消费与积累关系，以及不同地区之间的经济互补关系。对各个分区进行统一的部门划分。其对应关系参见表 5.1。

表 5.1　　宏观经济部门分类一览表

产品特点	8 部门	15 部门
a. 初级产业	1. 农业	1. 农业
	2. 采掘业	2. 采掘业
b. 制造业	3. 轻加工业	3. 食品制造业
		4. 纺织、缝纫及皮革工业
		5. 木材加工及家具制造业
		6. 造纸及文教用品制造业
	4. 重加工业	7. 石油煤炭加工业
		8. 化学工业
		9. 建筑材料及其他非金属矿物制品业
		10. 金属冶炼及加工业
		11. 机械工业
c. 社会基础设施	5. 电力工业	12. 电力、蒸汽、热水生产和供应业
	6. 建筑业	13. 建筑业
	7. 交通运输邮电业	14. 交通运输邮电业
d. 服务业	8. 服务业	15. 服务业

5.3.2 投入产出模型

5.3.2.1 投入产出分析

研究经济部门间相互联系的主要定量方法是投入产出分析法。

投入产出分析就是同时将“投入”与“产出”放在一起进行分析的经济数量分析方法。所谓“投入”，指社会生产过程中对各种生产要素的消耗和使用，例如对物质产品的消耗、对劳力劳动的消耗和使用、对各种生产资源的耗用和接受各种生产性服务等。所谓“产出”，指的是社会生产的成果被分配使用的去向，即物质产品的实物运动的方向或接受服务的对象，例如用于生产消费、生活消费和积累等。

在一个经济系统中，有许多技术经济部门，这些部门之间存在着错综复杂的生产技术联系和经济联系。这些联系可分为直接联系和间接联系。例如，煤炭部门为电力部门提供燃料，而电力部门为煤炭部门提供动力，这些均表现为直接联系。简言之，在经济活动中，如果一个部门直接消耗另一个部门的产品的联系称为直接联系，由于直接联系所产生的产品消耗称为直接消耗。所谓间接联系，就是通过一系列中间环节而发生的联系，由于间接联系所产生的产品消耗，称为间接消耗。例如，煤炭部门需要消耗机械制造部门生产的采煤设备，而采煤设备的制造需要消耗电力部门的电力，这时煤炭部门和电力部门的联系则表现为间接联系，他们之间发生产品的间接消耗。

经济系统中各部门间的联系，可以用棋盘式表格反映出来，称为投入产出表。最基本的投入产出见表 5.2。

表 5.2　　　　　　　　　　　　　　　　投 入 产 出 表

<table>
<tr><td colspan="2" rowspan="4">投　入</td><td colspan="7">产　　出</td><td rowspan="4">总产出</td></tr>
<tr><td colspan="2">中间使用</td><td colspan="5">最终使用</td></tr>
<tr><td rowspan="2">1 2 … n</td><td rowspan="2">合计</td><td colspan="2">消费</td><td colspan="2">积累</td><td rowspan="2">合计</td></tr>
<tr><td>家庭</td><td>社会</td><td>固定</td><td>流动</td></tr>
<tr><td rowspan="7">中间投入</td><td>1</td><td>x_{11} x_{12} … x_{1n}</td><td>μ_1</td><td>C_{h1}</td><td>C_{s1}</td><td>F_{f1}</td><td>F_{s1}</td><td>Y_1</td><td>X_1</td></tr>
<tr><td>2</td><td>x_{21} x_{22} … x_{2n}</td><td>μ_2</td><td>C_{h2}</td><td>C_{s2}</td><td>F_{f2}</td><td>F_{s2}</td><td>Y_2</td><td>X_2</td></tr>
<tr><td>·</td><td>· · ·</td><td>·</td><td>·</td><td>·</td><td>·</td><td>·</td><td>·</td><td>·</td></tr>
<tr><td>·</td><td>· Ⅰ ·</td><td>·</td><td>·</td><td>·</td><td>Ⅱ</td><td>·</td><td>·</td><td>·</td></tr>
<tr><td>·</td><td>· · ·</td><td>·</td><td>·</td><td>·</td><td>·</td><td>·</td><td>·</td><td>·</td></tr>
<tr><td>n</td><td>x_{n1} x_{n2} … x_{nn}</td><td>μ_n</td><td>C_{hn}</td><td>C_{sn}</td><td>F_{fn}</td><td>F_{sn}</td><td>Y_n</td><td>X_n</td></tr>
<tr><td>合计</td><td>τ_1 τ_2 … τ_n</td><td>τ</td><td>C_h</td><td>C_s</td><td>F_f</td><td>F_s</td><td>Y</td><td>X</td></tr>
<tr><td rowspan="4">最初投入</td><td>折旧</td><td>D_1 D_2 … D_n</td><td>D</td><td colspan="6" rowspan="5">Ⅳ</td></tr>
<tr><td>劳动者收入</td><td>V_1 V_2 … V_n</td><td>V</td></tr>
<tr><td>利润和税金</td><td>Z_1 Z_2 Ⅲ Z_n</td><td>Z</td></tr>
<tr><td>合计</td><td>N_1 N_2 … N_n</td><td>N</td></tr>
<tr><td colspan="2">总投入</td><td>X_1 X_2 … X_n</td><td>X</td></tr>
</table>

表 5.2 的主栏是投入栏，即表的列向，表现对各种投入要素的消耗和使用，即投入的来源；宾栏为产出栏，即表的行向，反映产品生产出来之后的分配使用去向，即产出的去向。主栏的中间投入与宾栏的中间产品纵横交错形成表的第Ⅰ象限，它由部门间流量 x_{ij} 组成，反映部门之间的生产技术关系。主栏由中间投入向下延伸，将中间投入表现的物资形态投入要素扩展为更广的其他形态，如劳动力、固定资产等，即表的第Ⅰ象限向下延伸形成第Ⅲ象限。宾栏从中间产品向右扩充，使只反映本年生产中使用的中间产品拓宽至脱离该年生产过程的其他使用去向，如消费、积累等，即表的第Ⅰ象限向右扩充构成第Ⅱ象限。

沿行方向看，反映第 i 产品部门生产的货物或服务提供给第 j 产品部门使用的价值量。第 i 行行向量是：(x_{i1}，x_{i2}，…，x_{ij}，…，x_{in}，Y_i，X_i)。它表示了第 i 部门的总产出量为 X_i 。X_i 依次分配给第 1、第 2、第 j，…，及第 n 部门的产品量为 x_{i1}，x_{i2}，…，x_{ij}，…，x_{in} 。而 Y_i 为 X_i 中不再参加本期生产周转的最终产品量。该行向量反映了产品的实物运动，即第 i 部门产品的产出和使用方向。

从表的垂直方向看，反映第 j 产品部门在生产过程中消耗第 i 产品部门生产的货物或服务的价值量。第 j 列列向量是：$(x_{1j},x_{2j},\cdots,x_{ij},\cdots,x_{nj},D_j,V_j,Z_j,X_i)^T$ 。它反映了生产部门在生产中的投入（消耗）和产品的价值运动形态。表明第 j 部门在生产活动中投入的第 1 个部门的产品为 x_{1j} ，第 2 个部门的产品为 x_{2j}，…，第 n 个部门的产品为 x_{nj} ，而 D_j、V_j、Z_j 则构成 j 部门的最初投入。

如果经济系统处于平衡状态，那么，表 5.2 中的数值就应满足如下的关系：

(1) 从左到右，中间产品＋最终产品＝总产品。

(2) 从上到下，中间投入＋最初投入＝总投入。

(3) 从总量看，第 i 产品部门总投入＝第 i 产品部门总产出，中间投入合计＝中间使用合计，总投入＝总产出。

这样，从投入产出表的水平和垂直两个方向可以建立如下两组平衡关系式：

$$\sum_{j=1}^{n} x_{ij} + Y_i = X_i \quad (i = 1,\cdots,n) \tag{5.13}$$

$$\sum_{i=1}^{n} x_{ij} + D_j + V_j + Z_j = X_j \quad (j = 1,\cdots,n) \tag{5.14}$$

这两组关系式，即构成投入产出数学模型。按所采用计量单位的不同，投入产出模型可划分为实物型模型和价值型模型，它们构成了投入产出分析的两种最基本的模型类型。

引入下面的重要系数：

$$a_{ij} = \frac{x_{ij}}{X_j} \quad (X_j \neq 0; i = 1,2,\cdots,n; j = 1,2,\cdots,n) \tag{5.15}$$

它称为直接消耗系数或技术系数，其经济意义是，生产一个单位的第 j 种产品所消耗的第 i 种产品的产品量或服务的价值量。将 a_{ij} 分别代入式 (5.13) 和式 (5.14)，得：

$$\sum_{j=1}^{n} a_{ij} X_j + Y_i = X_i \quad (i = 1,\cdots,n) \tag{5.16}$$

$$\sum_{i=1}^{n} a_{ij} X_j + D_j + V_j + Z_j = X_j \quad (j = 1,\cdots,n) \tag{5.17}$$

5.3.2.2 实物型投入产出模型

实物型投入产出模型使用的计量单位是产品的实物量单位，例如 kg、km、kW · h 等。模型的内容包括实物型投入产出表和实物型投入产出数学模型。模型能够具体描述实物产品在生产中的数量依存关系，模型简单、明了，其应用有着坚实的实体经济基础，模型计算与实际不会出现大的偏差，可操作性强。但是，由于实物量计量单位的局限性，实物模型在表达经济数量关系方面显得比较简单、形式单调，在表现领域方面也只限于物质产品，而不能反映全部的经济活动。

例，现有一张反映钢、煤、电力三个生产部门的生产与消耗关系的年统计表，见表 5.3。

表 5.3　生产部门关系统计表

消耗部门 / 生产部门	中间消耗			最终需要	总产量
	钢	煤	电		
钢（万 t）	20	40	10	130	200
煤（万 t）	100	10	200	190	500
电（亿 kW · h）	50	30	20	300	400

从表 5.3 中可以看出，每个部门既是生产部门，也是消耗部门。表 5.3 中的每一横行表示了一种产品的分配情况。以第二行为例，煤的年总产量是 500 万 t，其中有 100 万 t 用于炼钢，10 万 t 用于采煤（如煤矿的烧锅炉用煤），200 万 t 用于发电，190 万 t 用于最终需要。最终需要指的是居民和社会团体的消费、库存和出口产品的总和。每一竖列表示一种产品在生产过程中对各产品的消耗情况。以第二列为例，生产 500 万 t 煤需要消耗 40

万 t 钢（如用于制造采煤设备等）、10 万 t 煤（如煤矿的烧锅炉用煤等）、30 亿 kW·h 电（如采煤设备用电，矿井的通风排水用电等）。

把表 5.3 中每一列的数字分别除以各产品的总产量，就得到了消耗系数表，见表 5.4。

表 5.4　　部门间消耗系数

	钢	煤	电
钢	20/200=0.1（万 t/万 t）	40/500=0.08（万 t/万 t）	10/400=0.025（万 t/亿 kW·h）
煤	100/200=0.5（万 t/万 t）	10/500=0.02（万 t/万 t）	200/400=0.5（万 t/亿 kW·h）
电	50/200=0.25（亿 kW·h/万 t）	30/500=0.06（亿 kW·h/万 t）	20/400=0.05（亿 kW·h/亿 kW·h）

表 5.4 中的每一个数字，代表一个部门单位产品生产对相关部门产品的消耗量。例如第一行的第二个数字为 0.08，它表示生产 1 万 t 煤需要消耗 0.08 万 t 钢；第二行的第一个数字为 0.5，它表示生产 1 万 t 钢需要消耗 0.5 万 t 煤。以此类推，便可知道表 5.4 每一个数字的具体意义。

事实上，在消耗系数已知情况下，如果知道了最终需求，就可通过建立投入产出模型，计算各部门所需的产出。如经过社会需求分析，预测第二年的钢、煤、电的最终需要量分别增加到 180 万 t、240 万 t 和 350 亿 kW·h。如果单位消耗量不变，第二年的单位产品中间消耗与表 5.4 是一样的。按照生产与需求的平衡关系，即可列出方程组：

$$\begin{aligned} 0.1X_1 + 0.08X_2 + 0.025X_3 + 180 &= X_1 \\ 0.5X_1 + 0.02X_2 + 0.5X_3 + 240 &= X_2 \\ 0.25X_1 + 0.06X_2 + 0.05X_3 + 350 &= X_3 \end{aligned} \tag{5.18}$$

解得：

$$\begin{aligned} X_1 &= 269.0(\text{万 t}) \\ X_2 &= 626.4(\text{万 t}) \\ X_3 &= 478.8(\text{亿 kW·h}) \end{aligned} \tag{5.19}$$

结果表明，第二年应生产钢 269.0 万 t、煤 626.4 万 t、电 478.8 亿 kW·h，才能保证各部门的产量与最终需要、中间消耗相平衡。

5.3.2.3 价值型投入产出模型

价值型投入产出模型使用的是价值量计量单位，如我国的人民币等。模型的内容包括价值型投入产出表和价值型投入产出数学模型。采用价值量计量单位后，使模型统一了计量单位，扩大了模型描述空间，增强了模型的表现力。价值型模型可以反映物质的和非物质的、有形的和无形的、实体的和虚拟的全部经济活动，并将经济系统的实物运动（使用去向）与价值运动（消耗结构）有机地融为一体。因此，价值型模型能够更全面、更系统地表现和揭示整个经济系统，它在表现经济结构、经济比例关系及经济联系等方面具有独特的作用。然而，该模型的弱点也来自于价值量计量单位，它在很大程度上受到价格变动的影响，在模型应用中要特别注意。

例如，为了说明问题简便，现假定某区域整个国民经济只有三个部门：农业（A），工业（B），其他（C），它们之间的投入和产出的关系、生产和分配的关系见表 5.5。

表5.5　　　　　　**国民经济部门生产和分配关系**　　　　　　单位：亿元

投入＼产出		中间产品 农业（A）	工业（B）	其他（C）	小计	最终产口 积累	消费	小计	总产品
中间投入	农业（A）	200	500	100	800	400	800	1200	2000
	工业（B）	400	2000	300	2700	800	1500	2300	5000
	其他（C）	200	500	0	700	0	300	300	1000
	小计	800	3000	400	4200	1200	2600	3800	8000
初始投入	折旧	200	350	50	600				
	劳动报酬	600	650	400	1650				
	社会纯收入	400	1000	150	1550				
	小计	1200	2000	600	3800				
总投入		2000	5000	1000	8000				

假设该区域第二年各部门总产出增长10%，第二年直接消耗系数与上年相同。求该地区第二年各部门的中间投入量。

首先求现状年直接消耗系数矩阵：

$$A=\begin{pmatrix}a_{11}&a_{12}&a_{13}\\a_{21}&a_{22}&a_{23}\\a_{31}&a_{32}&a_{33}\end{pmatrix}=\begin{pmatrix}\frac{X_{11}}{X_1}&\frac{X_{12}}{X_2}&\frac{X_{13}}{X_3}\\\frac{X_{21}}{X_1}&\frac{X_{22}}{X_2}&\frac{X_{23}}{X_3}\\\frac{X_{31}}{X_1}&\frac{X_{32}}{X_2}&\frac{X_{33}}{X_3}\end{pmatrix}=\begin{pmatrix}\frac{200}{2000}&\frac{500}{5000}&\frac{100}{1000}\\\frac{400}{2000}&\frac{2000}{5000}&\frac{300}{1000}\\\frac{200}{2000}&\frac{500}{5000}&\frac{0}{1000}\end{pmatrix}=\begin{pmatrix}0.1&0.1&0.1\\0.2&0.4&0.3\\0.1&0.1&0\end{pmatrix} \tag{5.20}$$

求第二年总产出：

$$X=\begin{pmatrix}2000\\5000\\1000\end{pmatrix}\times 110\%=\begin{pmatrix}2200\\5500\\1100\end{pmatrix} \tag{5.21}$$

若Q为流量矩阵，有：

$$Q=\begin{pmatrix}X_{11}&X_{12}&X_{13}\\X_{21}&X_{22}&X_{23}\\X_{31}&X_{32}&X_{33}\end{pmatrix}=AX=\begin{pmatrix}0.1&0.1&0.1\\0.2&0.4&0.3\\0.1&0.1&0\end{pmatrix}\begin{pmatrix}2200\\5500\\1100\end{pmatrix}=\begin{pmatrix}220&550&110\\440&2200&330\\220&550&0\end{pmatrix} \tag{5.22}$$

该矩阵表示了第二年各部门的中间投入情况。

5.3.2.4　宏观经济优化模型

投入产出模型写成矩阵形式可表示为：

$$AX+Y=X \tag{5.23}$$

由A的定义知 $(I-A)^{-1}$ 存在，因而式（5.23）可写成：

$$X=(I-A)^{-1}Y \tag{5.24}$$

最终产出Y，用矢量表示，有：

$$Y=C_h+C_s+F_f+F_s \tag{5.25}$$

式中：C_h、C_s、F_f、F_s 分别为家庭消费、社会集团消费、固定资产积累、流动资产积累。

衡量经济的总体发展水平和相应的结构特征，一般采用国内生产总值指标。最终产品按市场价格计算的所得即为国内生产总值（GDP）。

总投入中包括了两部分，一部分为外购货物及服务，即中间投入；另一部分为初始投入，也是生产活动中新产生的价值，称为增加值，增加值包括折旧、工资和利税三项。各部门的增加值之和，在数量上和国内生产总值是相等的。

若以 U 代表各产业部门增加值的总和，n 代表产业部门数，τ 为增加值占部门总产值的百分比，则有：

$$GDP = \sum_{j=1}^{n} U_j = \sum_{j=1}^{n} \tau_j X_j \tag{5.26}$$

以式（5.26）为目标函数，以式（5.23）、式（5.25）作为主要约束条件，则可形成基本的以投入产出为基础的宏观经济模型。

在这一模型中，X、Y、C_h、C_s、F_f、F_s 等均为向量；直接消耗系数矩阵 A，附加值系数矢量 τ 及最终需求中各变量的上下界均为给定值。利用这一模型，可以进行投入来源与产出去向的分析，进行产业结构的预测，探讨最终需求变动的总影响。

5.3.2.5 考虑调出与调入情况

考虑调出，在最终使用中增加一列，用 E 表示。

调入分为两类，一类为非竞争型，即区域内没有相应商品，但在生产中又需要；作为投入项，在中间投入下面加一行。另一类为竞争型，即区域内有相应商品；作为对最终需要的贡献，单列一列，从最终需要中扣除，其他的就是当地生产要满足的，见表 5.6 即：

$$Y = C_h + C_s + F_f + F_s + E - M \tag{5.27}$$

表 5.6　　投入产出表

投入		产出										总产出
		中间使用		最终使用								
		1 2 … n	合计	消费		积累		调出	调入	合计		
				家庭	社会	固定	流动					
中间投入	1	x_{11} x_{12} … x_{1n}	μ_1	C_{h1}	C_{s1}	F_{f1}	F_{s1}	E_1	M_1	Y_1		X_1
	2	x_{21} x_{22} … x_{2n}	μ_2	C_{h2}	C_{s2}	F_{f2}	F_{s2}	E_2	M_2	Y_2		X_2
	.	. . .	.	.	.	.	.	.	.	.		.
	.	. Ⅰ .	.	.	.	.	Ⅱ	.	.	.		.
	.	. . .	.	.	.	.	.	.	.	.		.
	n	x_{n1} x_{n2} … x_{nn}	μ_n	C_{hn}	C_{sn}	F_{fn}	F_{sn}	E_n	M_n	Y_n		X_n
	合计	τ_1 τ_2 … τ_n	τ	C_h	C_s	F_f	F_s	E	M	Y		X
最初投入	调入	m_1 m_2 … m_n	m									
	折旧	D_1 D_2 … D_n	D									
	劳动者收入	V_1 V_2 … V_n	V				Ⅳ					
	利润和税金	Z_1 Z_2 Ⅲ Z_n	Z									
	合计	N_1 N_2 … N_n	N									
总投入		X_1 X_2 … X_n	X									

5.3.3 基于宏观经济的水资源配置模型

1. 结构调整型节水

结构调整型节水，是指在缺水地区尽可能地鼓励单位增加值耗水小的产业部门的发展，抑制单位增加值相对耗水大的产业部门的发展，同时又适当照顾当地产业部门的体系完整性和生产力布局的合理性，使得在发展过程中经济整体的单位增加值耗水率大幅度下降。

设 i 为经济部门下标，t 为年度下标，ΔX_{it} 为部门增加值，N_{it} 为单位增加值取水量，D_t 为总需水量，则第 t 年结构调整后实际需水量应为：

$$D_t = \sum_i \Delta X_{it} \cdot N_{it}, \quad \forall t \tag{5.28}$$

定义产业结构系数 ξ_{it} 为：

$$\xi_{it} = \Delta X_{it} / \sum_i \Delta X_{it}, \quad \forall i,t \tag{5.29}$$

若不进行第 t 年的产业结构调整，则第 t 年的部门增加值 $\Delta X'_{it}$ 应该为：

$$\Delta X'_{it} = \Big(\sum_i \Delta X_{it}\Big) \cdot \xi_{it-1}, \quad \forall i,t \tag{5.30}$$

相应地，不调整结构情况下的需水量为：

$$D'_t = \sum_i \Delta X'_{it} \cdot N_{it}, \quad \forall t \tag{5.31}$$

第 t 年节水量则为：

$$\Delta D_t = D'_t - D_t = \sum_i \Big[\Big(\sum_i \Delta X_{it}\Big)\xi_{it-1} - \Delta X_{it}\Big] \cdot N_{it}, \quad \forall t \tag{5.32}$$

从而至第 t 年的产业结构调整后的积累节水量为：

$$\sum_t \Delta D_t = \sum_t \Big\{\sum_i \Big[\Big(\sum_i \Delta X_{it}\Big)\xi_{it} - \Delta X_{it}\Big] \cdot N_{it}\Big\} \tag{5.33}$$

根据式（5.32）和式（5.33）可计算出在发展过程中由于经济结构的调整而导致的年度结构调整节水量和积累结构调整节水量。

2. 基于宏观经济的静态水资源优化配置模型

在可供水量和相应的各类水投资已知的情况下，可以利用宏观经济模型对节水型经济结构进行优化，如以下的模型：

$$\max \mathrm{GDP} = \sum_i \tau_{it} X_{it} \tag{5.34}$$

$$\mathrm{s.t.}\ X_{it} = \sum_j a_{ijt} X_{jt} + Y_{it}, \quad \forall i,t \tag{5.35}$$

$$Y_{it} = C_{hit} + C_{sit} + F_{fit} + F_{sit} + E_{it} - M_{it}, \quad \forall i,t \tag{5.36}$$

$$\sum_i \tau_{it} X_{it} \cdot N_{it} \leqslant W_t, \quad \forall t \tag{5.37}$$

该模型是一个最为简单的概念模型。其中式（5.34）为追求 GDP 最大的目标函数，式（5.35）和式（5.36）为部门间的投入产出约束及最终需求，最终需求中各项均有其结构性约束；式（5.37）为水资源可供水量约束，其中 W_t 为第 t 年可供水量。

3. 基于宏观经济的动态水资源优化配置模型

上述宏观经济模型仅考虑了某一时段内各经济部门的投入产出关系，而未考虑“总产值→GDP→投资→固定资产形成→新的总产值”这一扩大再生产过程，因而还要研究扩大再生产过程中年度间的积累与消费的关系。

在进行区域宏观经济总量研究时，通常采用如下形式的生产函数：

$$X = aK^{\alpha}L^{1-\alpha} \tag{5.38}$$

式中：$\alpha>0$ 为全要素生产率；$0<\alpha<1$ 为常数；L 为劳务工时；K 为固定资产存量。

在一定时期和一定的技术进步条件下，K 与 L 的投入通常成一固定比率，即 $K/L=\beta$，β 为常数，代入式（5.38）使之成为：

$$X = \alpha(1/\beta)^{1-\alpha}K = \theta K \tag{5.39}$$

式（5.39）中的 $\theta=\alpha(1/\beta)^{1-\alpha}$ 称为资本产出率。在考虑动态的扩大再生产过程时，第 t 年的生产函数为：

$$X_t = \theta_t K_t, \quad \forall t \tag{5.40}$$

式中：X_t 为第 t 年的总产出；K_t 为第 t 年的固定资产存量。

式（5.40）表明，总产出 X_t 的大小依当年固定资产存量 K_t 的多少而定。对于 K_t，有以下的固定资产形成方程：

$$K_t = K_{t-1} - \delta K_t + \Delta K_t, \quad \forall t \tag{5.41}$$

式（5.41）的意义为期末固定资产存量（K_t）等于期初固定资产存量（K_{t-1}）减去本年折旧（δK_t）并加上本年新增固定资产（ΔK_t）。其中 δ 为折旧率。

显然，新增固定资产是由投资形成的。由于不同经济部门从投资到形成固定资产的时间和比例均不相同，即使同一部门内因产品工艺和规模的差异也使得固定资产形成的规律不同，因此本年度形成的固定资产是当年、上一年、上两年……的投资的累计结果，即：

$$\Delta K_t = \beta_t I_t + \beta_{t-1} I_{t-1} + \beta_{t-2} I_{t-2} + \cdots, \quad \forall t \tag{5.42}$$

式中：β 为各年投资形成当年固定资产的比率。

式（5.42）中各年的投资来源于两个方面：区域内经济的资金积累和外来投资。区域内经济的积累为最终产出（需求）的一部分，最终产出为总产出的一部分，因而可用一比例系数与总产值相联系；外来投资包括区外、中央政府和国外三部分，通常作为外生变量在模型中给出一范围。据此，有如下投资方程：

$$I_t = \sigma_{t-1} X_{t-1} + H_t, \quad \forall t \tag{5.43}$$

式中：σ 为积累率；H_t 为外来投资。

综合上述讨论，式（5.40）～式（5.43）就构成了动态的扩大再生产过程循环圈。

事实上，由于式（5.40）～式（5.43）中的变量如总产出 X_t、固定资产存量 K_t、总投资 I_t 均是分部门的，因而上面各式也均是分部门的。这样就与上述静态经济模型一起，形成了以投入产出原理为基础的区域宏观经济动态模型。动态部分控制经济各年增长的速度；而静态部分控制各部门按其投入产出比例实现增长。

$$\max \mathrm{GDP} = \sum_t \sum_i \tau_{it} X_{it} \tag{5.44}$$

$$\text{s. t. } X_{it} = \sum_j \alpha_{ijt} X_{jt} + Y_{it}, \quad \forall i,t \tag{5.45}$$

$$Y_{it} = C_{hit} + C_{sit} + F_{fit} + F_{sit} + E_{it} - M_{it}, \quad \forall i,t \tag{5.46}$$

$$X_{it} = \theta_{it} K_{it}, \quad \forall i,t \tag{5.47}$$

$$K_{it} = (1-\delta_{it})K_{i,t-1} + \Delta K_{it}, \quad \forall i,t \tag{5.48}$$

$$\Delta K_{it} = \beta_{it}I_{it} + \beta_{i,t-1}I_{i,t-1} + \beta_{i,t-2}I_{i,t-2} + \cdots, \quad \forall i,t \tag{5.49}$$

$$I_t = \sigma_{t-1}\sum_i X_{i,t-1} + H_t, \quad \forall t \tag{5.50}$$

$$I_t = \sum_i I_{it} + \overline{I}_{wt}, \quad \forall t \tag{5.51}$$

$$\sum_i \tau_{it}X_{it} \cdot N_{it} \leqslant W_t, \quad \forall t \tag{5.52}$$

其中式（5.44）为追求GDP最大的目标函数，式（5.45）和式（5.46）为部门间的投入产出约束及最终需求约束，最终需求中各项均有其结构性约束；式（5.47）～式（5.49）为年度间的扩大再生产约束；式（5.50）为投资来源方程；式（5.51）为投资分配方程，其中$\overline{I}_{wt}$为已知的第t年与水有关的各类投资，I_{it}则为其他国民经济各部门可能分配到的投资变量；式（5.52）为可供水量约束，其中W_t为第t年可供水量。

水资源系统和宏观经济系统之间具有内在的、相互依存和相互制约的关系。当区域经济发展对需水量要求增大时，必然要求供水量快速增长，这势必要求增大相应的水投资而减少其他方面的投入，从而使经济发展的速度、结构、节水水平以及污水处理回用水平等发生变化以适应水资源开发利用的程度和难度。基于宏观经济的水资源优化配置，通过投入产出分析，从区域经济结构和发展规模分析入手，将水资源优化配置纳入宏观经济系统，以实现区域经济和资源利用的协调发展。

5.4　面向可持续发展的水资源优化配置

在水资源紧缺地区，经济结构布局的不合理以及社会经济发展规模的增大和速度的加快，国民经济生产用水挤占生态用水的现象普遍较严重。这些地区不仅社会经济发展已危害了生态环境系统，而且生态环境系统的恶化已反过来对社会经济发展产生了巨大消极作用。如海河流域，随着工农业及城市的快速发展，流域用水量急剧增加，为满足工农业生产和城镇供水需求，流域下游生态环境逐步恶化。有河皆干，河床沙化，不仅使河流生态系统遭到毁灭性破坏，也使得内河航运停滞；入海水量减少，河口生态恶化，使流域生态系统由开放型逐渐向封闭型和内陆型方向转化，河流生物物种转向低级化；地下水超采，可开采的含水层逐渐疏干，不仅使得大量人口的生活供水面临枯竭的危险，而且由此产生的地面下沉、地质灾害和海水入侵均已危及生产建设和社会经济的持续发展。

作为宏观经济核算重要工具的投入产出表只是反映了传统经济运行和均衡状况，投入产出表中所选择的各种变量经过市场而最终达到一种平衡，这种平衡只是传统经济学范畴的市场交易平衡，忽视了资源自身价值和生态环境的保护。因此，传统的基于宏观经济的水资源优化配置与环境产业的内涵及可持续发展观念不相吻合，环保并未作为一种产业考虑到投入产出的流通平衡中，水环境的改善和治理投资也未进入投入产出表中进行分析，必然会造成环境污染或生态遭受潜在的破坏。面向可持续发展的水资源优化配置是基于宏观经济的水资源配置的进一步升华，遵循人口、资源、环境和经济协调发展的战略原则，在保护生态环境（包括水环境）的同时，促进经济增长和社会繁荣。

5.4.1　生态用水调控

区域内的用水包括社会经济用水和生态用水，这两种用水之间为竞争关系。因此，必须合理配置生态和社会经济用水，以便使水的总价值最大。

资本是在一个时间点上存在的物资或信息的存量。每一种资本存量形式或自主地或与其他资本存量的服务一起产生一种服务流，这种服务流可用于转化物质或物质的空间配置以增进人类的福利，从而产生价值。生态系统具有多种功能，为人类提供各种服务。生态系统服务和人工资本及人力资本结合在一起产生人类的福利，从而产生价值。显然，构成价值的这三个要素的其中之一趋向于零时，其产生的价值也趋向于最小。当生态用水趋向于零时，生态系统由于缺水而崩溃，生态系统服务趋向于零。因此，由生态系统服务、人工资本及人力资本共同构成的价值趋向于最小，即水的总价值也趋向于最小。当生态用水趋向于最大，即趋向于水资源总水量时，社会经济用水趋向于零。在现状经济技术条件下，社会经济用水趋向于零，意味着人工资本无法运转，人力资本趋于消亡，因此，尽管生态系统提供了很好的服务流，但是，由生态系统服务、人工资本及人力资本共同构成的价值仍趋向于最小，即水的总价值也趋向于最小。当生态用水为某一中间值时，由于生态系统和社会经济系统均获得了适量的水，从而使水的总价值达到最大。生态用水和水的总价值关系如图 5.3 所示，V 为水的总价值，V_m 为水的总价值的最大值，Q_e 为生态用水，Q_{ee} 为期望生态用水，Q_m 为总水量。水的总价值达到最大时的社会经济用水和生态用水即为所希望的水的分配。

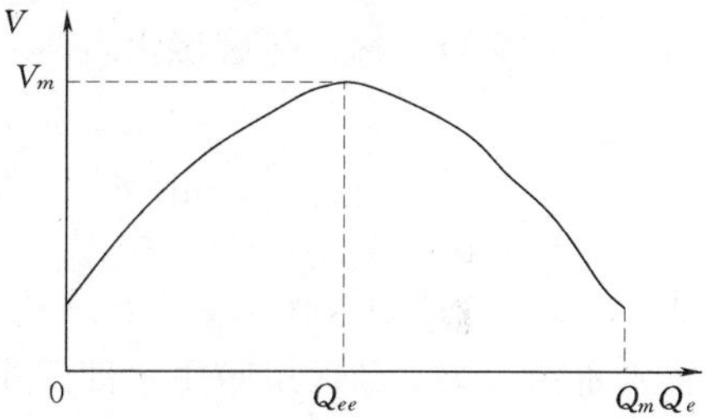

图 5.3　生态用水与水的总价值关系示意图

面向可持续发展的水资源优化配置，就是要对社会经济用水和生态用水进行权衡。必须深刻认识以下两个问题。

(1) 立足于对人类与自然的辩证关系的认识，要充分肯定社会经济和生态环境均是水资源的承载对象，人类既不能也无权剥夺自然生态系统演化发展的需水权利；水资源的环境功能既是水资源本身的属性，也是人类社会赖以生存的客观条件之一。

(2) 从人类生存和发展的自身目的思考，生态环境用水与社会经济用水在功能目标上实际并无冲突，而是具有相辅相成、互相增益的关系。如生态环境建设中的水土保持工程，不仅能削减洪峰增加枯水流量、调节河川径流量、控制土壤侵蚀，而且还具有增加区域蓄水能力、提高水资源的有效利用程度；植被建设工程也具有涵养水源、调节河川径流以及保护和改善水质等作用。由此可见，生态环境用水通过对水资源保护和利用的作用，能进一步改善社会经济用水条件和提高区域水资源利用率。

流域生态用水调控应在维护流域水循环的基础上，结合流域生态环境保护和建设目标，对社会经济用水和生态用水的关系加以全面衡量后进行。

5.4.2　水资源优化配置的多目标决策模型

面向可持续发展的水资源优化配置，从社会、经济、生态环境三类目标出发，寻求水资源的合理分配方案。目前还没有成熟的通用模型。下面以多目标决策理论应用为例，进行分析。

5.4.2.1 决策变量

决策变量可分为三类。

（1）反映需水结构调控方案的变量。如各区域各部门的发展规模、节约用水方案、生态需水调控方案等。隐含在模型的需水变量中起作用。

（2）反映供水结构调控方案的变量。如水利工程的布局、规模及建设次序等。隐含在模型中的水利工程运行约束域中起作用。

（3）反映运行管理策略方案的变量。如水量宏观调配、工程运行策略的变量。由不同水源向不同用户的供水量反映。

5.4.2.2 目标函数

考虑三个方面的目标函数：考虑公平性，各分区各部门缺水量最小；考虑高效性，区域供水净效益最大；考虑可持续发展，区域 COD 排放量之和最小。

（1）社会目标，使区域内各用户缺水量最小。

$$\min f_1=\sum_{j=1}^{J}\sum_{k=1}^{K}\sum_{t=1}^{T}\alpha_{jk}\left(\frac{D_{jkt}-\sum_{i=1}^{I}Q_{ijkt}}{D_{jkt}}\right)^2 \tag{5.53}$$

式中：D_{jkt} 为规划水平年第 j 分区第 k 用水部门第 t 时段的需水量；Q_{ijkt} 为规划水平年第 i 供水水源给第 j 分区第 k 用水部门第 t 时段的供水量。

（2）经济目标，使区域经济效益最大。

$$\max f_2=\sum_{j=1}^{J}\sum_{k=1}^{K}\sum_{t=1}^{T}\left(\sum_{i=1}^{I}b_{jk}Q_{ijkt}-\sum_{i=1}^{I}c_{ijk}Q_{ijkt}\right) \tag{5.54}$$

式中：b_{jk} 为第 j 分区第 k 用水部门的供水效益，元/m^3；c_{ijk} 为第 i 个水源对第 j 分区第 k 用水部门的供水费用，元/m^3。

（3）环境目标，使区域内各分区 COD 排放量之和最小。

$$\min f_3=\sum_{j=1}^{J}\sum_{k=1}^{K}\sum_{t=1}^{T}0.001\cdot d_{jk}p_{jk}\sum_{i=1}^{I}Q_{ijkt} \tag{5.55}$$

式中：d_{jk} 为第 j 分区第 k 用户单位废水排放量中 COD 的含量，mg/L；p_{jk} 为第 j 分区第 k 用户污水排放系数。

5.4.2.3 约束条件

（1）可供水量约束，水源供给各分区各用水部门的供水量不应多于其可供水量。

$$\sum_{j=1}^{J}\sum_{k=1}^{K}Q_{ijkt}\leqslant W_{it}\quad(i=1,2,\cdots,I;t=1,2,\cdots,T) \tag{5.56}$$

式中：$\sum_{j=1}^{J}\sum_{k=1}^{K}Q_{ijkt}$ 为第 i 供水水源对 J 个分区 K 个用水部门第 t 时段的供水量之和；W_{it} 为规划水平年内第 i 个供水水源第 t 时段的可供水量，是考虑河道内生态环境最小需水量要求及相关因素后的数值。

（2）需水量约束，水源供给各分区各用水部门的供水量不应多于其需水量。

$$\sum_{i=1}^{I}Q_{ijkt}\leqslant D_{jkt}\quad(j=1,2,\cdots,J;k=1,2,\cdots,K;t=1,2,\cdots,T) \tag{5.57}$$

式中：$\sum_{i=1}^{I} Q_{ijkt}$ 为 I 个供水水源对第 j 分区第 k 用水部门第 t 时段的供水量。

（3）供水能力约束，各分区的输水河道及泵站等都有各自的供水能力，因此在计算时，供水水源对各分区各用水部门的供水量不应大于其最大输水能力。

$$\sum_{k=1}^{K} Q_{ijkt} \leqslant Q_{\max ij} \quad (i=1,2,\cdots,I; j=1,2,\cdots,J; t=1,2,\cdots,T) \tag{5.58}$$

式中：$Q_{\max ij}$ 为第 i 供水水源对第 j 分区的输水工程过水能力。

（4）工程运行可行域约束，对于特定水源，其供水应在调节计算的约束域内进行。

$$Q_{ijkt} \in S_i \quad (i=1,2,\cdots,I; j=1,2,\cdots,J; k=1,2,\cdots,K; t=1,2,\cdots,T) \tag{5.59}$$

式中：S_i 为第 i 供水水源调节计算时的约束域，如水库运行的水位限制条件等。

（5）变量非负约束，可供水量非负限制。

$$Q_{ijkt} \geqslant 0 \quad (i=1,2,\cdots,I; j=1,2,\cdots,J; k=1,2,\cdots,K; t=1,2,\cdots,T) \tag{5.60}$$

需要说明的是，上述模型只是一个原则性的描述模型，在实际问题研究中，要根据具体情况进行详细描述。并结合数学模型的特点，选择适宜的优化方法或模拟方法进行求解。

5.5 水资源配置模式

水资源供需分析方法、水资源优化配置方法等都是进行区域水资源分配的一种方法。按照水资源分配的指导思想不同，水资源配置经历了以下几种模式。

1. "以需定供"的水资源配置

"以需定供"的水资源配置是以经济效益最优为唯一目标的，认为水资源是"取之不尽，用之不竭"的。以过去或目前的国民经济结构和发展速度资料预测未来的经济规模，通过该经济规模预测相应的需水量，并以此得到的需求水量进行供水工程规划。这种思想着重考虑了供水方面的各种变化因素，强调需水要求，通过修建水利水电工程的方法从大自然无节制或者说掠夺式地索取水资源。其结果必然带来不利影响，诸如河道断流，土地荒漠化甚至沙漠化，地面沉降，海水倒灌，土地盐碱化，等等。另外，由于以需定供，没有体现出水资源的价值，毫无节水意识，也不利于节水高效技术的应用和推广，必然造成社会性的水资源浪费。因此，这种牺牲资源、破坏环境的模式，只能使水资源的供需矛盾更加突出。

2. "以供定需"的水资源配置

"以供定需"的水资源配置，是以水资源的供给可能性进行生产力布局，强调水资源的合理开发利用，以资源背景布置产业结构。它是"以需定供"的进步，有利于保护水资源。但是，水资源的开发利用水平与区域经济发展阶段密切相关。例如，经济的发展有利于水资源开发投资的增加和先进技术的应用推广，必然影响水资源开发利用水平。因此，水资源可供水量是随经济发展相依托的一个动态变化量，"以供定需"在可供水量分析时与地区经济发展相分离，没有实现资源开发与经济发展的动态协调，可供水量的确定显得依据不足，并影响区域经济不能得到充分发展。这种配置理论也不适应经济发展的需要。

3. “供需结合”的水资源配置

以上两种水资源配置方式，要么强调需求，要么强调供给，都是将水资源的需求和供给分离开来考虑的，供需结合的配置模式从供给与需求两个方面进行调控，经过多种方案的比较，能够选出较满意区域水资源配置方案。

4. 基于经济效益最大的水资源配置

基于经济效益最大的水资源配置是从经济效益最大角度出发，解决竞争性的用水分配问题。未能考虑区域各经济部门的相互联系和相互制约。

5. 基于宏观经济的水资源配置

基于宏观经济的水资源配置从区域经济结构和发展规模分析入手，将水资源优化配置纳入宏观经济系统，以实现区域经济和资源利用的协调发展。未考虑环境问题。

6. 面向可持续发展的水资源配置

面向可持续发展的水资源配置协调资源、经济、社会和生态环境的动态关系，追求区域的可持续发展。

以上几种模式总体上是不断向前发展的，但也各有其一定的适用范围。水资源合理配置就是指利用水资源配置的适宜方法，进行区域水资源配置分析，提出区域相对公平的、高效的、和谐的水资源分配方案。

第6章　水资源综合规划

6.1　综合规划的概念

6.1.1　综合规划的目的与任务

水资源综合规划的主要目标是，查清水资源的现状，提出水资源合理开发、高效利用、优化配置、全面节约、有效保护、综合治理、科学管理的布局和方案，以水资源的可持续利用支撑经济社会的可持续发展，作为今后一定时期内水资源开发利用与管理活动的重要依据和准则。

1. 综合规划的原则

进行水资源综合规划的基本出发点是规划的“整体性”，从系统角度研究多水源、多用户、多种措施的统筹安排。水资源综合规划的原则如下。

(1) 坚持水资源开发利用与经济社会协调发展的原则。水资源开发利用要与经济社会发展的目标、规模、水平和速度相适应，并适当超前。经济社会的发展要与水资源的承载能力相适应，城市发展、生产力布局、产业结构调整以及生态环境建设都要充分考虑水资源条件。

(2) 坚持全面规划和统筹兼顾的原则。坚持全面规划、统筹兼顾、标本兼治、综合治理、除害兴利结合，开源节流保护并重，防洪抗旱并举。统筹协调生活、生产和生态用水，合理配置地表水与地下水、当地水与外流域调水、常规水源与非常规水源等多种水源，对需求与供水可能进行合理安排。妥善处理上下游、左右岸、干支流、城市与农村、流域与区域、开发与保护、建设与管理、近期与远期等各方面的关系。

(3) 坚持按经济规律治水的原则。要适应经济管理体制的要求，认真研究产权、水权、水价、水市场等问题，研究体制、机制、法律法规问题。科学制定水资源开发、利用、配置、节约、保护、治理的有关经济政策，利用经济手段，调节水事活动，发挥政府宏观调控和市场机制的作用。

(4) 坚持科学治水的原则。要广泛应用先进的科学技术和现代化的技术手段，科学配置水资源，缓解面临的主要水资源问题。

(5) 坚持因地制宜、突出重点的原则。根据各地水资源状况和经济社会条件，确定适合本地实际的水资源开发利用模式。同时，要充分考虑需水的增长及国家和地方财力状况，界定各类用水的优先次序，确定水资源开发、利用、配置、节约、保护、治理的重点。

2. 编制综合规划的基本任务

编制水资源综合规划的基本任务如下。

(1) 水资源及其开发利用现状评价。系统地调查评价水资源的数量、质量、能量、可利用量时空分布特点和演变趋势，分析现状水资源开发利用水平。

(2) 制定节水、水资源保护和污水处理再利用规划。在对现状水资源利用效率和水污染状况分析的基础上，评估提高水资源利用效率和节水、污水处理再利用的开发潜力。根据需水预测，确定节水、水资源保护及污水处理再利用的目标，制定实现这些目标的节水、水资源保护和污水处理再利用规划。

(3) 水资源开发利用潜力分析。在水资源评价及开发利用现状分析的基础上，根据节水、水资源保护和污水处理再利用规划，综合考虑各种水源开发和经济结构调整的可能性，分析水资源的综合开发利用潜力。

(4) 制定水资源合理配置方案。根据经济社会发展和环境改善对水资源的要求及水资源的实际条件，进行各规划水平年水资源供需分析，寻求开发与保护、开源与节流、供水与治污、需要与可能之间的协调，提出统筹上、中、下游，生活、生产和生态用水，流域和区域之间的水资源合理配置方案。制定提高水资源利用效率的对策措施，包括调整产业结构与生产力布局，建立合理的水价形成机制和节约用水措施等，使经济社会发展与水资源条件相适应。

(5) 提出水资源开发、利用、治理、配置、节约和保护的布局与措施的实施方案。在水资源合理配置基础上，提出与生态建设和环境保护相协调，与经济社会发展相适应的开发利用布局和治理实施方案。

(6) 制定水管理的对策和措施，建立适应经济管理体制的水资源管理制度。以健全的法制和法规手段规范水事活动，以行政手段界定水事行为，以经济手段调节水事活动和用科学技术手段开发利用和管理水资源。合理确定政府、市场、用户三者在水资源开发、利用、治理、配置、节约、保护中的责任、义务和权力。逐步建立以政府宏观调控、用户民主协商、水市场调节三者有机结合的水资源管理模式。

6.1.2 综合规划的内容

1. 水资源调查评价

(1) 水资源系列延长与评价。按照统一的水资源分区，收集有关水文、泥沙、气象、水质、生态与环境等方面的基础资料；延长水文系列并进行系列代表性与合理性分析；在分析研究地表与地下水相互转换关系，研究气候和人类活动对水资源影响的基础上，对现状条件下水资源的数量与质量作出评价，包括水资源的数量及其时空分布规律、河湖天然水化学状况及水域现状水质状况等。

(2) 水资源可利用量估算。在考虑生态环境用水的基础上，确定流域水资源开发利用程度控制指标，估算现状条件下的水资源可利用量及分布状况。

(3) 水资源演变情势分析。分析对水资源的形成和转化起主要作用的主要因素的未来变化趋势，对未来水资源量和可利用量的可能变化作出趋势分析与预测。

2. 水资源开发利用现状评价

(1) 水资源开发利用现状调查分析。包括：各分区水资源的供、用、排、耗的调查分析与评价；各分区供水水源与结构及其变化趋势；生活、生产、生态用水的结构及变化趋势；各类供水水量与水质的变化情况；与水资源开发利用相关的社会经济发展状况及其演变趋势，以及对水资源利用的影响等。

（2）现状水污染及供水水质评价。调查分析现状废污水及污染物排放状况和入河排污量与污染负荷；对各分区（按水功能分区）主要河段和供水水源地的现状水质状况进行调查分析与评价；对各类供水的水质状况进行分析与评价。

（3）现状水资源供需平衡分析。包括不同水源的供水量以及用水部门一次用水与二次用水。在此基础上评价现状条件下相应的余缺水量，重点分析缺水量、缺水时空分布、缺水程度、缺水性质和缺水原因等，并对缺水造成的经济社会及环境影响进行分析与评价。

（4）水资源开发利用现状情况综合评价。包括对现状条件下水资源的开发利用程度、开发类型与利用模式、用水水平、用水效率、水质及生态环境现状、水资源开发利用中存在的问题等进行综合评价，综合分析水资源开发利用与经济社会可持续发展之间的协调程度。

3. 水资源需求预测

（1）经济社会发展对需水要求分析。根据各分区不同水平年国民经济发展目标、社会发展水平、城市化进程、生产力布局状况、各地水资源条件以及经济社会发展和生态环境保护对水资源的总体要求，分析研究各水平年经济社会发展指标及其对水资源的需求。

（2）生活与生产需水预测。对各水平年需水量预测要充分考虑产业合理布局与经济结构调整、水价调整、人口控制、城市化发展以及技术进步等因素对需水变化的影响，并提出各种有效抑制需求的措施。

（3）生态与环境需水预测。生态与环境需水预测指为改善生态与环境或维持生态与环境质量不至于下降所需要的水量。常规情况可包括：河道内汛期冲沙水量、枯水期河道最低需水量、河道外生态与环境需水量、维持一定水面积的河湖洼淀及湿地补水量、维持和恢复地下水相对平衡的补充水量，以及生态与环境改善需要的河湖及绿地用水、旅游区景观用水等。

4. 节约用水规划

在水资源开发利用情况调查评价的基础上，根据经济技术发展水平，对提高水资源利用效率的可能进行分析，估算现状生活和生产用水水平在不同发展阶段的节水潜力。进行节水投入产出分析和技术经济比较，分析水价对需求的抑制作用，分类提出合理的定额指标体系和用水水平控制指标。

制定以提高水资源利用效率为核心的节水规划。分别确定农业、工业和城市的节水目标，制定实现节水目标的工程、行政、法律和经济等各类措施，并分析研究实现节水目标对水资源及其开发利用可能造成的影响。

5. 水资源保护与污水处理再利用规划

按照可持续发展的原则，对江河湖库的水域实行“功能分区、纳污能力核定、入河总量控制”，切实保护和改善水环境。根据水资源利用和保护的要求进行水域功能区划，确定分区水质目标；根据江河湖库水域特点核定纳污能力；制定排污总量控制目标与对策，编制流域和区域水资源保护规划。

制定污水处理再利用规划。在分析水污染现状和未来利用的基础上，估算污水处理再利用的潜力，建立污水处理与再利用量和投入需求的关系；对污水处理再利用的技术与方式进行研究，加强促进污水处理再利用的机制建设，制定合理措施与规划。

6. 水资源开发利用潜力分析与供水预测

(1) 现状供水工程潜力分析。进一步挖掘已建水源工程的供水潜力，包括地表水和地下水，当地水资源和跨地区、跨流域调水工程。通过除险加固、优化调度、配套挖潜等措施增加供水潜力。

(2) 规划供水量计算。在节水和污水处理再利用的基础上，考虑经济结构调整，根据各地水资源开发利用模式和水资源开发利用的潜力，预测不同开发利用模式与方案情况下的可供水量。

(3) 其他水源开发潜力分析。它包括海水利用、雨水及洪水利用、微咸水利用等。在摸清现状用水条件、水源分布及其特点、用户使用可行性的基础上，通过技术经济比较，估算其潜力，确定利用措施与使用用途。

7. 水资源合理配置

水资源合理配置是指在流域或特定的范围内，遵循高效、公平和可持续利用的原则，对各种可利用水源，通过工程与非工程措施，在时间与空间尺度上，对不同区域向不同用水部门进行的需求控制、增加供给和保障生态环境安全活动的集合。

(1) 各水平年供需平衡分析。根据规划水平年的经济社会发展目标要求和水资源条件，拟定把握未来发展情势和水资源开发利用方向的可能方案及其组合，进行水资源的动态供需平衡分析，并对未来发展的需水控制方案、综合供水方案和生态环境保护方案进行多方案的分析比较。供需平衡分析原则上采用长系列调节计算的方法进行，并考虑水资源的重复利用。分析供水系统对满足生活、生产和生态需求量的程度，重点分析不同方案下的缺水量、缺水时空分布、缺水程度、缺水性质、缺水原因以及缺水影响等。

(2) 确定水资源配置方案。根据不同水平年水资源供需平衡分析成果，在水资源开发利用综合潜力分析的基础上，研究水资源优化配置总体目标和水资源合理配置方案；并通过不同配置方案的经济、技术和生态环境综合分析的比较，确定水资源配置方案。配置方案不仅要明确不同区域和部门水资源的最大可利用量，还要根据水资源的条件，提出区域水资源开发利用的方向和重点，缺水地区产业布局和经济结构调整的建议等。

(3) 特殊干旱情况应急对策制定。在分析流域水文情势和流域水资源配置方案的基础上，研究连续干旱年和特殊干旱年的水资源应急调配方案。

水资源合理配置中要注意处理好相互关系，并从多方面逐步实现协调与平衡：①水资源开发利用与经济社会发展协调；②水资源开发利用与防洪减灾和生态保护与环境建设之间的协调；③地表水与地下水，当地下水与外流域调水、常规水源与非常规水源等多种水源的合理调配和联合调度；④水资源调配在时间与空间尺度上的协调；⑤水资源供给与需求的动态平衡；⑥耗用水量与水资源可利用量之间的平衡；⑦生活、生产和生态需水之间的协调；⑧减少需求、增加供给和保障质量之间的协调；⑨不同水源与用户间在水量与水质目标上的协调；⑩利用工程措施和非工程措施进行资源调配的协调。

8. 水资源开发利用布局与实施方案制定

(1) 制定水资源开发利用的总体布局。在对各类增水、减需、防污和保护措施及其组合方案分析比较的基础上，结合水资源合理配置研究中对各种组合方案的综合比较，评价规划措施对缓解流域及区域水资源短缺和改善水环境与生态的作用，确定各类地区的开发利用方向与模式，确定各类（项）措施实施的优先顺序和相互之间的配合关系及水资源开发利用的总体布局。

（2）制定节水规划措施实施方案。

（3）制定水资源保护及污水处理再利用规划实施方案。

（4）制定各类供水水源工程的实施方案，规划各类（项）水源工程建设的实施顺序，包括蓄水、引水、提水、调水等工程。

（5）制定其他水源的开发利用实施方案，确定其开发利用模式与控制指标，包括海水利用、微咸水利用、雨水及洪水利用等措施的实施方案。

（6）制定各类水资源工程的建设方案和管理方案。

（7）制定规划实施方案的投资计划和资金筹措方案。

（8）评价各类规划工程的实施效果，包括对经济社会发展及生态环境改善的影响。

9. 规划实施效果评价

综合评价规划实施后将产生的经济、社会及生态效益。

10. 水资源可持续利用保障措施制定

（1）研究制定水资源管理的体制、法制和机制。强化水资源统一管理，建立权威、高效、协调的水资源管理体制；完善法制建设，规范水事行为；推行合理的经济政策，发挥市场对水资源配置的基础性作用，通过水价、投资等经济政策，调节水事行为；运用科技手段，提高水资源管理的技术水平。

（2）研究政府、市场及受益者在水事活动中的责任、权利和义务，逐步形成政府宏观调控、用户民主协商、水市场进行调节、水资源有偿使用的管理模式。

6.1.3 综合规划的程序

水资源综合规划的工作流程如下。

（1）视研究范围的大小，先按研究范围内的流域进行组织。

（2）流域机构按照各自的职责范围，组织本流域内各分区一起开展流域规划编制，在各分区反复协调的基础上，形成流域规划初步成果。

（3）在流域规划初步成果基础上，进行研究范围总体汇总，在上下多次成果协调的基础上，形成总体性的水资源综合规划。

（4）在总体规划的指导下，完成流域水资源综合规划。

（5）在流域规划指导下，完成区域水资源综合规划。

（6）规划成果的总协调。

总之，流域规划在整个规划过程中起到承上启下的关键性作用。规划工作的成败在很大程度上取决于流域规划。

编制水资源综合规划的技术方法，主要包括分析水资源和水需求变化的水资源评价、水需求预测方法，水资源供需分析与水资源优化配置方法等。在编制工作中，要充分利用现代高新技术，如3S技术、计算机技术等。

参与规划编制部门之间的协调配合工作十分重要。按照“行业指导，资料共享，共同负责”的思路开展工作。①请有关部门在地区经济社会发展、工业用水、城市用水、农业用水、水污染防治等方面，加强对水资源综合规划编制的行业指导，并通过这种方式，协调好地方水利部门与相关部门间的关系。②各有关部门在收集相关资料中密切协作，资料共享。③在有关行业标准、定额方面充分协商，力求一致。④规划涉及水资源管理的方方面面，与相关部门关系密切，因此各部门应团结协作，共同把规划工作做好。同时，要充分利用社会资源，发挥各方面的技术优势，做好水资源综合规划的编制工作。

6.2　综合规划方案的设置

水资源综合规划方案的设置涉及用水、供水、配水等多个方面。用水方面主要受经济社会发展和节水实施的影响，涉及一般措施下经济社会需水方案、强化节水下的经济社会需水方案以及生态环境需水方案等。供水方面涉及地表水工程建设规划、地下水开采利用规划、污水处理再利用规划、非常规水源利用规划、跨流域调水规划等。运行管理方面涉及不同用户优先级、水源利用次序、水利工程调度方式等。相关各方面内容一般本身又包含多个方案，将以上各个方面的方案有机结合起来形成可行方案集。针对方案集中的每一种组合进行计算，依据一定的比较准则选择出推荐方案，如图6.1所示。

1. 形成计算方案集

由于水资源配置具有多水源、多用户、多工程的特点，综合规划方案形成了一个极为复杂的多维空间，所以不可能将所有方案组合一一列出。应依据流域或区域的社会、经济、生态、环境等方面的具体情况，有针对性地选取增大供水、加强节水等各种措施，筛选出有代表性的各类方案组合，得到配置计算的基本方案集。

综合规划方案设置本身也是一个动态的过程，通过方案—反馈—新方案—再反馈的一系列过程完成方案设置，最后得到模型计算的基本方案集。

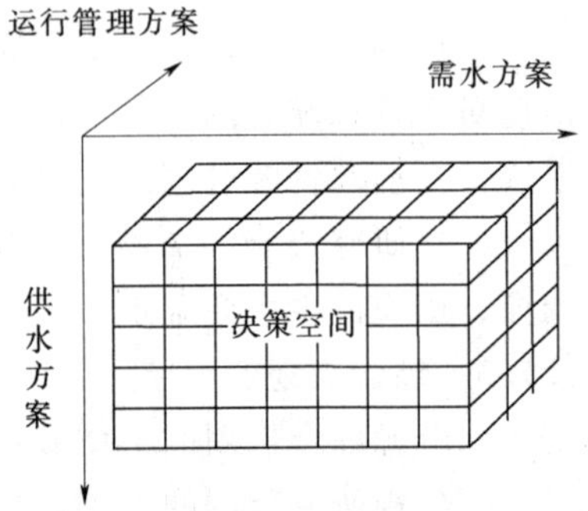

图6.1　水资源配置方案空间

2. 选择推荐方案

从高效、公平和可持续性原则出发，在经济、社会、环境效益等方面制定具体的评比指标体系，采用适当的评价方法，对供需平衡计算或优化配置计算的结果进行分析比较，选出综合效益最好的方案作为推荐方案。对推荐方案及其主要措施还要进行技术经济分析。

推荐方案应包含各种措施的实施地点、规模和次序安排。推荐方案的选择是一个非常复杂的问题，通常要通过多方案比较进行选择，有时也应用最优化技术进行优化计算。

6.3　综合规划方案的优选

水资源综合规划方案的优化是一个非常复杂的问题。通常在水资源比较紧缺地区，可在满足生活、生态需水的条件下，以整体系统净效益最大为目标进行优选。在水资源比较丰富的地区，还可选择在尽可能满足各类需水要求条件下，以整体系统总费用最小为目标进行方案的优化。

对于比较简单的水资源系统，可以采用最优化方法，通过建立整体系统的数学模型，在概化的三维决策空间中进行优化求解。然而，由于实际水资源系统非常复杂，综合规划方案的优选常采用分层优化的方法进行。如在需求方案给定情况下，进行供水方案的优化；根据供水方案优化的结果，再调整需水方案；通过多次迭代计算以获得系统的最优解。对供水方案的优化，关键在于拟定各工程的布置，并确定其开发规模。可先假定工程布置已知，进行工程规模的选择；然后再根据计算结果调整工程布置。通过一定的套接和反馈，最终得到整体系统的较优解，如图 6.2 所示。

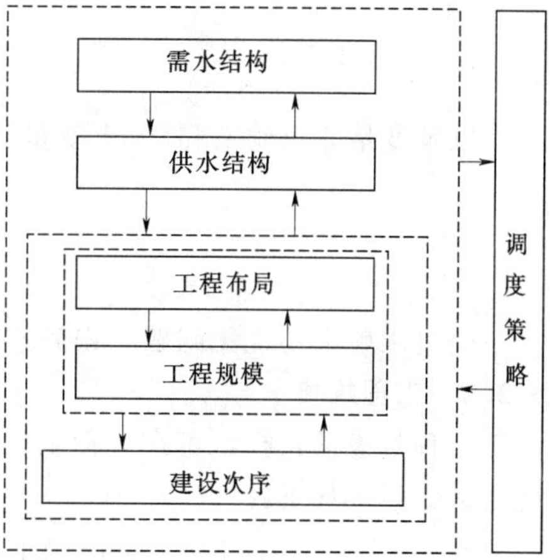

图 6.2 综合规划方案分层优选示意图

6.3.1 工程布置

工程布置要根据系统内水资源空间分布状况、工程地质条件和水资源利用的各种要求等，考虑多种可能的技术措施，作出工程布置的全面安排。

例，某地区为给 4 个新建居民区供水，欲从三个可供选择的地点中选择两个建立水库。每个水库到每个居民点的输水成本及水库建造费见表 6.1。试研究成本最低的水库建点及水量调配方案（设建库投资的资本回收因子为 0.1）。

表 6.1　可供选择建库地点的有关情况

水　　库	输水成本（元/m^3）			水库建筑费（万元）	水库可利用水量（万 m^3/a）
	居民区 1	居民区 2	居民区 3		
水库 1	1.5	0.7	1.6	8.5	1.8
水库 2	0.8	1.5	2.2	10.0	2.3
水库 3	1.2	2.3	1.1	9.0	2.1
各居民区需求量（万 m^3/a）	1.2	0.8	1.5		

设 i 代表水库序号，j 代表居民点序号，x_{ij} 代表从 i 库到 j 居民点的分配水量，y_j 代表 j 库是否修建，$y_j=1$ 代表建 j 库，$y_j=0$ 代表不建 j 库。

目标函数为建库和运行总费用最小，可表达为：

$$
\text{Min}\quad \begin{aligned} &1.5x_{11}+0.7x_{12}+1.6x_{13}+0.85y_1+ \\ &0.8x_{21}+1.5x_{22}+2.2x_{23}+1.00y_2+ \\ &1.2x_{31}+2.3x_{32}+1.1x_{33}+0.90y_3 \end{aligned} \tag{6.1}
$$

水库可利用水量约束为：

$$
\begin{aligned} x_{11}+x_{12}+x_{13} &\leqslant 1.8y_1 \\ x_{21}+x_{22}+x_{23} &\leqslant 2.3y_2 \\ x_{31}+x_{32}+x_{33} &\leqslant 2.1y_3 \end{aligned} \tag{6.2}
$$

居民点需水量约束：

$$\begin{aligned} x_{11}+x_{21}+x_{31} &\geqslant 1.2 \\ x_{12}+x_{22}+x_{32} &\geqslant 0.8 \\ x_{13}+x_{23}+x_{33} &\geqslant 1.5 \end{aligned} \tag{6.3}$$

以及变量非负约束和 0－1 变量约束：

$$\begin{aligned} & x_{ij} \geqslant 0 \qquad i=1,2,3;j=1,2,3 \\ & y_j=(0,1),\sum_{j=1}^{3} y_j=2 \qquad j=1,2,3 \end{aligned} \tag{6.4}$$

通过求解上述优化问题，得到水库建设地点方案和配水方案。

6.3.2　工程规模

工程规模的选择，可在某种工程布置假定情况下进行。以区域经济效益最大为例，目标函数表达式如下：

$$\begin{aligned} \max f = & \sum_{t=1}^{T} \frac{1}{(1+r)^t} \sum_{j=1}^{J} \sum_{k=1}^{K} \left(\sum_{i=1}^{I} b_{jk} Q_{ijkt} - \sum_{i=1}^{I} c_{ijk} Q_{ijkt} \right) \\ & - \sum_{t=1}^{T} \frac{1}{(1+r)^{t-1}} \left[\sum_{i=1}^{I} K_{wit} + \sum_{j=1}^{J} K_{djt} + \sum_{l=1}^{I\times J} K_{slt} \right] \end{aligned} \tag{6.5}$$

式中：b_{jk} 为第 j 分区第 k 用水部门的效益系数，元/m^3；c_{ijk} 为第 i 个水源对第 j 分区第 k 用水部门供水的运行费用，元/m^3；Q_{ijkt} 为规划水平年第 i 供水水源给第 j 分区第 k 用水部门第 t 时段的供水量，为决策变量；K_{wit}、K_{djt}、K_{slt} 分别为不同水源工程（如水库）、需水工程（如节水）、输水工程（如渠道）等建设的分年度投资，是与工程规模相关的变量，对已建工程宜把工程的剩余价值作为初始费用；r 为资金时间折算率；T 为计算期。

约束条件主要有以下几个方面。

1. 河流或输水渠道

供水能力约束：

$$\sum_{j,k\in S} Q_{ijk} \leqslant Q_{s\max} \tag{6.6}$$

式中：s 为河流上第 s 个取水口；S 为从第 s 个取水口取水的用户子集；$Q_{s\max}$ 为取水工程供水能力，为决策变量。

河道生态流量约束：

$$Y_s \geqslant Y_{s\min} \tag{6.7}$$

式中：Y_s 为第 s 个取水口的下泄水量，$Y_{s\min}$ 为该河段的生态流量。

上、下游水量连续约束：

$$Y_{s+1} = Y_s + Y_{bs} - \sum_{i,k\in S+1} Q_{ijk} \tag{6.8}$$

式中：Y_{bs} 为第 s 到第 $s+1$ 个取水口间的区间入流；$S+1$ 为从第 $s+1$ 个取水口取水的用户子集。

2. 水库或湖泊

供水能力约束：

$$\sum_{j,k\in \text{Res}} Q_{ijkt} \leqslant Q_{res\max} \tag{6.9}$$

式中：Res 为从第 i 个取水口取水的用户子集；$Q_{res\max}$ 为水库供水能力，为决策变量。

水库库容约束：

$$V_{i\min} \leqslant V_{it} \leqslant V_{i\max} \tag{6.10}$$

式中：V_{it} 为 t 时刻水库蓄水量；$V_{i\min}$ 为死库容，$V_{i\max}$ 为总库容，是决策变量。

水库水量平衡约束：

$$V_{it+1} = V_{it} + Y_{it} - \Big[\sum_{j,k\in \mathrm{Res}} Q_{ijkt} + Q_{losst} + O_{it}\Big]\Delta t \tag{6.11}$$

式中：Y_{it} 为 t 时段水库来水量；Q_{losst} 为 t 时段水库水量损失，如蒸发和渗漏等；O_{it} 为 t 时段水库泄流流量；其他符合意义同前。

3. 地下含水层

供水能力约束：

$$\sum_{j,k\in G} Q_{ijkt} \leqslant Q_{G\max} \tag{6.12}$$

式中：$Q_{G\max}$ 为最大抽水能力，是决策变量。

地下水埋深变幅限制约束：

$$H_{\min} \leqslant H_t \leqslant H_{\max} \tag{6.13}$$

式中：H_t 为 t 时刻初地下水埋深；$H_{\min}$ 、$H_{\max}$ 分别为地下水埋深的最小最大允许值。

地下水运动基本规律描述方程，在这里利用水均衡概念，其表达式可写为：

$$-\mu_i\ (H_{it+1} - H_{it})\ A_i = \alpha_{pi} A_i P_{it} + Q_{Rit} + Q_{Bit} + W_{Hit} + W_{ait} - \sum_{j,k\in G} Q_{ijkt} - W_{Eit} \tag{6.14}$$

式中：μ_i 为第 i 个含水层的给水度；A_i 代表第 i 个含水层的面积；P_{it} 为第 i 个含水层面上的降雨；α_{pi} 为降雨入渗补给系数，其值受地下水埋深以及相应土层的土质的影响，对给定区域，可看成埋深的函数；Q_{Rit} 为大型河道对地下含水层的自然补给，可根据河道位置、长度以及土质推算；Q_{Bit} 表示地下含水层的侧向交换；W_{Hit} 表示人工回灌水量；W_{ait} 表示各种灌溉水量下渗对地下含水层的补给，包括河、湖、库、塘、井等灌溉水量，通常亦根据灌溉水回补系数计算；W_{Eit} 表示潜水蒸发，它与上层的土质、地下水埋深以及水面蒸发强度有关。潜水蒸发强度常用下式计算：

$$E = CE_0 \tag{6.15}$$

式中：E、E_0 分别为潜水和水面蒸发强度；C 为潜水蒸发系数，与土质及地下水埋深有关，对于特定区域，它是地下水埋深的函数。

4. 再生水利用

从我国许多地区水资源供需情况看，污水利用已是一个不可忽视的供水量，有的是进行处理后回用，有的是直接利用。从防治环境污染，保护水源目的出发，回用的污水要求得到适度处理。净化后的污水，从国内外经验概况，可以回用于农业灌溉、工业用水和生态保护等。一个地区污水利用的多少，当以污水利用现状和将来污水治理规划为依据，特别要注意农业灌溉利用污水的季节性。污水利用量的大小可按污水处理供水工程分别计算。但必须在总可供水量中注明，其中污水利用多少，以便供需分析用。

沿海和苦咸水地区，利用一部分海水和苦咸水替代部分淡水，已成为缓解水资源供需矛盾的一条重要措施。海水主要用于工业，作为冷却水或作生活杂用水，海水淡化由于能源消耗大、成本高，目前还无法推广，苦咸水个别地区用作农田灌溉。海水、苦咸水和淡水相比，并不是一立方米海水可以替代一立方米淡水。以发电厂冷却水为例，用淡水可以高度重复利用，其重复利用率可在 95%以上，而用海水冷却，因含盐量大，只能是贯流冷却，要几十立方米的海水才能代替一立方米的淡水，因此利用海水不仅可能能耗大，也因海水腐蚀性强，而使设备使用寿命大为缩短。所以从某种意义上来说，利用海水替代淡水只是权宜之计。

区域水资源供需分析中，所关心海水、苦咸水利用情况，不仅要知道利用量的大小，而且要知道它能替代淡水多少，并在供需分析中，把这部分供、需水刨去，认为它们已经自身平衡。据此目的，在计算海水、苦咸水利用量时，主要是根据利用情况和不同用途的淡咸水折算比例，换算成替代淡水量多少。

5. 需水量约束

水源供给各分区各用水部门的供水量不应多于其需水量。

$$\sum_{i=1}^{I} Q_{ijkt} \leqslant D_{jkt} \tag{6.16}$$

式中：$\sum_{i=1}^{I} Q_{ijkt}$ 为 I 个供水水源对第 j 分区第 k 用水部门第 t 时段的供水量；D_{jkt} 为第 j 分区第 k 用水部门第 t 时段的需水量。

某些情况下，如果以满足需求条件下区域总费用最小为目标，则需水量约束应改为：

$$\sum_{i=1}^{I} Q_{ijkt} \geqslant D_{jkt} \tag{6.17}$$

6. 水利工程调度方式约束

可按现行的调度规则来调度，也可直接调用水资源系统运行优化调度模型进行调度，同时还可以对不尽合理的现行调度规则进行修正或优化处理。

7. 变量非负约束

所有变量非负限制。

6.3.3 建设次序

水利工程方案确定之后，合理地选择开发程序、确定近期建设工程具有十分重要的意义。现设某区域，拟在给定的规划期 T 年内建设 M 个水利工程，以满足区域在规划期内逐年增长的水需求。假定各待建水利工程在其建设施工中不出现施工停顿，从物力、财力以及技术水平的现状出发，选择水利工程的最优开发程序，以做到花钱少、见效快、质量好、效益大、建设规模与用水增长速度相适应。

1. 决策变量

选择开工变量 x_{ij} 为水利工程排序问题的决策变量，其中下标 i 表示是第 i 个水利工程，j 表示规划期的第 j 年，定义 x_{ij} 是只能取值 1 或 0 的整数变量。如果第 i 个水利工程在规划期的第 j 年开工兴建，则 $x_{ij}=1$；否则，$x_{ij}=0$。这里需要强调的是所谓开工，是指开始动工兴建，至于动工以后的继续建设则称为施工，不应与开工意思混淆。很明显，只要确定了 x_{ij} 的值，也就决定了水利工程的建设顺序。

2. 约束条件

(1) 连续性约束。某水利工程一旦动工兴建，则自开工之日起到其建成为止，期间不出现施工停顿。这表明施工具有连续性。施工连续性隐含着对于任一水利工程 i 来讲，在规划期内必须而且只能开工一次，即变量 x_{ij} 应满足约束式：

$$\sum_{j=1}^{T} x_{ij} = 1 \tag{6.18}$$

式中：T 为规划期的总年数，$j=1$ 表示规划期的开始年，$j=T$ 表示规划期的最后一年。

(2) 最早可能开工时间约束。对任一水利工程来说，要具备开工条件，都需要做一定的准备工作，这是需要时间的。它使得水利工程 i 最早也只可能在规划期的某年才能开工，表示成数学式有：

$$\sum_{j=1}^{S_i-1} x_{ij} = 0 \text{ 或} \sum_{j=S_i}^{T} x_{ij} = 1 \tag{6.19}$$

式中：S_i 称为第 i 个水利工程的最早可能开工时间，由各种已知的因素所确定，是已知值。

(3) 竣工约束。所有水利工程都被要求于规划期内建成。如果用 T_i 表示第 i 个水利工程的施工期年数，则这一约束条件可以表示为：

$$\sum_{j=1}^{T-T_i+1} x_{ij} = 1 \tag{6.20}$$

以上三类约束在一般的河流梯级开发规划中都是会碰到的，因而是一些最基本的约束。除此之外，视河流开发的具体情况，以及经济和政策因素，还可以确定一些其他约束。

(4) 优先性约束。属于这一性质的约束有许多情形。例如水库 A 一定要在水库 B 开工之前建成，可以表示成：

$$\sum_{j=1}^{t-T_A+1} x_{Aj} - x_{B,t+1} \geqslant 0 \tag{6.21}$$

又如水利工程 A 必须在规划期第 T_A 年之前（包括 T_A）开工，这一要求可以简单地表示成：

$$\sum_{j=1}^{T_A} x_{Aj} = 1 \tag{6.22}$$

有时还会碰到要求水库 A 一定要在水库 B 建成之前建成，表示成数学式子是：

$$\sum_{j=1}^{t-T_A+1} x_{Aj} - x_{B,t-T_B+2} \geqslant 0 \tag{6.23}$$

还可以举出许多情形，由已列举的情形可以看到，运用整数开工变量 x_{ij} 表示各类约束是比较方便的。

(5) 施工力量约束。有时，水利工程的建设还会受到施工力量调配的影响。例如出于施工队伍转移便利的考虑，要求电站 A 不仅要在电站 B 开工之前建成，而且要求电站 B 在电站 A 建成之后紧接着开工，为了满足这一要求，只要保证：

$$x_{A,t-T_A+1} - x_{B,t+1} = 0 \tag{6.24}$$

就可以了。

假如开发建设的施工力量是有限的，反映到顺序选择上，就要求在规划期的任意年，正在施工的水利工程所占用的施工力量不能超过某一最大数目上限。假定水利工程 i 在其施工期中平均每年占用建筑队伍人数为 N_i，可以调给的施工队伍总人数为 N，则上述要求表示成约束式就是：

$$\sum_{i=1}^{M}\left[\sum_{j=t-T_i+1}^{t} x_{ij}\right]N_i \leqslant N \tag{6.25}$$

（6）可靠性约束。已知规划期内区域水需求，所谓可靠性约束，指的是一个可行的水利工程建设顺序必须确保用水量方面的要求。数学表达式如下：

$$W_t + W_0 \geqslant D_t \tag{6.26}$$

式中：W_0 是区域原有可供水量；W_t 是规划期内新增可供水量，为建设顺序 x_{ij} 的函数，当给定一组 x_{ij} 的值后，W_t 可根据水资源供需分析而求得。

（7）财政约束。建设的规模及其顺序要受到投资的限制。如果决策人能够预先提出明确的投资限制那是最好不过的了，但是由于国民经济发展中的不确定因素太多，决策者要做到这点是很困难的。因此，在这里仅能根据几种可能碰到的投资限制情形来讨论如何建立财政约束。

首先，根据决策变量 x_{ij} 的不同取值，计算出规划期内建设投资的逐年值 C（t）。当每个水利工程的建设投资流给定时，则在第 t 年要建设 i 个水利工程的投资值为：

$$C_i(t) = C_{i1}\sum_{j=1}^{t} x_{ij} + (C_{i2} - C_{i1})\sum_{j=1}^{t-1} x_{ij} + \cdots + (C_{iT_i} - C_{iT_i-1})\sum_{j=1}^{t-T_i+1} x_{ij} - C_{iT_i}\sum_{j=1}^{t-T_i} x_{ij} \tag{6.27}$$

式中：C_{ik}（$k=1$，…，T_i）为第 i 个电站的投资流。由此，所有在建工程投资为：

$$C(t) = \sum_{i=1}^{M} C_i(t) \tag{6.28}$$

其次，在求得 C（t）之后，可以根据不同的投资限制写出相应的财政约束的数学表达式。例如，如果投资限制原则是要求规划期内任一年的建设投资不得大于预先给定的某一上限，那么投资约束式就可以写为：

$$C(t) \leqslant C_{\max} \tag{6.29}$$

投资约束还可能是这样一种要求，即在规划期的头若干年内，如前 L 年内，其建设投资的总值不得大于可能提供的总投资 C_L，这种约束则可以表示成：

$$\sum_{t=1}^{L} C(t) \leqslant C_L \tag{6.30}$$

3. 目标函数

目标函数是判别建设顺序最优性的原则。根据在问题的提法中所谈到的最优性要求，将目标函数取为建设顺序总费用现值最小，它可以表示成：

$$\min Z = C_1 + C_2 \tag{6.31}$$

式中：C_1 为水利工程本身建设总投资的贴现值；C_2 为水利工程在规划期内运行费用的贴现值。目标函数显然是开发顺序的函数，其关系式是很复杂的，在此不再列举。

由此建立的数学模型是一个大型的混合整数规划问题。

第 7 章　水资源系统运行调度

7.1　运行调度的概念

7.1.1　运行调度的目的

水资源系统运行调度是在保证系统内水利工程安全的前提下，依据水利工程的运用规则，以尽可能满足用水需求为目标，制定水利工程对各用户的供水策略的一种控制运用技术。

通常把水资源系统运行调度分为常规调度和优化调度两类。常规调度以调度规则为依据，利用径流调节理论来确定水利工程的供水过程。常规调度虽然简单、直观，但调度结果不一定最优，而且不便于处理复杂的水资源系统运行调度问题。优化调度则是一种通过建立水资源系统运行调度的数学模型，然后用最优化方法求解由目标函数和约束条件组成的系统方程组，使目标函数取得极值的控制运用方式。

水资源优化调度，实际上并不限于水资源系统的运行阶段。对于系统的规划设计，其整体方案的拟定，也都以一定的优化调度为其基础，不过粗细有所不同。当然，这是规划与调度相互联系的方面，至于规划本身，主要任务在于优选各种措施的布局和规模等。

7.1.2　运行调度的主要内容

1. 水资源预报

水资源预报和水资源需求预测是水资源调度决策的根据，即使是经验决策，也需要对各种水资源数量与质量和水资源需求进行预报、预测或估计。水资源调度决策的科学性依赖于水资源预报和水资源需求预测的正确合理性。

水资源调度决策的时段包括整个枯水期或月、旬、日；与水资源调度决策的时段相对应，水资源预报包括长期来水预报、中期来水预报和短期来水预报。

2. 需水量预测

根据区域工农业生产和居民生活要求、区域环境保护要求以及未来天气形势等因素，预测各分区内生活需水量、生产（工业、农业）需水量和生态环境需水量。

3. 水资源系统调度

水资源调度的任务是，根据天气趋势、水雨情、工情、旱情、需水及社会经济等综合信息，对区域内工程系统的现状供需水形势进行综合分析；在前述预报和形势综合分析的基础上，拟定主要控制工程调度运行的决策目标，根据这个目标和工程系统可供使用的工程手段，建立区域水资源系统优化调度模型，生成区域水资源实时调度方案；对拟定的水资源实时调度方案仿真计算的结果进行评价，选择实施方案。

对于开发目标比较单纯的水资源系统，其最优运行的目标可以简单地就主要开发对象的经济、社会或生态效益来考虑。例如以发电为主的水库群，最优运行的目标可描述为：在合理满足其他综合利用要求的前提下，使库群的发电效益最大。而目标函数，即优化目标定量计算的表达式可以是：水电站水库的总发电量最大，或水库群在满足系统所给负荷下发电的总耗水量最少，或使水火电系统的总煤耗量最小等。对以防洪为主的水库群，优化目标可以是合理考虑其他综合利用要求下，使各库削减洪峰后的下泄成灾流量最小，或超过安全泄量的加权历时最短等。

对于一般的综合性的水资源开发工程，根据水资源系统应为广泛目标服务这一特性，目标和目标函数的确定要综合考虑经济、社会、生态乃至政治的需要，并以一种反映各方面要求的综合性指标来表达。一般这种综合目标可概括为："最优化地区福利"。此处地区一词是指地理区域，其大小可从一个小的灌区到大的全流域。根据社会制度的不同，这一基本目的可以有几种不同方法来表达。一般考虑下列一些目标：①促进和支持经济增长；②促进就业；③达到某些不可见的或非定量的目标，诸如有利于移民、国防、保护天然景地等其他目的。

对于难以定量的目标，甚至也难于以定性的形式来定义的目标，通常有两种处理办法：①把这些不能定量部门的要求，以约束条件的形式引入模型中；②通过用不同的要求水平作为已知条件引入模型，来构成一系列比较方案，求出不同方案的效益，然后比较总的得失、判断来选定综合最优的开发方案。

4. 实时校正技术

在水资源系统调度过程中，随着时间的推移，要对来水、需水、工情等进行校正。

7.1.3　运行调度的方法

水资源长期预报和需水预测一般采用统计学模型，水资源短期预报可采用降雨径流模型。

水资源系统的运行调度可采用基于工程运行规则的模拟方法，也可用优化方法。模拟方法是在严格遵循事先给定的一系列系统运行规则的基础上，采用设定的工程调度方式、设置合理的工程分水参数以及其他各类参数控制，分析计算在多水源、多用户、多工程的水资源大系统中存在的水文补偿作用、工程补偿作用、水资源分配等复杂的调节计算问题。模型建立具有一定的透明度和可控性，方法简单、运算速度快，易于理解和调算，便于人工经验干预。优化方法通常是把基本的需水要求，如生活需水、最小生态需水作为约束条件首先满足，然后采用缺水量最小或经济效益最大等目标函数进行优化。实现水资源系统优化调度应解决两个问题：①如何建立优化调度数学模型；②如何选择求解这种数学模型的最优化方法。前者包括确定目标函数和相应的约束条件，后者是指如何选择适宜的最优化方法，如线性规划、非线性规划、整数规划、动态规划、网络技术、大系统多目标决策技术等。模拟是优化的基础。

根据径流描述方法，数学模型可分为确定性模型和随机模型。确定性模型是把入流作为已知，或作为可能的几种典型来水情况为已知，因此模型较为简单，严格求解亦较容易。水资源系统本质上是一个随机系统，此随机性是由有关的水文、经济、工艺等在预测上的不确定性所造成，随机性模型是把入流作为一个随机变量或作为一个随机序列（过程）来考虑的。

在水资源系统规划与运行中，建立模型是非常重要的。当把水资源系统的各元素和输入资料、输出目标及其相互关系通过一定的简化和某些假定后，用数学公式来描述表达时，就成为此水资源系统的数学模型。然后才能对此数学模型进行分析，寻求最优的方案。为了模型的描述有必要的精度，必须对引入了简化假定的模型，在进行运算之前先作验证。首先，检验模型的有效性。它能否以足够的精度预测比较方案和系统因素变化对目标函数值的影响，以便借此作出成熟的决策。例如，如果有些因素对各比较方案的作用都差不多，就不必包括到模型中。其次，须通过试算，把模型预测的结果与实际会发生的情况进行对比，必要时修改模型。经一系列检验修正模型后，然后对输入参数给以不同的值并进行模型解算。这是为了作参数灵敏性分析，以论证哪些输入参数对模型的解有显著影响，对这些参数就要作更精细的估计。

在研究建立模型时，应注意避免两种极端的倾向，即或使模型过于详尽，使求解不必要地复杂化，或使模型的一些假定如此粗略，以致使分析的成果失去实用性、可靠性。

7.2 运行调度的确定性模型

7.2.1 确定性模拟模型

模拟模型，就是以概化的网络图为基础，通过规则的方式描述各基本元素的运行调度方式与相互之间的关系，实现整个系统的模拟。所谓“规则”，主要是指水源利用优先序，用户需水满足顺序，河流、水库湖泊、地下水含水层、污水处理利用、外调水使用等各种水源调度的供水规则等。

在系统模拟中，各类“点”、“线”、“面”的水量平衡关系为计算的基础。“点”元素包括水利工程节点、分水汇水节点、河渠控制断面等，其水量平衡关系为流入、流出和蓄变量的平衡。“线”元素包括地表水输水河道、渠道、管道，弃水、污水排放线路，跨流域调水的输水线路等，其水量平衡关系为取水量、损失水量和受水量间的平衡等。“面”元素包括概化的用水计算单元，其水量平衡关系为进入单元水量、单元消耗水量和排出单元水量的平衡。

系统中的水源可划分为本计算单元内部和跨单元间联合分配两种情形。第一种情形包括当地地表径流、深层与浅层地下水等水源的利用与分配，这类水源通常只对所在计算单元内部各类用户进行供水，不能跨单元利用。第二种情形包括大江大河、大型水库、外流域调水等水源的利用、分配与传递。这类水源可为多个计算单元所使用，其水量的传递和利用关系由系统网络图传输线路确定，根据系统制定的运行规则，将水量合理分配到相关单元。此外，在计算过程中应充分考虑各类水源、计算单元之间存在的相互影响关系。

例如，江苏苏北地区已初步建成连接长江、淮河、沂沭泗河，统筹调度地表水、地下水等多种水源的跨流域调水系统。其中的江水北调工程是集灌溉、除涝、排洪、航运、工业及城市生活供水为一体的多水源、多目标骨干工程系统，它分两路将长江水和淮河水送往苏北各地。该系统主要包括三类工程措施：蓄水工程、泵站工程、水闸工程。蓄水工程通过调蓄淮河、沂河、泗河、沭河等河流的来水，为苏北地区非汛期提供一定的水源保障；泵站工程通过提引长江和淮河水送往苏北各地，满足当地的各种需水要求；水闸工程用于调控各个供水区的用水需求和排泄汛期的洪涝水量。

根据系统中各个水利工程之间的相互关系、水量交换条件以及各个水利工程的主要功能等因素，对江水北调工程系统进行空间组成及对其物理关系进行概化。洪泽湖、骆马湖、微山湖为串联在京杭大运河上的湖泊，若将这些湖泊与大运河上、下游河段间的联系用参数或变量表示，则可把湖泊看成相对独立的子系统，称为湖泊子系统。对于系统中的输水干线，可以根据泵站与泵站之间、泵站与水闸之间的相互关系，也用参数或变量表示，则可把两个水利工程之间的输水线路看成相对独立的子系统，称为河段子系统。经过概化分解后的江水北调工程系统，如图7.1所示。

(1) 里运河子系统。属河段子系统，该子系统的供水范围包括里运河沿线周边地区，水源以江都站提取的长江水为主，辅以运西电站泄放的淮水。该子系统还负责向淮安站和大引江闸提供水源。

(2) 总渠下段子系统。属河段子系统，该子系统的供水范围包括运东闸至六垛南闸间的总渠沿线周边地区和六垛南闸下游地区，水源主要包括大引江闸引入的长江水和运东闸放下的洪泽湖水。六垛南闸下游地区的需水作为系统的边界条件之一。

(3) 总渠上段子系统。属河段子系统，该子系统的供水范围包括高良涧闸至运东闸之间的总渠沿线周边地区，水源以洪泽湖放下的淮水和淮安站提取的长江水为主。该子系统还负责向淮阴站及淮阴二站提供水源。

(4) 二河子系统。属河段子系统，该子系统的供水对象包括：淮阴闸以下的淮沭新河单元、淮涟闸以下的淮涟灌区单元、盐河闸以下的盐河单元、杨庄闸以下的废黄河单元以及二河闸至泗阳闸站之间的二河沿线周边地区，水源以二河闸放下的洪泽湖水为主，淮阴站和淮阴二站提取的长江水作为补充水源。在汛期可能的条件下，还包括通过泗阳闸泄放的骆马湖弃水。该子系统还负责向泗阳站提供水源。

(5) 洪泽湖沿湖子系统。属湖泊子系统，该子系统的供水范围包括滨湖圩区及沿湖自流灌区，圩区主要分布在洪泽湖北岸和西部。由于沿湖周边取水便利，使该子系统可以充分利用湖水而不受其他子系统的影响，洪泽湖水量不足时也取用淮阴站补充的长江水。该子系统还负责向二河子系统、总渠上段子系统、徐洪河子系统等提供水源。

(6) 徐洪河子系统。属河段子系统，该子系统的供水范围包括从沙集闸站至刘集站之间的徐洪河沿线周边地区，水源有骆马湖泄放的湖水和从洪泽湖提取的湖水。该子系统有时还负责向不牢河子系统提供水源。

(7) 中运河刘—泗子系统。属河段子系统，该子系统的供水范围包括从泗阳闸站至刘老涧闸站之间的中运河沿线周边地区，水源有泗阳站提取的淮河水和长江水，特殊情况下有骆马湖放下的湖水。该子系统还负责向中运河宿—刘子系统提供水源。

(8) 宿—刘子系统。属河段子系统，该子系统的供水范围包括从刘老涧闸站至宿迁闸之间的中运河沿线周边地区，水源有刘老涧站提取的淮河水和长江水，特殊情况下有骆马湖放下的湖水。该子系统还负责向中运河皂—宿子系统提供水源。

(9) 皂—宿子系统。属河段子系统，该子系统的供水范围包括从宿迁闸至皂河闸站之间的中运河沿线周边地区，水源有通过宿迁闸的淮河水和长江水，特殊情况下有骆马湖放下的湖水。该子系统还负责向骆马湖补湖提供水源。

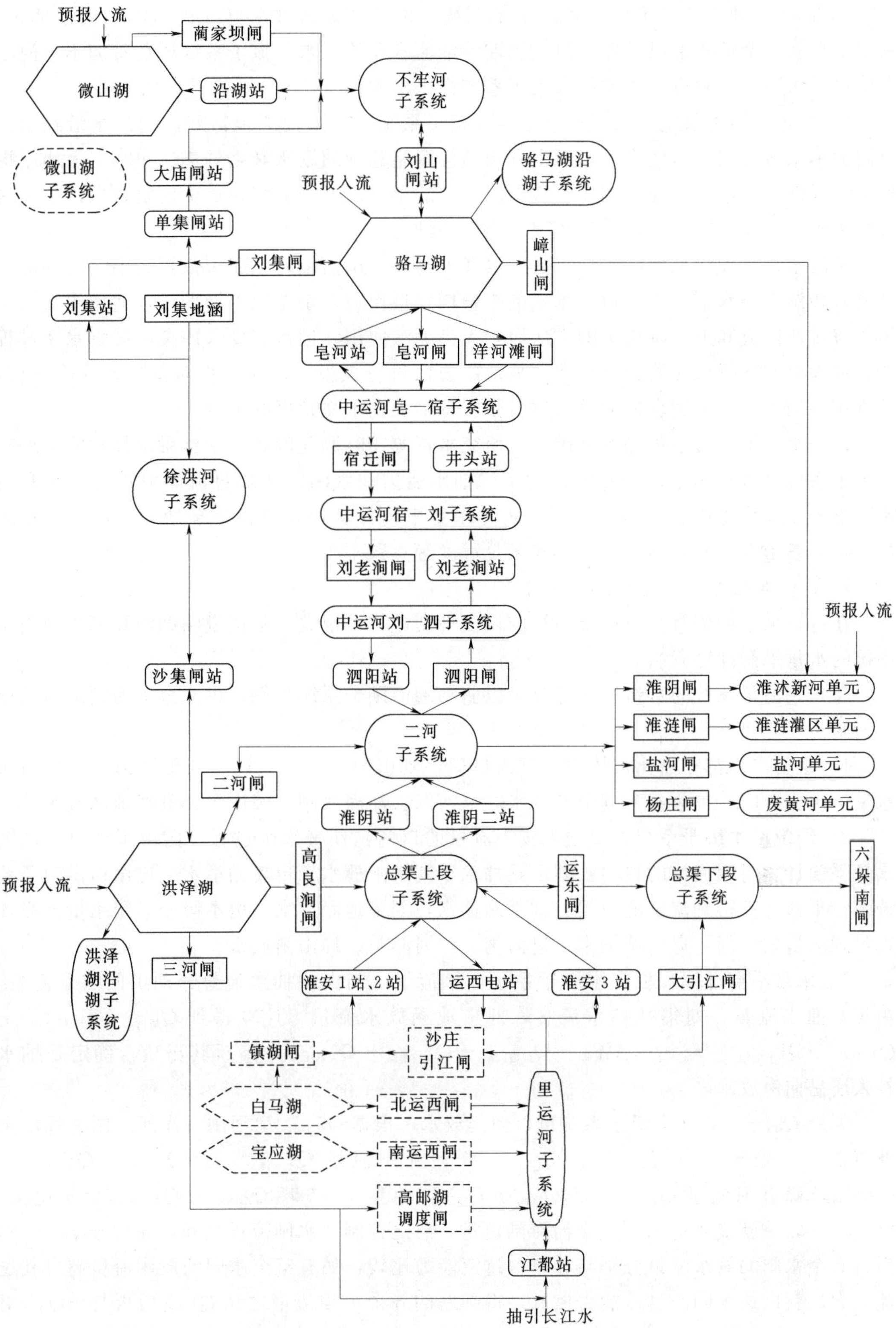

图 7.1 江水北调工程系统概化示意图

（10）骆马湖沿湖子系统。属湖泊子系统，该子系统的供水范围包括沿湖周边地区，水源来自骆马湖的蓄水以及经皂河站提取的淮河水和长江水。该子系统还负责向不牢河子系统提供水源，有时也负责向徐洪河子系统提供水源。

（11）不牢河子系统。属河段子系统，该子系统的供水范围包括刘山闸站至沿湖闸站之间的不牢河沿线周边地区，水源由刘山站提取骆马湖的湖水和由刘集、单集、大庙站提取的洪泽湖的湖水，另外汛期还有微山湖泄放的洪水。该子系统还负责向解台站以上地区提供水源，这部分用水需求作为系统的边界条件之一。

实时水量调配模拟模型的计算需要洪泽湖与骆马湖面临时刻起未来短、中、长期的入湖流量和湖面降水量预报。对来水量的中长期预报而言，由于预见期增长，适用于短期预报的流域产汇流和上下游相关的方法原则上已无法使用，通常需要采用考虑影响水文过程的各种因素或分析水文要素自身演变规律的方法进行预报。针对预报对象进行成因分析，普查相关因子，并采用合适的模型进行预报是中长期水文预报的关键。

在来水预报、需水预测的基础上，研究水资源实时调配问题。根据系统概化的结果和各个子系统的水利联系，按照泵站的实际抽水能力和水闸的实际过流能力进行输水和供水，根据子系统组成的先后次序逐个进行水量平衡计算，确定各个泵站、水闸的过水流量，得到各子系统的实际可供水量和满足程度等参数。

1. 各子系统的水量平衡计算

在进行水量调配时，对各子系统的调度规则进行了规定，举例说明湖泊和河段两类子系统的水量平衡计算方法。

（1）湖泊子系统的水量平衡计算，以骆马湖沿湖子系统为例。供水范围为刘山枢纽至皂河闸。

1）主要口门都在徐州市境内。进入口门：刘山闸放水，皂河、刘集站抽水，预报来水量。出去口门：单集站、刘山站抽水，皂河闸、洋河滩闸、嶂山闸、刘集地涵放水。

2）约定。本级子系统需要预先读入流量的口门：预报来水过程。已由不牢河子系统水量平衡计算得到流量的口门：刘山站抽水，刘山闸放水，单集站抽水。已由徐洪河子系统水量平衡计算得到流量的口门：刘集站抽水，刘集地涵放水。由本级子系统水量平衡计算得到流量的口门：皂河站抽水，皂河闸、洋河滩闸、嶂山闸放水。

3）水量平衡计算。根据本级子系统需水流量，刘山站抽水流量，刘山闸放水流量，单集站抽水流量，刘集站抽水流量，刘集地涵放水流量，计算得到 $Q_{骆调}=Q1_{刘集地涵}+Q1_{刘山站}+Q1_{单集站}+Q_{刘骆用}+\Delta W_{骆}-Q_{预报入骆}-Q1_{刘集站}-Q1_{刘山闸}$，判断其正负，确定是抽水补入还是向南放水。

如果 $Q_{骆调}<0$，即本级子系统可以向南放水，根据 $Q_{骆调}$、皂河闸、洋河滩闸、嶂山闸泄流能力，先输入皂河闸流量 $Q_{皂河闸}$、洋河滩闸流量 $Q_{洋河滩闸}$，若 $Q_{皂河闸}+Q_{洋河滩闸}<-Q_{骆调}$，嶂山闸流量 $Q_{嶂山闸}=-Q_{骆调}-Q_{皂河闸}-Q_{洋河滩闸}$。若 $Q_{皂河闸}+Q_{洋河滩闸}\geqslant-Q_{骆调}$，$Q_{嶂山闸}=0$，重新输入皂河闸、洋河滩闸流量，总之控制 3 水闸流量之和不超过 $-Q_{骆调}$。然后将 3 个水闸的放水流量分别与各自的过流能力比较，如有某个水闸的放水流量超过其过流能力，就以该水闸的过流能力控制，得到新的 3 个水闸流量之和 $Q1_{骆调}$ 后再与 $-Q_{骆调}$ 对比，$Q1_{骆调}$ 应不大于 $-Q_{骆调}$，最后进行骆马湖水量平衡计算，重新得到骆马湖时段末的

水位。

如果 $Q_{骆调}>0$，即需要皂河站向该本级子系统送水，$Q_{皂河站}=Q_{骆调}$，$Q1_{皂河站}=\min(Q_{皂河站}, QM_{皂河站})$。如初始 $H_{骆}<20.5$m，河湖分家，人工输入骆马湖沿湖取水流量 $Q_{骆取}$ 和洋河滩闸挖底水流量 $Q1_{洋河滩闸}$，水量平衡计算考虑 $Q_{骆取}$、洋河滩闸 $Q1_{洋河滩闸}$、蒸发，重新得到骆马湖时段末的水位。

对于因各种原因限制皂河站抽水，通过设定 $QM_{皂河站}$ 来体现。

(2) 河段子系统的水量平衡计算，以中运河皂—宿子系统为例。供水范围为皂河闸至宿迁闸，包含运东井头站供水范围。

1) 主要口门都在宿迁市境内。进入口门：皂河闸、洋河滩闸放水，井头站抽水。出去口门：宿迁闸放水，皂河站抽水。

2) 约定。已由骆马湖沿湖子系统水量平衡计算得到流量的口门：皂河站抽水，皂河闸、洋河滩闸放水。由本级子系统水量平衡计算得到流量的口门：井头站抽水，宿迁闸放水。

3) 水量平衡计算。根据本子系统需水流量、皂河站抽水流量，皂河闸、洋河滩闸放水流量，计算得到 $Q_{皂宿调}=(Q1_{皂河站}+Q_{皂宿用}-Q1_{皂河闸}-Q1_{洋河滩闸})$，判断其正负，确定是南水调入还是向南放出。

如果 $Q_{皂宿调}<0$，即本级子系统可以向南放水，计算宿迁闸放水流量，$Q1_{宿迁闸}=\min(-Q_{皂宿调}, QM_{宿迁闸})$。显然，若 $-Q_{皂宿调}>QM_{宿迁闸}$，则表明本级子系统水源供过于求。

如果 $Q_{皂宿调}>0$，即需要井头站抽水、宿迁闸向本级子系统送水。根据 $Q_{皂宿调}$，人工输入井头站抽水流量 $Q_{井头站}$，控制 $Q_{井头站}\leqslant Q_{皂宿调}$。对比井头站抽水流量与井头站抽水能力，取小者，即 $Q1_{井头站}=\min(Q_{井头站}, QM_{井头站})$。宿迁闸过水流量 $Q1_{宿迁闸}=-(Q_{皂宿调}-Q1_{井头站})$，该值应 $\leqslant 0$，以表示需要向北调水。

对于因各种原因限制井头站抽水，通过设定 $QM_{井头站}$ 来体现。

2. 各子系统的计算顺序

自北向南依次计算的排序为：不牢河子系统、徐洪河子系统、骆马湖沿湖子系统、中运河皂—宿子系统、中运河宿—刘子系统、中运河刘—泗子系统、淮沭河子系统、淮涟子系统、盐河闸片、废黄河子系统、二河片系统、总渠下片子系统、洪泽湖沿湖子系统、总渠上片子系统、里运河子系统。

7.2.2 确定性优化模型

水资源系统优化调度是在已知需水量的情况下，如何充分发挥各项水资源供水工程的调节能力，确定各项工程对各类用户的供水量，以达到最大程度地满足各用户水需求。按照上述描述，系统分析的目标函数有下面几种表达方式。

(1) 可供水量最大：

$$\max \sum_i \sum_j \sum_k \sum_t Q_{ijkt} \tag{7.1}$$

式中：i、j、k、t 分别表示水源、分区、分部门以及时段的序号；Q_{ijkt} 表示 t 时段从 i 水源供给 j 分区 k 部门的水量。

(2) 缺水量最小：

$$\min \sum_j \sum_k \sum_t (D_{jkt} - \sum_j Q_{ijkt}) \tag{7.2}$$

式中：D_{jkt} 表示 t 时段 j 分区 k 部门的需水量。

（3）缺水量平方和达到最小：

$$\min\sum_{j}\sum_{k}\sum_{t}(D_{jkt}-\sum Q_{ijkt})^2 \tag{7.3}$$

（4）相对缺水量平方和达到最小：

$$\min\sum_{j}\sum_{k}\sum_{t}\left(\frac{D_{jkt}-\sum Q_{ijkt}}{D_{jkt}}\right)^2 \tag{7.4}$$

在数学上可以证明，第一种表达式和第二种表达式是互为对称的。按照这种表达式计算的结果将会出现集中供水和集中缺水的缺点，不利于国民经济的正常运转和人民生活的正常进行。但在计算上较为简便，在模型求解上也较容易。

第三和第四种表达式体现了这样的分配原则，即如果产生缺水，缺水将在计算时期内较均匀的分布。对第三种表达式，逐时段缺水量尽可能均匀。对第四种表达式，逐时段相对缺水量将尽可能均匀。两者相比较而言，后一种表达式便于生产规模的调整。但其计算复杂性亦有所增加。

无论上述哪一种表达方式，一般并不影响整体系统的可供水量。所不同的是可供水量在计算时段上的分配不同。

上述表达式是以"求和"的形式体现整体系统的最优性。事实上，亦可用"最小最大"形式来表达。这样就有下面的表达形式。

（5）各分区、各部门、各时段的最大缺水量达到最小：

$$\min\quad\max_{j,k,t}(D_{jkt}-\sum_{i}Q_{ijkt}) \tag{7.5}$$

（6）各分区、各部门、各时段的最大相对缺水量达到最小：

$$\min\quad\max_{j,k,t}\frac{D_{jkt}-\sum_{i}Q_{ijkt}}{D_{jkt}} \tag{7.6}$$

按照这两种表达式，其计算结果与第三和四两种表达式基本一致，所不同的是缺水量在时段分配上更加遵循均匀性原则。它们的主要区别在于利用优化方法或模拟方法求解时，迭代次数将有所不同。

此外，在进行水资源优化调度时，还要考虑对各种供水水源的保护，防止地下含水层的过量开采。当整体系统需水量能够得到满足时，各种水源特别是各地下含水层的开采程度应基本一致。数学表达式可表示为：

$$\min\sum_{i\leqslant\Omega_g}(r_{gj}-\overline{r}_g)^2 \tag{7.7}$$

或

$$\min\quad\max_{i\leqslant\Omega_g}(r_{gj}-\overline{r}_g) \tag{7.8}$$

式中：r_{gi} 为第 i 个地下含水层的开采程度；$\overline{r}_g$ 为各 r_{gi} 的平均值，反映各含水层的平均开发程度；Ω_g 表示整体供水系统中地下含水层的序号集。

$$r_{gi}=\frac{\overline{H}_i-H_{\min i}}{H_{\max i}-H_{\min i}} \tag{7.9}$$

式中：$\overline{H}_i$ 为 i 含水层的地下水埋深平均值；$H_{\max i}$、$H_{\min i}$ 分别表示 i 含水层的最大、最小

允许埋深。

在水资源比较紧缺的地区，也可以区域经济效益最大为目标进行优化，表达式如下：

$$\max f = \sum_{t=1}^{T}\sum_{j=1}^{J}\sum_{k=1}^{K}\left(\sum_{i=1}^{I} b_{jk}Q_{ijkt} - \sum_{i=1}^{I} c_{ijk}Q_{ijkt}\right) \tag{7.10}$$

式中：b_{jk} 为第 j 分区第 k 用水部门的效益系数，元/m^3；c_{ijk} 为第 i 个水源对第 j 分区第 k 用水部门供水的运行费用，元/m^3。

在水资源比较丰富的地区，也可以满足需水条件下的区域费用最小为目标进行优化，表达式如下：

$$\min f = \sum_{t=1}^{T}\sum_{j=1}^{J}\sum_{k=1}^{K}\sum_{i=1}^{I} c_{ijk}Q_{ijkt} \tag{7.11}$$

水资源供需分析具有多阶段、多用户和多水源的特点，是一个复杂的大系统。对于这样的系统，由于供求关系复杂，用单一数学模型来研究，将会因其变量维数的巨大，约束条件的众多，而变得实际上难以求解。只有利用大系统优化理论，把整体系统划分为一些拟独立的子系统，建立各子系统的数学模型，在较低级对各子系统进行优化；建立整体系统的协调模型，在较高级对各子系统进行协调，才能达到整体系统优化的目的。

大系统优化可分为两种途径。一种是数学上的分解协调途径，它把整体系统概化成一个合适的数学模型，根据所建模型的特点选择适合的分解协调算法去优化。另一种途径可称之为背景分解协调途径，首先把整体系统划分成几个较小的子系统，建立各子系统的数学模型；然后根据问题的实际意义，构造一个协调模型，通过上下级迭代运算，以达到整体系统的最优。前者理论严密，但由于缺乏关于大系统多目标决策的有效递阶算法，从而还难以用来解决实际水资源大系统的多目标优化问题。后者特点是灵活易用，但使用时必须注意上下级之间的一致性。

7.3 运行调度的随机模型

由于水资源中长期预报的难度，考虑水资源量的随机性，往往可以用随机模型进行优化调度。考虑来水的随机性，对大区域水资源系统优化调度模型建立和求解的难度是很大的。下面以一个水库水量随机调度来说明。

水库调度从理论上可以抽象为一个以年为周期的多阶段马尔可夫决策过程，根据每个时段初水库所处的状态作出相应的决策。

以年为调度周期，以月为时段，以水库全年供水净效益的数学期望值最大为目标函数。具体可写成如下形式：

$$\max \sum_{t=1}^{12} E(B_t) \tag{7.12}$$

式中：E 为数学期望值；B_t 为水库第 t 时段的供水净效益。

调度周期为 1 年，即 12 个月。

假定各月的入流为一独立的随机变量，其概率分布均为已知。将目标函数变成如下形式：

$$\max \sum_{t=1}^{12}\sum_{m=1}^{M}[B_{t,m}]P_{t,m} \tag{7.13}$$

式中：$P_{t,m}$为第t时段第m个入流的出现概率；$B_{t,m}$为第t时段与第m个入流相应的净效益；M表示随机来水的入流代表值总个数。

约束条件如下：

（1）水量平衡的约束：

$$V_{t+1}=V_t+(S_{t,j}-Q_t)\Delta t,\quad (t=1,2,\cdots,12;j=1,2,\cdots,M) \tag{7.14}$$

式中：V_t为水库第t时段初的库容；V_{t+1}为水库第$t+1$时段初的库容，也是第t时段末的库容；$S_{t,j}$表示水库第t时段的第j个随机入流；Q_t为水库第t时段的供水流量；Δt为时段长度。

（2）供水流量限制：

$$Q_{\min}\leqslant Q_t\leqslant Q_{\max} \tag{7.15}$$

式中：$Q_{\min}$为最小供水流量要求；$Q_{\max}$为水库供水的能力。

（3）水位或库容约束：

$$Z_{\min}\leqslant Z_t\leqslant Z_{\max} \tag{7.16}$$

$$V_{\min}\leqslant V_t\leqslant V_{\max} \tag{7.17}$$

式中：$Z_{\min}$为水库的死水位；$Z_{\max}$为水库正常蓄水位；$V_{\min}$为水库的死库容；$V_{\max}$为水库正常蓄水位对应的库容。

随机动态规划模型是在确定性动态规划模型的基础上考虑水库入流的随机性而得到的，采用逆推方式，它的递推公式如下：

$$F_t^n(V_i)^*=\max_{Q\in\Omega}\left\{\sum_{m=1}^{M}P_t(m)[B_t[V_i,V_j,Q(l)]+F_{t+1}^n(V_j)^*]\right\} \tag{7.18}$$

式中：V_i为t时段初水库蓄水状态；V_j为t时段末水库蓄水状态；$Q(l)$为t时段对应于初始状态V_i时，假定水库采取的第l个决策时的供水量；$P_t(m)$为t时段水库对应于天然来水$S_t(m)$的概率；M为天然来水离散化后的个数；$F_t^n(V_i)^*$为当水库在t时段初蓄状态为V_i时，从当前时段t到末了时段n之间净效益期望值的最大值；$B_t[V_i,V_j,Q(l)]$为当前时段t采取供水决策$Q(l)$时，水库在天然来水$S_t(m)$下由初状态V_i转移到末状态V_j时，水库在该时段取得的净效益；$F_{t+1}^n(V_j)^*$为水库处于$t+1$时段初状态V_j时，水库在$t+1$时段到n时段的余留期内最大期望值，它是由V_j查$t+1$时段初累计净效益递推曲线得到的；Ω为供水量的可行域即可取值范围。

状态转移方程为：

$$V_j=V_i+[S_t(m)-Q(l)]\Delta t \tag{7.19}$$

首先将$V_{\min}$到$V_{\max}$间的水库蓄水量划分为K级，天然入流分为M级，决策放水流量分为L级。这样对某一个水库初蓄状态V_i，就有$L\times M$个水库终蓄状态，一个时段就有$K\times L\times M$个水库终蓄状态，如果调节期有T个时段，则它就有$T\times K\times L\times M$个水库终蓄状态。

下面以一个初蓄状态V_i为例说明模型的求解思路，如图7.2所示。对t时段的一个初蓄状态V_i，可有L个不同的供水决策Q（l）（l=1，2，…，L）。而对某一个具体的供水决策又对应着M个天然来水流量S_t（m）（m=1，2，…，M），由状态转移方程可求出M个时段末蓄水状态V_j（m），进而求出本时段M个相应的净效益值B_t［V_i，V_j，Q（l）］，这些净效益值分别加上它们对应的由 V_j (m) 查 $t+1$ 时段累计递推曲线得到的余留期净效益期望值 F_{t+1}^{n} (V_j)*，就得到 M 个累计净效益值。对这 M 个累计净效益值求数学期望，就得到该决策下，初蓄状态 V_i 从时段 t 到调节期末水库累计净效益的期望值。同理，对 L 个决策求出 L 个不同的累计期望值。取这 L 个累计期望值中的最大者作为目标函数值，而这个与期望最大值相应的决策，就是所要求的对应于水库初蓄状态 V_i 的最优供水决策流量值 Q^*。

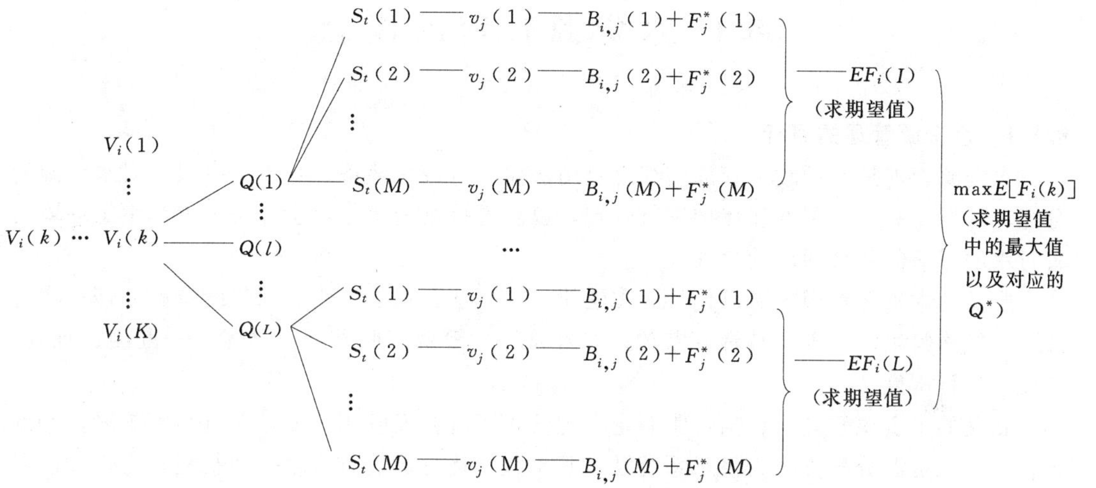

图 7.2 水库随机动态规划求解示意图

对每一个初始状态 V_i 都可以求出一个相应的最优决策 Q^* 和相应的累加期望值最大值 $F_t^n(V_i)^*$，得出初始状态与最优决策及累加期望最大值之间的关系，前者作为 t 时段优化调度确定最优决策之用，而后者作为下一计算时段 ($t-1$) 递推之用。这样依次逆时序递推计算，就可以得到各时段的初蓄状态与最优决策之间关系的优化调度曲线。

在具体调度操作时，按面临时刻蓄水状态，可选一对应的最优决策，即供水量，在第一时段，即按该流量进行供水。在第一时段末，由于实际来水已经发生，从而可按水量平衡方程计算时段末的蓄水状态。按该蓄水状态，可选第二时段对应的最优决策，即供水量，在第二时段，即按该流量进行供水。这样对每个时段都可以计算出一个最优供水量，各时段不同状态的最优供水决策就组成水库的最优供水策略。

水库随机调度模型在入库径流的处理上还有多种形式，如考虑相邻时段的相关性或者考虑预报的条件概率等。

第8章 水资源综合管理

8.1 水资源管理的概念

8.1.1 水资源管理的目标

水资源管理是水行政主管部门综合运用法律、行政、经济、技术等手段，对水资源的分配、开发、利用、调度和保护进行管理，以求可持续地满足社会经济发展和生态环境改善对水的需求的各种活动的总称。

广义的水资源管理，可以包括：①法律——立法、司法、水事纠纷的调解处理；②行政——机构组织、人事、教育、宣传；③经济——筹资、收费；④技术——勘测、规划、建设、运行调度。

狭义的水资源管理，包括：①制定合理的水资源开发利用规划，并逐步实施之；②制定合理的水资源分配方案、供水系统及水利工程的优化调度方案，并执行完善之；③监督并限制各种不合理开发利用水资源和危害水资源的行为；④监测、预测水量及水质变化等。由此可见，开展水资源综合规划及运行调度工作，也是水资源管理的主要内容之一。

水资源管理的最终目标是实现区域水资源的可持续利用，保障区域水资源安全。各个国家不同时期的水资源管理与其社会经济发展水平和水资源开发利用水平密切相关；同时，世界各国由于政治、社会、宗教、自然地理条件和文化素质水平、生产力水平的不同以及历史习惯等原因，其水资源管理的具体目标、内容和形式也不可能一致。但是，水资源管理具体目标的确定都与当地国民经济发展目标和生态环境控制目标相适应，不仅要考虑社会经济的发展，还要考虑自然资源条件以及生态环境的改善。

按照我国的国情和自然环境特点，在国家制定的《中国21世纪议程》中对水资源管理的总要求是：水量和水质并重、资源和环境管理一体化。其具体目标如下。

(1) 形成能够高效率利用水的节水型社会。即在对水的需求有新发展的形势下，必须把水资源作为关系到社会兴衰的重要因素来对待，并根据我国水资源的特点，厉行计划用水和节约用水，大力保护并改善水质。

(2) 建设稳定、可靠的城乡供水体系。即在节水战略指导下，预测社会需水量的增长率将保持或略高于人口的增长率。在人口达到高峰以后，随着科学技术的进步，需水增长率将相对也有所降低。并按照这个趋势，制定相应计划以求解决各个时期的水供需平衡，提高枯水期的供水安全度及对于特殊干旱年的响应对策等，并定期修正计划。

(3) 建立综合性防洪安全社会保障制度。由于人口的增长和经济的发展，如遇到同样洪水给社会经济造成的损失将比过去加重很多。在我国的自然条件下江河洪水的威胁将长期存在。因此，要建立综合性防洪安全的社会保障体制，以有效地保护社会安全、经济繁荣和人民生命财产安全，以求在发生特大洪水情况下，不致影响社会经济发展的全局。

（4）加强水环境系统的建设与管理，建立国家水环境监测网。水是维系经济和生态系统的最大关键性要素。通过建设国家和地方水环境监测网和信息网，掌握水环境质量状况，努力控制水污染发展的趋势，加强水资源保护，实行水量与水质并重、资源与环境一体化管理，以应付缺水与水污染的挑战。

8.1.2 水资源管理的原则

进行水资源综合管理的基本出发点是管理的“综合性”，利用多种途径解决所面临的水资源问题。水资源综合管理的原则如下。

（1）坚持人与自然和谐共处的原则。水资源开发利用要促进社会经济发展，又要保护与改善生态环境。

（2）坚持水多、水少、水浑、水污染等问题统筹考虑、综合治理的原则。

（3）坚持工程与非工程措施、社会保障措施等并重的原则。加强科学管理，提高科技含量，推进信息化进程。

（4）坚持政府调控、公众参与、市场调节相结合的原则。探索和应用水权、水价、水市场理论。

（5）坚持“依法管水”的原则。

由于水资源问题的日益突出，人们普遍认识到只有加强对水资源的管理才是正确的出路，大多数国家都在水资源管理方面不断总结经验和教训，以求找出应当遵循的基本原则。1992年，在爱尔兰都柏林召开的水与环境国际会议上，提出了四项主要原则，包括以下几方面。

（1）要把发展人类社会和经济，以及保护人类赖以生存的自然生态系统看作是一个整体，而水则是维持一切生命的基础。

（2）要由公众参加水资源的开发和管理机构，以及其工作的安排。为此应当：由用水单位和公共大众，特别是妇女参与水资源项目的规划、执行和评定工作；提高决策者和公众对水的重要性的认识，与公众进行磋商；应当在基层进行决策，以使决策者能更多地听取有关群众的意见。

（3）确认妇女在水管理和水保护方面的关键作用。

（4）承认水是有经济价值的商品。为此应当重视下列问题：水对于全社会的重要性，且人人有权获得价格适当的水；可持续开发；有效而又公平的水资源利用和管理；环境因素；在水价中应保证列入合理的外部费用及利润，以使其在财务上能具有活力和可计算性。

8.1.3 水资源管理的手段

水资源管理的主要手段有以下几种。

（1）法律法规。即运用国家权力，制定相应水管理法规，依法管水。

（2）行政手段。即运用政府的行政权力，以命令、规定、指示、条例等形式发挥行政组织在水资源管理中的作用。

（3）经济手段。即利用市场调控机制，达到用好水资源的目的。

（4）技术手段。即充分认识当地水资源的特点和问题，采取合理的技术手段，开发利用并保护好水资源。

（5）宣传教育手段。重点是提高全民的水资源意识，达到能使公众自觉参与对水资源的保护和管理，节约用水。

（6）必要的国际协定或公约。对于边界河流、湖泊和出入国境的河流，要根据双方的共同利益，订立协定或公约，以合理而公正地开发利用共有的水资源。

为了改进水资源综合管理的状况，1992 年，在巴西里约热内卢召开的联合国环境与发展大会上，提出了应当由国家组织实施的一些具体活动内容。如：制定目标明确的有关水资源的国家实施计划和投资方案，并应进行成本核算；实施保护和养护潜在淡水资源的措施，包括进一步查清水资源的情况，并辅之以制定土地利用规划、森林资源利用规划和山坡、河岸保护规划，以及其他有关的开发和养护活动；研制交互式数据库、水情预报模型和经济规划模型，以及制定水资源管理和规划的方法，包括环境影响评价方法；在自然、社会和经济的制约条件下，实行最适度的水资源配置；通过需求管理、价格机制和调控措施，实行对水资源合理配置的政策；加强对水旱灾害的预防工作，包括对灾害的风险分析，以及对环境和社会影响的分析；通过不断提高公众的觉悟，加强宣传教育，征收水费以及其他经济措施，以推广合理用水的方法；实行跨流域调水，特别是向干旱和半干旱地区调水；推动开展淡水资源的国际合作；开发新的和可替代的供水水源，如海水淡化、人工回灌、劣质水的利用、废水的再利用以及循环用水等；对水的数量和质量进行综合管理，包括地表水和地下水源；促进一切用水户提高用水效率，并最大限度地减少浪费水的现象，以推动节约用水；支持用水单位优化当地水资源管理的行动；制定公众参与决策的方法，特别要提高妇女在水资源规划中的作用。

根据具体情况，开展并加强各级有关部门间的合作，包括发展和加强各种机制，即：①根据国家的立法，把一般性的水资源管理权限下放到适当的最低一级机构，包括将中央政府有关的水资源管理工作下放到地方当局、企业和社会团体。②在国家一级制定的国家规划中，要实行水资源的综合规划和对水资源的综合管理，并根据国家立法和经济措施，制定相应的淡水管理条例和法规，并负责监督实施。③对于包括若干个国家的区域一级，要酌情考虑协调统一各国的国家战略和实施方案。④在全球一级，要进一步明确各国际组织和联合国开发计划署（UNDP）的责任、分工和协调，包括促进有关水资源管理方面的讨论和经济交流。

加强对有关水资源信息和业务准则的传播和交流，广泛开展对用水户的教育，并特别在联合国“世界水日”加强这一活动。

1992 年里约热内卢大会后，联合国机构、世界银行等国际组织成立了“世界水理事会”、“全球水伙伴”等机构，以促进水资源管理向更综合、更全面、更适应发展变化的战略方向前进。

8.1.4 水资源管理的方式

根据区域不同发展阶段，对水资源管理的侧重点不同，可概括出以下几种水资源管理的方式。

1. 供水管理

供水管理是指通过工程与非工程措施将适时适量的水输送到用户的供水过程的管理，

核心是尽量采取各种措施以减少水量在输送过程中的无效损耗。

2. 用水管理

用水管理是指运用法律、经济、行政手段，对各地区各部门、各单位和个人的供水数量、质量、次序和时间的管理过程。核心是尽量减少在用水过程中不必要的水量浪费，并不断改进工艺、设备及操作方法，以节约用水。

3. 需水管理

需水管理是指运用行政、法律、经济、技术、宣传、教育等手段和措施，抑制需水过快增长的行为。核心是，调整产业结构，促进节水，提出最合理的各类用水对象的需水指标。

4. 水质管理

水质管理是指采取行政、法律、经济和技术等措施，保护和改善水质的行为。核心是经过污染源调查、水质监测，进行水资源质量评价和水质规划，保障区域水质安全。

供水管理侧重的是对供水过程的管理，用水管理侧重的是对用水过程的管理，需水管理是在用水管理基础上发展起来的，建立节水型社会，提高水资源的利用效率。水质管理是在水资源利用过程中排放的废污水对地表或地下水体造成污染、甚至失去使用价值的背景下提出的，对水资源利用进行量与质的同步控制与管理，也是实现水资源可持续利用的重要途径。

5. 综合管理、集成管理或一体化管理

水资源综合管理是指以人与自然和谐共处为原则，通过政府宏观调控、用户民主协商、水市场调节三者有机结合，依据法律法规，采用行政、经济、技术和宣传教育等手段，统筹考虑、综合治理人类社会所面临的水多、水少、水浑和水污染等问题。

现代经济学研究表明，可再生资源的再生水平取决于自然环境系统，自然环境系统又与人类的活动行为密切相关。从自然资源与环境经济学的理论出发，自然环境系统为人类提供两种基本的服务：一种是原材料和能源的供给；另一种是吸收、转化人类社会废弃物功能。但是自然环境系统向人类提供的这种服务是有限度的，如果人类活动或向自然环境系统的索取超过一定的限度，原有的系统平衡将被打破，而新的平衡的建立总是以自然环境系统向人类服务的减少为代价。因此，在研究水资源管理问题中，不是把水资源当作一个孤立的对象给予研究处理，而是必须从包括水资源在内的自然环境系统去统一考虑。

自从1992年都柏林21世纪水与环境发展问题国际研讨会以及联合国里约热内卢环境与发展大会以来，水资源综合管理（Integrated Water Resources Management，简写IWRM）作为一个有别于传统的水管理概念，已经引起全世界范围的广泛重视。全球水伙伴（Gloabal Water Parternership）组织给出的定义具有代表性：水资源综合管理是一个促进水、土地和相关资源同步开发与管理的过程，它以公平的方式，在不损害人类赖以生存的生态系统的可持续性的情况下，实现经济和社会福利的最大化。

城乡水务一体化管理，是打破城乡之间、地区之间、部门之间的水管理界限，建立起城市和农村、水源和供水、供水和排水、用水和节水、治污和回用一体化管理的城乡水务统一管理体制，目的是促进水资源合理开发、高效利用、综合管理、优化配置、全面节约、有效保护，实现水资源的可持续利用，保障国民经济的可持续发展。实现城乡水务一体化管理，不是部门间管理职能的简单合并、调整，而是加强了对水资源所有权的统一管理，解决了“多龙治水”的弊端。水务一体化管理并不等同于水资源综合管理，它只是水资源管理组织体制的一体化。

8.2　水资源管理的组织体制

水资源管理体制，是关于水资源管理活动中的组织结构、职权和职责划分等的总称。组织职能是管理活动的根本职能，是其他一切管理活动的保证和依托。

水资源的形成和运动具有明显的地理特征，以流域或水文地质单元构成一个统一体；水资源作为一种可再生的动态资源，地表水和地下水相互转化，上下游、左右岸、干支流之间相互影响；水又是多功能的，它有灌溉、发电、航运、供水、渔业、旅游、自然保护等多方面的功能；这些功能之间是相互联系的，需要在流域内实行统一规划，统筹兼顾，才能更好地发挥水资源的综合效益。因此，在 1992 年联合国环境与发展大会通过的《21 世纪议程》中提出，水资源应按流域进行综合管理。

新的《中华人民共和国水法》规定：“国家对水资源实行流域管理与行政区域管理相结合的管理体制。”“国务院水行政主管部门负责全国水资源的统一管理和监督工作。”“国务院水行政主管部门在国家确定的重要江河、湖泊设立的流域管理机构，在所管辖的范围内行使法律、行政法规规定的和国务院水行政主管部门授予的水资源管理和监督职责。”

流域管理，并不是对流域水资源问题全包全管，主要是统一管理以下 3 个方面：①统一规划。由于流域的跨行政区、跨部门的特点，由任何部门、地区来制定规划都会带有片面性。因此，流域的水资源开发、利用与保护规划必须由流域机构根据流域的特点，结合各地区、各部门的要求，统一制定。各地区、各部门根据流域统一规划再制定各自的发展规划。②影响全局的关键工程及有争议的地区，由流域机构统一管理，协调关系。如跨行政区的河流、省界、地区或县界，常易引起纠纷和争议，在这种交界地区的水质监测应由流域机构承担。至于其他河段的监测和管理则由各地区各部门负责。③排入水域的主要排污口，由流域机构统一管理，这是河道管理条例规定的。其他污染源的监测及管理均由各地区、各部门负责。

县级以上地方人民政府水行政主管部门依法负责本行政区域内水资源的统一管理工作。我国地域广阔，各地水资源状况和经济社会发展水平差异很大，实行流域管理和行政区域管理相结合的管理体制还必须紧密结合各地实际情况，充分发挥县级以上地方人民政府水行政主管部门依法管理本行政区域内水资源的积极性和主动性。

从总体上说，流域管理机构在依法管理水资源的工作中应当突出宏观综合性和民主协调性，着重于一些地方行政区域的水行政主管部门难以单独处理的问题，而一个行政区域内的经常性的水资源监督管理工作主要应由有关地方政府的水行政主管部门具体负责实施。地方在维护全国水资源统一管理、水法基本制度统一的前提下，也可以结合本地实际制定地方性水法规和有关政府规章，制定有利于本地水资源可持续利用的政策和有关规划、计划，依法加强对本行政区域内水资源的统一管理。

现阶段，水利部是我国水行政主管部门。与此同时，地方各级水利行政机构逐渐健全并得到加强，分为省（自治区、直辖市）、地（自治州、盟）、县（市、旗、区）三级。一般省级设厅（局）、地级设局（处）、县级设局（科），县以下的区乡级设水利管理站或专职或兼职的水利管理员，其隶属关系，有的是县级水利行政机构派出的事业单位，有的则为区乡政府的事业单位。目前，全国已有长江、黄河、珠江、松辽、淮河、海河、太湖等七大流域管理机构，作为水利部在各流域的派出机构，行使各自流域的水行政职责。地方省级所辖的河湖流域也有设立专门机构的，例如辽宁省设有辽河河务局，河北省设有大清河、子牙河河务局等，均属于各省水利厅（局）。我国七大流域管理机构是其所在流域的水行政主管部门，代表中央政府负责水资源和河道的统一管理与保护。各级地方人民政府水行政主管部门在流域统一规划和管理下，负责本地区水资源和河道的统一管理和保护。

随着人们对水资源客观性认识的深入和社会经济技术的不断发展，水资源管理的组织体系也在逐步发展演变。

8.3　水资源管理的法规体系

在社会主义市场经济条件下，依法管理是加强和完善水资源管理的根本措施之一。

8.3.1　水法

《中华人民共和国水法》（以下简称《水法》）起草始于1978年4月，至1988年1月正式颁布，历经10年。在起草和审议中参考了20多个国家和地区的水法，广泛听取了各省（自治区、直辖市）和各有关部门的意见，并举行了多次调查研究、座谈讨论、专家论证、协调协商，经过周全的立法程序，反复修改，经全国人大常委会审议通过后颁布施行。《水法》是新中国第一部管理水事活动的基本法。《水法》的颁布施行，标志着我国水利事业进入了依法治水的新时期，对我国水利事业的发展起到了很大的作用。

自《水法》颁布实施14年来，我国在推进依法治水方面取得了突出的成绩，并初步建立起与《水法》相配套的一系列水法规体系，各项水事活动基本做到有法可依；全民的水法制观念和法律意识有了很大提高，水事秩序明显好转，水利建设和防治水旱灾害工作取得重大成就，水利事业进入了一个新的发展时期。但是随着经济社会的发展及水资源状况的变化，出现了一些新情况和新问题，原《水法》的一些规定已经不能适应客观实际的需要和社会发展的要求，迫切需要加以修订。

修订后的《中华人民共和国水法》于2002年10月1日起开始施行。新《水法》的颁布实施，标志着我国依法治水进入全面推进传统水利向现代水利、可持续发展水利转变，建设节水防污型社会、保障经济社会实现可持续发展的新阶段。新《水法》关于流域管理制度的确立，是一个历史性的进步，它标志着我国的流域管理进入了一个新时期，同时也对流域管理工作提出了新的、更高的要求。

新《水法》规定如下。

水资源属于国家所有。水资源的所有权由国务院代表国家行使。农村集体经济组织的水塘和由农村集体经济组织修建管理的水库中的水，归该农村集体经济组织使用。

国家对水资源依法实行取水许可制度和有偿使用制度。但是，农村集体经济组织及其成员使用本集体经济组织的水塘、水库中的水除外。国务院水行政主管部门负责全国取水许可制度和水资源有偿使用制度的组织实施。

国家对水资源实行流域管理与行政区域管理相结合的管理体制。国务院水行政主管部门负责全国水资源的统一管理和监督工作。国务院水行政主管部门在国家确定的重要江河、湖泊设立的流域管理机构，在所管辖的范围内行使法律、行政法规规定的和国务院水行政主管部门授予的水资源管理和监督职责。县级以上地方人民政府水行政主管部门按照规定的权限，负责本行政区域内水资源的统一管理和监督工作。

8.3.2 水法规体系

新《水法》是水的基本法，是调整各类各种水事关系的法律，内容简明扼要，但覆盖面广，比较原则。水是一种重要的自然资源和环境要素，是一切生命的源泉，是人类生产活动须臾不可缺少的。水涉及各行各业、关系到千家万户。加之我国幅员辽阔，各地情况差异很大。因此，除了《水法》外，还应根据需要制订其他有关的专项法律、行政法规、部规章和规范性文件。各地方也要结合当地的具体情况，制订相应的地方性法规、规章和规范性文件。这些就构成了我国完整的水法规体系。

新《水法》颁布实施后，水利部在调查研究的基础上，制定了“水法规体系总体规划方案”。水法规体系纵向分为 4 个层次，横向分为 7 个方面。

纵向四个层次是：①法律，由全国人大及其常委会制定；②法规，包括行政法规（国务院制定）和地方性法规（由省、自治区、直辖市人民代表大会及其常委会制定）；③规章，包括部门规章（由水利部和有关部门制定）和地方政府规章（由省级人民政府制定）；④规范性文件。

横向分为 7 个方面，即：①水资源开发利用和保护；②水土保持；③防洪、抗旱；④工程管理和保护；⑤经营管理；⑥执法监督管理；⑦其他。

“水法规体系总体规划”实施和地方水行政立法工作均取得较大进展。列入“水法规体系总体规划”的立法项目，按轻重缓急，分年度有计划地组织实施。

8.3.3 我国水资源的权属管理

8.3.3.1 取水许可和水资源费征收管理条例

为加强水资源管理，节约用水，促进水资源合理开发利用，根据《水法》，制定了《取水许可制度实施办法》。1993 年 6 月 11 日国务院第五次常务会议通过，1993 年 9 月 1 日起施行。

2006 年 4 月 15 日，国务院发布《取水许可和水资源费征收管理条例》开始实施，《取水许可制度实施办法》废止。新条例规定如下。

为加强水资源管理和保护，促进水资源的节约与合理开发利用，根据《水法》，制定本条例。本条例所称取水，是指利用取水工程或者设施直接从江河、湖泊或者地下取用水资源。取用水资源的单位和个人，除本条例第四条规定的情形外，都应当申请领取取水许可证，并缴纳水资源费。本条例所称取水工程或者设施，是指闸、坝、渠道、人工河道、虹吸管、水泵、水井以及水电站等。

申请取水应当提交下列材料：①申请书；②与第三者利害关系的相关说明；③属于备案项目的，提供有关备案材料；④国务院水行政主管部门规定的其他材料。

建设项目需要取水的，申请人还应当提交由具备建设项目水资源论证资质的单位编制的建设项目水资源论证报告书。论证报告书应当包括取水水源、用水合理性以及对生态与环境的影响等内容。

8.3.3.2 水量分配暂行办法

目前我国在水资源管理上已经全面实施了取水许可制度，基本上实现了在取用水环节对社会用水的管理。但由于长期以来缺乏对行政区域用水总量的明晰和监控，导致一些行政区域之间对水资源进行竞争性开发利用，并由此造成了一些水事矛盾。

水资源以流域为自然单元，而一个流域又往往包括多个不同的行政区域。每个行政区域的发展都有水资源需求，而水资源总量是有限的，因此必须以流域为单元，通过水量分配，将水资源在流域内的行政区域之间进行科学、合理的配置。

为实施水量分配，促进水资源优化配置，合理开发、利用和节约、保护水资源，根据《水法》，水利部制定了《水量分配暂行办法》，并于2008年2月1日起施行。办法规定如下。

水量分配是对水资源可利用总量或者可分配的水量向行政区域进行逐级分配，确定行政区域生活、生产可消耗的水量份额或者取用水水量份额（以下简称水量份额）。水资源可利用总量包括地表水资源可利用量和地下水资源可开采量，扣除两者的重复量。地表水资源可利用量是指在保护生态与环境和水资源可持续利用的前提下，通过经济合理、技术可行的措施，在当地地表水资源中可供河道外消耗利用的最大水量；地下水资源可开采量是指在可预见的时期内，通过经济合理、技术可行的措施，在不引起生态与环境恶化的条件下，以凿井的方式从地下含水层中获取的可持续利用的水量。可分配的水量是指在水资源开发利用程度已经很高或者水资源丰富的流域和行政区域或者水流条件复杂的河网地区以及其他不适合以水资源可利用总量进行水量分配的流域和行政区域，按照方便管理、利于操作和水资源节约与保护、供需协调的原则，统筹考虑生活、生产和生态与环境用水，确定的用于分配的水量。

本办法适用于跨省、自治区、直辖市的水量分配和省、自治区、直辖市以下其他跨行政区域的水量分配。跨省、自治区、直辖市的水量分配是指以流域为单元向省、自治区、直辖市进行的水量分配。省、自治区、直辖市以下其他跨行政区域的水量分配是指以省、自治区、直辖市或者地市级行政区域为单元，向下一级行政区域进行的水量分配。国际河流（含跨界、边界河流和湖泊）的水量分配不适用本办法。跨省、自治区、直辖市的水量分配方案由水利部所属流域管理机构（以下简称流域管理机构）商有关省、自治区、直辖市人民政府制定，报国务院或者其授权的部门批准。省、自治区、直辖市以下其他跨行政区域的水量分配方案由共同的上一级人民政府水行政主管部门商有关地方人民政府制定，报本级人民政府批准。经批准的水量分配方案需修改或调整时，应当按照方案制定程序经原批准机关批准。

水量分配应当遵循公平和公正的原则，充分考虑流域与行政区域水资源条件、供用水历史和现状、未来发展的供水能力和用水需求、节水型社会建设的要求，妥善处理上下游、左右岸的用水关系，协调地表水与地下水、河道内与河道外用水，统筹安排生活、生产、生态与环境用水。水量分配应当以水资源综合规划为基础。为满足未来发展用水需求和国家重大发展战略用水需求，根据流域或者行政区域的水资源条件，水量分配方案制定机关可以与有关行政区域人民政府协商预留一定的水量份额。预留水量的管理权限，由水量分配方案批准机关决定。预留水量份额尚未分配前，可以将其相应的水量合理分配到年度水量分配方案和调度计划中。

水量分配方案包括以下主要内容。

（1）流域或者行政区域水资源可利用总量或者可分配的水量。

（2）各行政区域的水量份额及其相应的河段、水库、湖泊和地下水开采区域。

（3）对应于不同来水频率或保证率的各行政区域年度用水量的调整和相应调度原则。

（4）预留的水量份额及其相应的河段、水库、湖泊和地下水开采区域。

（5）跨行政区域河流、湖泊的边界断面流量、径流量、湖泊水位、水质，以及跨行政区域地下水水源地、地下水水位和水质等控制指标。

目前颁布的《水量分配暂行办法》在初始水权分配的关键环节上完善了法律制度，和2006 年颁布实施的《取水许可和水资源费征收管理条例》互为补充。这两部法规、规章的颁布实施，标志着我国初始水权分配制度已经基本建立。初始水权一旦明确，今后还可据此研究制定在不同地区之间进行水资源使用权的转让，亦即水权转让，从而用市场化手段推动水资源更加合理的配置。

8.3.4 国外通行的几种水权制度

水权，也称水资源产权，是水资源所有权和各种用水权利与义务的行为准则或规则。具体地说，是调节个人之间、地区之间、部门之间以及个人、集体和国家之间使用水资源行为的一套规范规则。从民法意义上来讲，所有权是财产权的一种，它包括 4 项权能，即占有权、使用权、收益权、处分权。水权是水资源所有权、水资源使用权、水产品与服务经营权等与水资源有关的一组权利的总称。

1. 沿岸所有权理论

沿岸所有权是指土地所有人根据与其土地相毗邻的河岸自然地享有水权。目前，沿岸所有权仍是英国、法国、加拿大以及美国东部等水资源丰富的国家和地区水法规和水管理政策的基础。

从地理上看，沿岸所有权理论是在水资源丰富的地区（主要是英国）形成的。从历史上看，沿岸所有权理论主要是在 19 世纪中各国根据不同的水权纠纷案例判决逐步发展的，因此在解释上有一些区别甚至争论。尽管如此，各国在沿岸所有权理论的两个基本原则上仍然保持一致。①持续水流理论。即凡是拥有持续不断的水流穿过或沿一边经过的土地所有者自然拥有了沿岸所有水权，只要水权所有者对水资源的使用不会影响下游的持续水流，那么对水量的使用就没有限制。②合理用水理论。根据持续水流理论，对水权所有者使用水的限制主要取决于是否影响下游的持续水流，而合理用水理论在持续水流理论的基础上更强调用水的合理性，即所有水权拥有者的用水权利是平等的，任何人对水资源的使用不能损害其他水权所有者的用水权利。

实践证明沿岸所有权制度仅仅适用于水资源丰富的地区和国家，对于水资源短缺的干旱和半干旱地区，沿岸所有权制度存在着种种问题。即使在水资源丰富的地区，传统的沿岸所有权制度已经不能适应新的情况。例如，由于沿岸所有权的限制，使与河流不相邻的工业和城市的用水也受到了限制，造成水资源的浪费。于是，伴随着美国对干旱的西部地区的开发，产生了第二种基本的水权理论——优先占用权理论。

2. 优先占用权理论

优先占用权理论源于19世纪中期美国西部地区开发中的用水实践。美国西部干旱少雨，水资源缺乏，为了在干旱少雨的地区维持生产的顺利进行，不拥有与河流相邻土地所有权的采矿者和农场主必须在联邦政府所有的土地上开渠引水。实践中产生的问题使法院无法按照沿岸所有水权的理论行事，久而久之，在司法实践中法院开始采用“谁先开渠引水谁就拥有水权”的方法来解决水事纠纷，并通过大量的案例判决逐步形成了“优先占用权理论”。该理论认为，河流中的水资源处于公共领域，没有所有者，谁先开渠引水并对水资源进行有益使用，谁就占有了水资源的优先使用权。美国西部各州均宣称水资源归本州所有，但公众享有对水资源的“引取和有益使用”之权。在美国西部各州，对水资源“有益使用”之权主要包括家庭用水权、灌溉用水权、蓄水权、工业用水权、水力用水权、市政用水权、娱乐用水权等。

3. 公共水权理论

公共水权理论源于前苏联的水管理理论和实践，我国目前实行的水权属管理办法亦属于公共水权制度的范畴。一般认为，公共水权理论包括3个基本原则：①所有权与使用权分离，即水资源属国家所有，但个人和单位可以拥有水资源的使用权；②水资源的开发和利用必须服从国家的经济计划和发展规划；③水资源配置和水量的分配一般是通过行政手段进行的。实行公共水权制度的国家和地区多属大陆法系。公共水权理论强调全流域的计划配水，因此存在着对私人和经济主体的水权难以清晰界定或忽视清晰界定水权问题和倾向。

水资源的国家所有制决定了水资源管理和保护的主体是国家，对所有权各项权能的行使决定了中央政府可以主导流域内地区间水的分配，可以实施跨流域和跨地区之间的调水工程，可以采取行政的、经济的等各种手段来保护、管理水资源。国家可以通过行使使用收益权，通过建立水资源有偿使用机制，而将使用权转让给市场主体，并可以允许市场主体依法进行使用权的有偿流转。

4. 可交易水权理论

1960年科斯发表了《论社会成本》一文，其中关于市场效率的思想后来被概括成“科斯定理”，即如果交易成本为零，只要初始产权的界定是清楚的，即使这种界定在经济上是低效率的，通过市场的产权交易可以校正这种低效率并达到资源的有效配置。将“科斯定理”应用到水资源的管理中，就形成了可交易水权制度，即通过市场的水权交易提高水资源的利用效率和配置效率。

通过对以上几种水权理论的分析可知，水权理论的形成和发展来自于人类对水资源使用和管理的实践，在实践中形成的理论又构成了现存水权法律制度的基础。

8.4 水资源管理的经济机制

8.4.1 水资源费

水资源是经济社会发展的物质基础，其有用性决定了它具有价值和价格，国家以水资源费的形式来征收。

从理论上讲，水资源费应包括三个方面的内涵。

（1）水资源作为一种自然资源，由于其有用性和稀缺性，与其他自然资源一样，具有价值。其价格确定应符合资源定价的理论与方法。

（2）自然资源变为人类可直接利用的资源，往往需要追加一定的社会劳动，从而形成各种费用。如水资源的勘探、开发、保护费用等。

（3）为了保护水源地所在区域的生态环境，以保障水源地水资源的再生和使用价值，所在区域的社会生产模式将只能在一定的范围选择，从而限制了当地社会经济发展和居民生活水平的提高，对此，其他地区水的使用者应给水源地所在区域以一定程度的补偿。

8.4.1.1 水资源价值与价格

人类劳动与自然界一起才是社会一切财富的来源。因此，自然资源包括未经人类劳动参与和未参与社会交易的天然资源都是有价值和价格的。

如何确定水资源价格，目前尚无成熟的方法，下面介绍一些计算自然资源价格的有一定代表性的方法。

1. 市场定价法

用自然资源产品的市场价格减去自然资源产品的单位成本，包括前期成本、生产经营管理成本、价格化的外部成本等。计算公式为：

$$P_r = P - C \tag{8.1}$$

式中：P_r 为资源的价格；P 为资源产品的市场价格；C 为自然资源产品的单位成本。

式（8.1）适用于资源产品完全市场化的条件。由于水是一种特殊商品，其价格并未完全进入市场，从而市场价格法很难使用。

2. 影子价格法

通过自然资源对生产带来收益的边际贡献率来确定自然资源的价格。公式为：

$$P_r = \frac{\partial V}{\partial W} \tag{8.2}$$

式中：V 为产出的收益；W 为自然资源供给量。

3. 替代价格法

当水资源供给不足，严重影响社会经济发展时，可采取诸如节水、污水处理回用、海水淡化等技术，减少原水利用量。这些措施的边际费用可作为水资源价格的间接估算值。

8.4.1.2 水资源前期费

前期基础工作费用，即水资源的勘测、规划、评价，水量水质监测等费用。把为该区域水资源系统建设以前投入的基础工作费用统一计算到现在，则：

$$C = \sum_{t=1}^{T_0} (1+i)^{T_0-t+1} C_t \tag{8.3}$$

式中：T_0 为连续进行基础工作的累计年数；C_t 为第 t 年投入的前期基础工作费用；i 为社会折现率。

设水资源系统的投资回收年限为 T，多年平均可供水量为 W，则单位水资源量每年摊销的前期基础工作费用为：

$$P_1 = \frac{i(1+i)^T}{(1+i)^T - 1} \cdot \frac{C}{W} \tag{8.4}$$

为了该系统的运行，设目前平均每年投入的前期基础工作费用为 C_T，则单位水资源量的费用为：

$$P_2 = C_T/W \tag{8.5}$$

综合以上两个部分，单位水资源量需要摊销的前期基础工作费用为：

$$P_q = P_1 + P_2 \tag{8.6}$$

8.4.1.3 水资源补偿费

为保护供水工程的水源地，在水源地区域的建设发展过程中，其社会经济发展模式往往受到一定的限制，从而使当地居民失去了某些投资开发的机会。也即，水源地区域人民为了其他地区的用水是作出了牺牲的。所以供水受益区应对水源区给以适当的经济补偿。

补偿计算可选择“横向比较法”或“纵向比较法”。所谓“横向比较法”，是选取与水源地区域自然条件相近的地区为参照对象，分析计算两者之间的经济差异，近似地将其作为涵养和保护水源而限制水源地区域经济发展的经济补偿值。所谓“纵向比较法”，是分析计算水源地区域与供水受益区之间在历史上的经济差异，依此作为现在可能的差异，然后计算经济补偿值。

假设计算得出的水源地区域经济补偿值为 C_b，与此有关的工程供水量为 W，则供给用水户的单位水资源量的补偿值为：

$$P_b = \frac{C_b}{W} \tag{8.7}$$

水资源费体现了水资源国家所有的有偿使用原则，主要用于抵偿国家在水资源开发利用与管理中投入的附加费用，即水资源开发利用的前期费用补偿和用后费用补偿。

《取水许可和水资源费征收管理条例》规定如下。

取水单位或者个人应当缴纳水资源费。取水单位或者个人应当按照经批准的年度取水计划取水。超计划或者超定额取水的，对超计划或者超定额部分累进收取水资源费。

水资源费征收标准由省、自治区、直辖市人民政府价格主管部门会同同级财政部门、水行政主管部门制定，报本级人民政府批准，并报国务院价格主管部门、财政部门和水行政主管部门备案。其中，由流域管理机构审批取水的中央直属和跨省、自治区、直辖市水利工程的水资源费征收标准，由国务院价格主管部门会同国务院财政部门、水行政主管部门制定。

征收的水资源费应当按照国务院财政部门的规定分别解缴中央和地方国库。因筹集水利工程基金，国务院对水资源费的提取、解缴另有规定的，从其规定。征收的水资源费应当全额纳入财政预算，由财政部门按照批准的部门财政预算统筹安排，主要用于水资源的节约、保护和管理，也可以用于水资源的合理开发。任何单位和个人不得截留、侵占或者挪用水资源费。

8.4.2 水价

水价是指水利工程供水的价格，商品经济离不开市场，市场离不开价格，这是商品经济乃至市场经济社会的普遍特征。水价应体现价格的本质特征。

水价应包括商品水的全部机会成本。从理论上讲，水价由 3 个部分组成，即资源水价、工程水价和环境水价。具体包容的内涵如下。

（1）资源水价（即水资源费）。资源水价通常没有价格，而是由国家或地方政府的授权部门按水资源的价值所确定的收费标准。

（2）工程水价。工程水价属经济核算的行为决策，是由下而上的。是根据各供水工程运行的成本、利润、税金计算形成的。

（3）环境水价。环境水价是指因水利工程建设对环境影响或供水产生退水污染等的治理价格。

8.4.2.1　资源水价

资源水价即水资源费，除了前述的理论分析方法之外，下面介绍一种经验方法。

与绝大多数商品相比，商品水市场具有显著的垄断性。它不是由众多的水生产者参与市场竞争，并由此形成商品水的市场价格。因此，被广泛使用的资源价格计算方法——市场价格逆算法，很难用来进行水资源价格的核算。

支付意愿法是计算资源价格的一种经验方法。供水工程供水给用户，其价格没有市场价格可循，但可以通过一定途径获取供水市场价格的近似估算值。如用消费者愿意支付的价格作为市场价格的一种近似估计，然后计算供水系统的边际费用，用其差值作为资源水价的估值。

根据国际经验，对工业用户，通常以边际销售收入，即单位供水量可增加的销售收入的2.5%～3.5%作为消费者支付意愿。对居民的生活用水，一般以家庭收入的1%～2%作为生活用水的支付意愿。

在此，供水系统的边际费用应包括水利供水工程系统、输水工程系统、城市自来水净配水系统和排水系统（不包括雨水排水部分）。设系统的总投资量为K，年运行费为U，年总供水量为W，社会折现率为i，供水系统的经济寿命为n，则边际费用可表示为：

$$C=\left[K\frac{(1+i)^n i}{(1+i)^n-1}+U\right]/W \tag{8.8}$$

如果投资有一个过程，则K需考虑资金的时间价值而计算其终值。

有了消费者愿付价格和供水系统的边际费用C，则资源水价可由下式求出：

$$P_r=P_c-C \tag{8.9}$$

式中：P_r中不仅包括水资源价格，而且包括水资源前期基础工作费用等；P_c为消费者愿付价格。

8.4.2.2　工程水价

所谓“工程水价”，是指在正常供水过程中发生的固定资产折旧、大修费、运行费以及其他按规定应计入的费用。

1. 固定资产折旧

工程投资是指完成达到设计能力的固定资产的全部建设费用，包括扩建、续建、除险、加固等二次投资。具有多目标开发的综合利用水利工程，同时兼有防洪、灌溉、发电、城市供水、航运等多种效益。为了准确计算供水成本，必须将水利工程投资在各效益项目之间合理分摊。如同时承担防洪与供水任务的水库建设投资，可采用库容比例法进行分配。

$$\alpha_f=\frac{V_f}{V} \tag{8.10}$$

$$\alpha_w = \frac{V_w}{V} \tag{8.11}$$

式中：V_f 为防洪库容；V_w 为兴利库容；V 为总库容；α_f 为防洪服务分摊比例；α_w 为供水兴利服务分摊比例。

固定资产折旧，是将固定资产的取得成本（扣除净残值）如何合理地按受益项目和使用期限进行分配。通常，固定资产折旧的计算方法有直线折旧法和加速折旧法。直线折旧法假设固定资产的价值在使用年限中均匀地转移到产品中去，即固定资产账面价值随着时间直线下降。计算公式为：

$$C_k = \frac{K - K_s}{n} \tag{8.12}$$

式中：C_k 为固定资产折旧费；K_s 为固定资产残值；n 为使用年限。

2. 供水工程大修理费用

水利工程运行一段时间后，当损坏修理工程量较大，难以通过岁修解决时，应对建筑物或设备进行大修理，以恢复其生产功能。大修所需的费用称为大修理费，是为保证固定资产在使用年限中正常运行的补偿费用，是产品成本的组成部分。水利工程固定资产的大修理每隔若干年进行一次，整个使用年限中一般只进行几次。通常情况下，大修理费和折旧费一样，逐年从产品销售中提取，建立大修费用专用基金，以便在固定资产大修时使用。每年提取的大修理费，按照固定资产原值的一定比例提取，计算公式如下：

$$C_r = K\delta \tag{8.13}$$

式中：C_r 为年大修理费；δ 为大修理费率；K 为固定资产值。

3. 供水工程年运行费

供水工程年运行费包括供水生产过程、经营过程及管理过程发生的工资及工资附加费，燃料、动力费，观测、试验费，维修养护费，职工福利费和各种管理费，如办公费、差旅费、水电费、修缮费、劳保费、工会经费以及无形资产摊销等。

4. 供水的利润与税金

供水的利润是指供水单位从事正常供水生产经营获得的合法收益，按净资产利润率核定。根据《水利工程供水价格管理办法》，供水价格的净资产利润率按国内商业银行长期贷款利率增加2～3个百分点。根据不同供水对象用水性质的利润率分类取值。其中，粮食作物用水价格按补偿供水成本的原则核定，不计利润和税金；经济作物及水产养殖用户价格的净资产利润率为8%～12%；工业消耗水资金利润率为10%～12%；水力发电不结合其他用水的资金利润率为8%～12%；向居民生活供水的资金利润率取9%～11%；向自来水厂供水的资金利润率为8%～10%。

供水的税金是指供水单位按国家税法规定应该缴纳的税金。应按国家有关规定交纳税金。

8.4.2.3 环境水价

水资源既是生产资料和生活必需品，又是一种重要的环境要素，水资源开发利用活动往往会给生态环境造成影响，进而影响人类自身。如人类过量取用河水引起河道水量锐减、河道功能退化、甚至造成河道断流和湖泊干涸；过量开采地下水造成地下水位下降、地面沉降；污水排放造成水体水质恶化等。

水资源开发往往会影响当地天然的生态系统，造成局地水文、小气候、生物多样性等状况发生变化。这种影响是长期性的。目前，人类对这一类影响的机制还不十分清楚，但潜在的危险确实存在。另外，在用水过程中，由于废污水的排放，造成河流、湖泊和水库受到不同程度的污染，不仅影响了水资源的质量，而且影响了当地发展的环境。这些影响，通常称为水资源开发利用的外部性影响。这种外部性因为是一种损失，也称为外部成本。如何考虑这种外部性，便成为保护生态环境、实施可持续发展的关键。从一定意义上讲，这些损失应由造成这一损失的用水户给以补偿。

1. 水资源开发的外部成本

水资源开发利用造成的外部损失，有直接估算法和间接估算法两种。直接估算法是对开发利用后产生的不利后果从价值上进行的量化。但水资源开发造成的损失，如地下水超采、河道断流或湖泊干涸所造成的危害或损失，往往难以直接估算。因此，不得不采用间接法。例如对地下水超采所造成的经济损失，可以回灌同量地下水的投资费用作为其间接估算值；或者采用替代措施法，如以边际节水费用、边际调水费用等为依据进行间接估算，其出发点是如每节约 $1m^3$ 水或增加 $1m^3$ 供水，从水资源供需平衡来看，就可相应地减少本地区已超采的地下水的开采量。

设某地区供水水源地基本是地下水，合理的年开采量为 W_0，平均年超采量为 ΔW，则实际年平均开采量为 $W_0+\Delta W$。该地区与回灌量相应的边际节水费用为 C_w，则此时单位水资源用后补偿费用的间接估算值 C 为：

$$C=\frac{C_w\Delta W}{W_0+\Delta W} \tag{8.14}$$

式中：$C_w\Delta W$ 可视为年超采回灌费用的间接估算值。这些费用由使用了 $W_0+\Delta W$ 水量的用水户给以补偿。

2. 污水排放的外部成本

供水工程的环境成本是一种典型的外部成本。例如，某企业排放污染物进入河流，对河水造成污染，但企业却没有承担，因此是外部成本。所谓外部成本内部化，就是使外部费用也由使用者承担。

在生产领域，由于企业的排污行为具有量大、集中、浓度高、危害大、易于监测的特点，政府往往通过排污收费、总量控制、环境税收等办法来实现外部成本的内部化。居民生活消费过程中的排污行为却不同，与工厂排污相比，其排污者较分散，污水量较少。尽管一个人或一个家庭用水对环境造成的影响微不足道，但汇集起来却可能造成巨大的损害，这种由公众行为造成的外部性称为公共外部性。由于居民人数众多，难以采用对待工业企业一样的办法，通常采用在水价中附加排污费的办法。

污水排放的外部成本可用市场价值法进行估算。首先测算出环境影响导致的产出水平的变化，然后用产出水平的变动量乘以市场价格，作为污水排放活动的外部成本。如水体污染导致作物减产，就可以用减少的作物产量乘以该作物产品的价格来作为水体污染的外部成本。

3. 净水工程成本

水利工程供水的对象，对水质一般都有相应的要求。但由于某些水利工程取水的水质或在输配水工程中会受到污染使供水水质达不到要求，则需要建立相应的水质达标处理工程。这些污水治理工程的生产成本应纳入环境水价中。

水利工程供水的环境成本对于不同的供水工程所包含的内容会有较大差别，这就需要针对具体的供水工程进行具体分析，找出主要影响因素并分析计算这些主要影响因素的内部或外部成本，最后再综合分析计算出该供水工程的环境成本。

8.4.2.4　市场条件下水价与水资源供求关系

产品一旦进入市场成为商品，并在交换中实现其价值，产品的价格就不仅取决于其价值，而且取决于它的供求状况，要受价值规律、供求规律等客观经济规律所支配。

1. 产品供求对产品价格的影响

在市场上，产品的实际供给量和需求量，都会直接影响产品的价格。当需求量一定，产品的实际供给量越多，产品价格就可能越低；产品的实际供给量越少，该产品的价格就可能越高。产品的实际供给与产品价格之间的这种关系，可用一条曲线表示，这条曲线称为供给－价格曲线，如图 8.1 所示。当产品的供给量不变，对产品的实际需求量越大，产品的价格就可能越高；对产品的实际需求量越小，产品的价格就可能越低。产品的实际需求量与产品价格之间的这种关系，同样可用一条曲线表示，这条曲线称为需求－价格曲线，如图 8.2 所示。

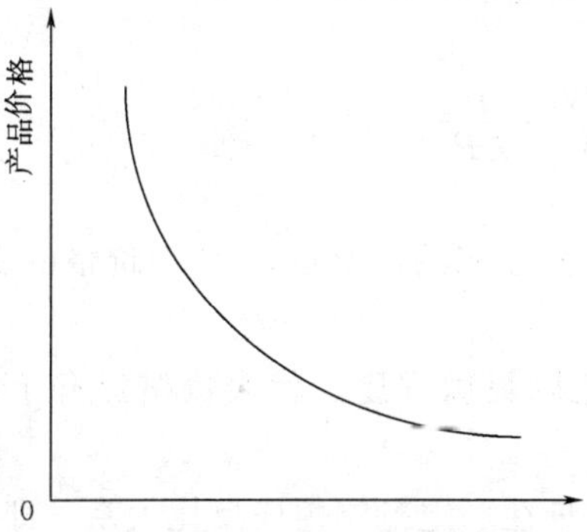

图 8.1　供给－价格曲线

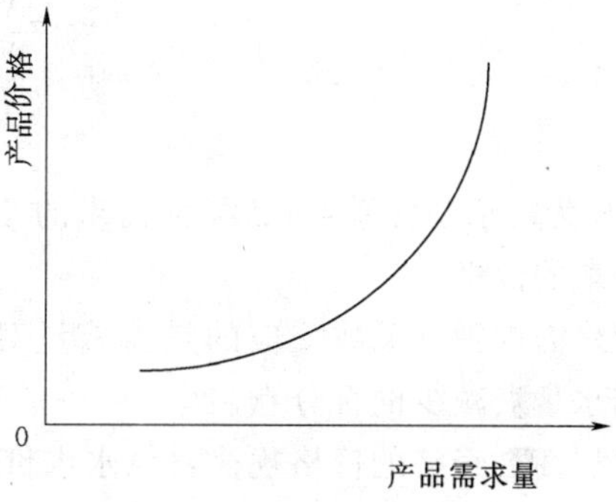

图 8.2　需求－价格曲线

2. 产品价格对产品供求的影响

实际上不仅产品的供给量和需求量会直接影响产品的价格，产品的价格也会直接影响产品的供给量和需求量。

一般来说，在生产成本不变的条件下，当产品的价格定得较高时，产品供给者可以获得较多的利润。其结果不仅会刺激原有产品生产者扩大生产量，企图用增加供给量，来取得更多的利润；同时也会吸引更多的产品生产者参与产品生产。相反，当产品价格定的较低时，产品供给者的利润收入就会减少、甚至亏本，因此他们就会缩小生产规模和供给量，甚至停产、转产。产品价格与产品供给之间的这种关系可用价格－供给曲线表示，如图 8.3 所示。

然而，产品价格对产品需求却起着完全相反的作用。当产品价格定得较高时，使用者就会尽量压缩对该项产品的需求量，或者寻找替代品，以便尽量压低成本。因此，对该产品的总需求将减少。相反，当产品价格定得较低时，不仅会刺激原有使用者增加需求量，而且会刺激新的需求者加入购买行列，增加对产品的需求量。产品价格与产品需求量之间的这种关系，可用其价格一需求曲线来表示，如图 8.3 所示。

由于价格对供与求的影响具有反向的趋势，所以供给曲线和需求曲线在图中成为交叉图，如图 8.3 所示。图 8.3 中两曲线的交叉点 E，称为供求平衡点，表示在 P_E 价格下，供求平衡，买卖可以达成。但在现实生活中，不平衡是常见的，绝对的，买卖双方总要经过一番讨价还价。如果卖方要价过高，或买方还价过低，买卖是做不成的。只有当供给者的卖出价格逐步下降，需求者的买价逐步提高，最后使价格一致买卖才能做成。

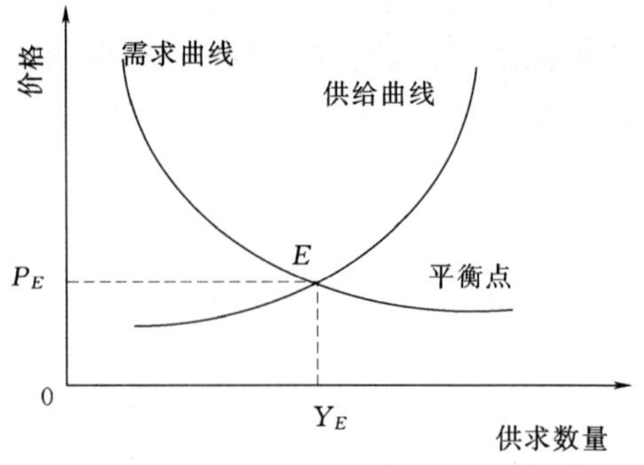

图 8.3　供求曲线图

3. 水价与用水量关系

水作为一种特殊的产品有其特殊的一面，但在市场经济条件下，从总体上也服从市场经济规律。水价与用水量关系可用价格需求弹性系数表示，计算公式为：

$$E=-\frac{\frac{\Delta W}{W}}{\frac{\Delta P}{P}}=-\frac{\Delta W}{W}\cdot\frac{P}{\Delta P} \tag{8.15}$$

式中：E 为需求弹性系数；ΔW 为需求的变动量；W 为原来的需求量；ΔP 为价格的变动量；P 为原来的价格。

价格需求弹性系数反应的是需求量对价格变化的灵敏程度。代表价格提升 1 个百分点，用水量会减少的百分点。

根据商品经济的价格规律，供水水价与用水水量在一定范围内成反比关系，即水价调整后，用水量与原用水量的比值等于原水价与新水价比值的 E 次方。

$$\frac{W}{W_0}=\left(\frac{P_0}{P}\right)^E \tag{8.16}$$

式中：W 、W_0 分别为用水量、原用水量；P 、P_0 分别为新水价、原水价；E 为价格弹性系数。

8.4.2.5 水利工程供水价格管理

为健全水利工程供水价格形成机制，规范水利工程供水价格管理，保护和合理利用水资源，促进节约用水，保障水利事业的健康发展，根据《中华人民共和国价格法》、《水法》，国家发改委和水利部联合制定并于 2004 年 1 月 1 日颁布了《水利工程供水价格管理办法》（以下简称《办法》)。《办法》规定如下。

《办法》所称水利工程供水价格，是指供水经营者通过拦、蓄、引、提等水利工程设施销售给用户的天然水价格。水利工程供水价格由供水生产成本、费用、利润和税金构成。供水生产成本是指正常供水生产过程中发生的直接工资、直接材料费、其他直接支出以及固定资产折旧费、修理费、水资源费等制造费用。供水生产费用是指为组织和管理供水生产经营而发生的合理销售费用、管理费用和财务费用。利润是指供水经营者从事正常供水生产经营获得的合理收益，按净资产利润率核定。税金是指供水经营者按国家税法规定应该缴纳，并可计入水价的税金。

中央直属和跨省、自治区、直辖市水利工程的供水价格，由国务院价格主管部门商水行政主管部门审批。地方水利工程供水价格的管理权限和申报审批程序，由各省、自治区、直辖市人民政府价格主管部门商水行政主管部门规定。

8.4.3　水市场

区域间的水资源配置作为一项政府行为，只能是一次性的，而水资源配置的方案应该通过法规或协议的形式固定化。在通过水资源配置确定初始水权之后，就可通过水市场实现水权所有者之间的水权转让与交易。但水资源不同于其他资源，它是动态变化的、多功能的、循环的，并且水还具有战略资源的性质，一般来讲，战略性资源是不允许进入市场的。同时，我国水资源属国家所有，作为国家资源应当体现共享的原则。因此，究竟建立一个什么样的水交易市场，要从我国的国情和水情进行深层次的研究。

8.5　水资源管理的技术体系

水资源管理的技术体系是指针对水资源开发、利用、保护的需要，在技术层面制定的相关技术规范或技术标准，如水文测验、水文水利计算、水利工程设计、节约用水等方面的规范或标准。用以规范水资源管理的相关技术工作，全面提高水资源管理的技术水平。

现代水资源系统是十分复杂的，一般具有下列特征：①规模大，涉及的时间、空间范围大；②功能多，涉及防洪、兴利、水生态环境保护等方方面面，影响巨大；③结构复杂，具有非线性、随机性和动态性等特征。因此在分析研究和解决水资源问题时，应从系统论的观点出发，不断创新水资源管理的思想和理论方法。在水资源开发、利用、保护、管理的全过程中，要充分利用现代先进技术，如雨洪资源化技术、节水灌溉技术、污水处理利用技术、3S技术和计算机技术等，为提高水资源管理水平提供技术支撑。

8.6　水资源管理决策支持系统

水资源管理决策支持系统能够依据实时的、预测的和历史的雨、水、工情信息和社会经济与生态环境信息，在计算机上进行需水量预测、可利用水量分析和水资源调配方案的安排，通过人机交互方式辅助水资源决策人员制定相应的调配方案，进行分析和评价；并可以及时地提供网上发布，为区域水资源管理决策提供科学、全面的技术支持。水资源管理决策支持系统开发的方法是，通过对研究区域水资源调配工作的需求分析，以及调配规则、调配经验和分析方法的归纳整理，以现行的水资源调配流程、组织分工为基础，采用水文学方法、水动力学方法、统计学方法、最优化方法、计算机技术等开发区域水资源管理决策支持系统。

水资源管理决策支持系统主要由信息收集处理与查询子系统、交互式需水量预测子系统、交互式可利用水量分析子系统和交互式水资源调配子系统四大部分组成。逻辑结构如图 8.4 所示。

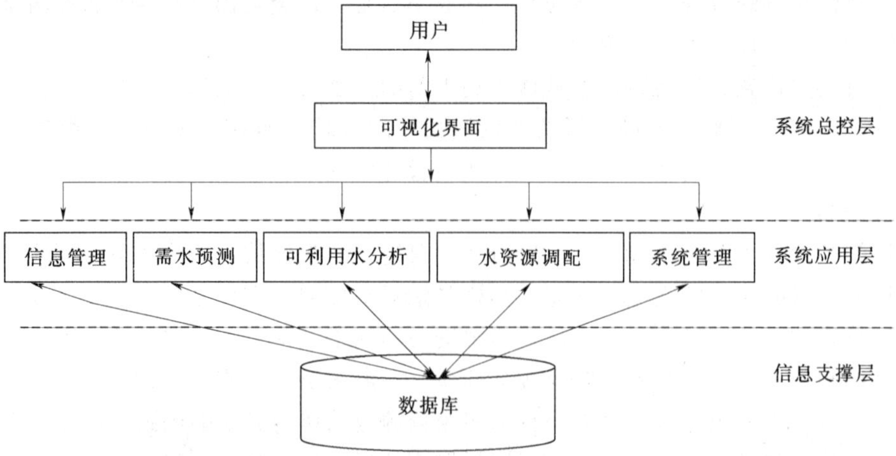

图 8.4　系统逻辑结构图

信息管理子系统，主要完成各个子系统所需要的静态和实时数据接收与处理。静态数据主要包括区域内水库、水厂、引水工程、人口增长、工业产值增长和城市用地规划利用等数据。实时数据包括主要区域内水库水情、水厂供水、引水等日数据，并整理成报表。

需水量预测子系统，包含人口信息子模块、用地信息子模块和需水量预测子模块。人口信息子模块主要用来统计全区、各片区人口发展数据，并进行人口预测；用地信息子模块主要包括用地面积及用水指标信息的查询；需水量预测子模块，设置多种预测方法，用户可根据需要自行采用，并提供相应的成果综合以及报表输出和图形查询显示。

可利用水量分析子系统，主要包含降雨、径流、地下水等资料的查询编辑以及从实时库中读取相应的数据，进行来水预测、区外引水过程的设定，以及最终计算结果的输出及相应的图形显示。

水资源调配子系统，能快速制作面向规划年份、面向面临年份以及面向实时的水资源调配方案。方案的生成、修改直观、方便；分析人员只需在系统界面上拖动鼠标控制相应的计算参数，然后计算，系统将很快计算出相应的结果，并表格化、图形化显示，直观明了。

水资源决策支持系统是一项结构复杂、涉及面广的软件系统，为了确保达到预期的目标，系统在开发阶段遵循“先进、实用、可靠、开放”相统一的原则。

8.7　国外水资源综合管理经验

很多发达国家在大规模的水资源工程建设后，面对新的问题进行反思和探讨，并逐步修正关于水资源和流域管理的政策、理论和实践，这些活动对水资源一体化管理的概念的形成起到了积极的推动作用。

8.7.1　美国水资源管理新方法

在水资源管理方面，美国无疑走在世界的前列，并且已取得了很多成功的经验，这些经验大多体现了水资源一体化管理的精神。美国水管理也经历了从以工程、产品为主导的管理到动态、多目标管理的过程。目前主要的一些先进的管理理念和方法有以下几种。

(1) 系统的思维方式。即不是针对个体考虑和解决问题，而是考虑到因果关系，从系统上寻求解决问题。例如美国在 Redwood River 管理上就在防洪、湿地保护、公众利益等多方因素上采用系统思维的方式。

(2) 公众参与。水资源工程管理部门、代理人不再主宰决策系统，取而代之的是为与水管理有关的各种利益集团的更民主的协商提供技术支持，这样当地人的见解和优先权就被结合到水资源的管理之中。

(3) 适应性管理。管理者根据监控数据不断调整的行为以适应环境、经济条件以及社会的选择，从而能更好地适应系统。

(4) 多目标的水资源工程与管理。有关水的工程越来越少地为单一目的而设立，往往与防洪减灾、加强航运能力、供水、生物多样性保护等多种目的相结合。

(5) 水管理的高科技化。借助先进的科技手段建立系统模型，适时反馈信息，管理者评估事态发展或调整管理状态，同时也能为利益相关群体提供信息平台，减少权力政治的影响，为冲突解决提供有价值的途径。

总之，美国流域管理正在明显地从依赖硬件的管理转到依靠软件的管理。流域水资源一体化管理成功的关键是获得人们的广泛理解和找出适合每个特定流域的生态进程规律，从而能制定和实施更合适的管理战略。

8.7.2 荷兰水资源一体化管理

荷兰是一个国土面积小、人口稠密且高度发达的国家，位于欧洲的西北部、三条主要河流莱茵河、马斯河、斯海尔德河的出口处。全国国土面积为 3.4 万 km^2，其中围垦造成的土地面积为 2.0 万 km^2。荷兰土地低洼，全国约有 1/3 的土地位于平均海平面以下，65%的土地面临洪水威胁。全国年径流量约为 100 亿 m^3，人均水资源量为 687 m^3。特殊的地理条件促使荷兰人建立了一套错综复杂的水管理系统。举世闻名的北部拦海大坝和西南部的三角洲工程以及纵横交错的堰、坝、渠、管道以及闸等水利工程为荷兰构筑了一道道安全的防线。除了完善的水利设施外，健全的水管理体制、水法规体系以及决策的科学化、民主化，也为荷兰的水资源综合利用和管理提供了良好的保障。近代，荷兰的治水经验已从单一的水利防洪概念扩展为水利、环保、生态并重的一种多层次理念。

1. 荷兰的水管理体制

荷兰的水管理体制分为三级，最高级为国家级即中央政府。其次为区域一级包括省政府、水董事会、饮用水公司。然后是地方一级，主要是市政府和较低一级的水董事会。在这些机构中，水董事会是一个具有特殊功能的、非政府的、公共的、经济独立的水管理机构。

在国家一级，交通、公共事务和水管理部是荷兰水管理最重要的机构，其职责是制定荷兰综合的水法规和政策以及对国有的水域和水资源进行规划和管理，同时也考虑土地运用规划和环境管理等其他部门的需要。主要负责管理国有地表水，包括大江大河、主要运河、河口、领海及防洪、防潮大坝、大堤等。并对省政府，水董事会，市政府进行监督管理。

在区域层面上，省政府是水管理的主体，其职责是在国家政策的框架体系下，制定省的水管理计划和战略规划，主要负责地下水和区域内的地表水水质的管理。绝大多数省的地表水水质授权给水董事会管理，省政府对水董事会和市政府进行监督。饮用水的供给由饮用水公司管理，虽然这些公司属于私人所有，但公共机构占有股份。

在地方一级的水管理中，地方市政府主要管理城市排水系统，并将收集到的污废水送到水董事会管理的污水处理厂进行处理。

荷兰的水董事会以一种独特的组织管理形式与三级政府平行存在、自成一体。主要负责地方与区域性的防洪、地表水水量和水质的管理。作为专业性的管理组织，直接代表民众、业主和地主的利益。本着“利益一付费一授权”的原则，那些受益方必须为所获的服务和收益付出一定的费用。利益越大的团体，纳税越多，在水董事会中的发言权和权利越多。荷兰的水董事会财政收入来自于对企业和个人所征收的水务费和污染税。

2. 荷兰的水法律体系

经过长期努力，荷兰形成了一套完善的水法律法规体系，不同法律和法规之间协调统一，各级水管理机构的法律职责明确，为水资源统一管理提供强有力的法律保障。荷兰涉及水的法律法规主要有：水法、河流法 、三角洲工程法、地表水污染防治法、地下水法、土壤保护法、水管理法、水董事会法、防洪法等。

在水政策的制定上，不同的发展阶段有不同的侧重点。1968 年第一次制定的水管理国家政策的重点是防洪；1984 年第二次制定的水管理国家政策的重点是水质保护；1989 年第三次制定的国家水管理政策的重点是水资源综合管理；1997 年第四次制定的国家水管理政策的重点是水环境与可持续发展。

3. 荷兰的水资源管理规划系统

荷兰一向重视用系统规划的方法来进行水资源管理。该方法能具体提出防洪及水资源供需中存在的问题并给出相应的措施。1989 年，荷兰政府出台了水管理行动，对水资源规划的制定和实施做了明确分工，并提供了 3 个不同层次的规划：由国家政府制定的国家水资源管理战略规划、由各省区制定的区域水资源管理战略规划和水董事会制定的水管理运行规划。省级和水务局提出的策略框架和操作计划可以保证国家水资源战略规划在区域范围内很好地执行。此外，要求所有水资源规划每隔 4 年进行一次修改。

水资源规划的重点放在环境和生态的保护上，尽可能多地使河流和湖泊恢复到自然状态，强调遵循人类与水和谐共处的规划理念。

4. 荷兰水资源管理的投资与费用回收机制

荷兰每年用于水利建设和水资源管理的经费，占国民生产总值的 1%，人均为 240 多美元。荷兰之所以能够进行举世闻名的大型水利工程建设，建立和维护完善的供排水设施和高标准污水处理系统，其原因是建立了一套完整的、良性循环的投入和费用回收机制。荷兰的水资源管理费用实行责（付费）、权（发言权）、利（利益）相统一的原则。荷兰政府在提供经费方面提供了 3 项优先权：①成本应当由那些受益部门及实施有害水活动的主体负担；②如果水主管部门的投资不能被专项拨给的话，这些投资将会以税的形式分摊到各受益者或有连带责任的成员当中；③如果以上两种方法都是不可能的，资金将会从国家的专项预算中列支。

第9章　水资源可持续利用

9.1　水资源可持续利用概述

9.1.1　可持续发展问题的由来

在过去的一个世纪中，人们生活的这个世界上人口急剧增加。尽管还有很多人生活在低水平之中，但人均物质需求仍迅速增加。自20世纪50～60年代以来，经济的增长常被看作是解决贫困的手段。可是，世界自然资源是有限的，它们之间的关系也是复杂的，这种掠夺性的开发行为使陆地上的自然资源承受着空前的压力，许多资源面临枯竭，生态系统也正呈现出脆弱的迹象，全球性的“资源危机”威胁着人类的命运。越来越多的疑问是，在不破坏人们最终生存基础的自然系统前提下，全球经济系统能否持续增长？

人们把这样的议题称为“持续性问题”。在追求经济增长和持续发展时，人们意识到，环境是维持经济增长的一个重要因素。在20世纪70年代，“可持续发展”开始出现在国际政治议程中，主要出现在一系列的国际会议报告中，这些争议的共同主题是贫困、经济发展和自然环境状况之间的相互关系。

可持续发展，作为一个永恒的主题，体现了当前全人类共同面临人口、资源和环境等问题挑战时的选择，是人类发展的新阶段、新模式。其较为公认和广泛的定义是：既要满足当代人的需要，又不对后代人满足其需要的能力构成危害的发展。走可持续发展之路，现在已为全世界人民所共识，并形成了声势强大的共同呼声。

9.1.2　水资源可持续利用的涵义

可持续发展是以人为本，以资源环境保护为条件，以经济社会发展为手段，谋求当代人与后代人的共同繁荣、持续发展。据此，水资源可持续利用的涵义是：在维持水资源的持续性和生态系统整体性的条件下，支持不同地区人口、资源、环境与经济社会的协调发展，满足代内与代际人生存与发展的用水需要。涵盖了以下两个方面的内容：①水资源可持续利用是在人口、资源、环境和经济协调发展战略下进行的，意味着水资源开发利用是在保护生态环境的同时，促进经济增长和社会繁荣，避免单纯追求经济效益的弊端，保证可持续性发展的顺利进行。②水资源可持续利用的目标明确，要满足世世代代人类的用水需求，体现了代内与代际间的平等；要实现不同地区的共同发展，体现了社会公平的原则。

水资源可持续利用的模式与传统水资源开发利用方式有着本质的区别。传统水资源开发利用方式是经济增长模式下的产物，它只顾眼前、不顾未来，只顾当代、不顾后代，只重视经济价值、不顾生态环境价值和社会价值，甚至不惜牺牲环境和社会效益。水资源可持续利用应当处理好4个关系。

1. 正确处理好人与水的关系

从经济社会可持续发展的战略高度提高全社会对“水危机”的意识，转变人们对水的传统观念，从人类向大自然无节制的索取转变为人与自然的和谐相处。从认为水是“取之不尽、用之不竭”，转变为认识到淡水资源是有限的，是一种宝贵的战略资源；从防止水对人类的侵害转变为在防止水对人类侵害的同时，特别注意防止人类对水资源的侵害；从对水的无偿和廉价索取转变为按市场经济和价值规律合理取水。要大力加强宣传教育，更新观念，提高全民对水资源重要性的认识。

2. 正确处理好生活、生产、生态用水的关系

水资源与生态系统关系密切，与人力、资金、技术和信息等经济资源不同，与矿产等自然资源不同，没有任何一种资源像水那样处于生态系统和人类经济活动之间的激烈竞争之中。取用水资源的同时，要满足维系生态平衡对水的基本需求，防止经济竞争中对水资源的无序开发利用。

水资源不仅要与其他生产要素合理配置，促进国民经济健康持续发展，更要首先从量与质上满足人民生活的基本要求，以保障社会稳定。在大力发展工业的同时，必须对农业、公益环境等行业用水采取保护措施，防止和减少市场竞争对其产生的破坏作用。

3. 正确处理好经济发展与水资源保护的关系

在特定的区域内，可用水资源的多少并不完全取决于水资源数量，而且取决于水资源质量。质量的好坏直接关系到水资源功能，决定着水资源用途。严重污染的污水不仅没有任何使用价值，而且能够给人带来各种危害，如破坏景观、影响健康、带来各种经济损失等。

多年来，我国水资源质量不断下降，水环境持续恶化，由于污染所导致的缺水和事故不断发生，不仅使工厂停产、农业减产甚至绝收，而且造成了不良的社会影响和较大的经济损失，严重地威胁了社会的可持续发展，威胁了人类的生存。因此，经济开发特别是开发冶金、能源和石油化工产业时，要注意产业绿化，加强水源地的保护，减少污染。确保有足够的水资源支持经济的持续发展。

4. 正确处理好水资源开发利用和统一管理的关系

水资源以流域为基本单元。无论是地表水还是地下水，均以流域的地形地貌和地质条件为依托，形成自然水系。如果不是人为的调水，流域之间的水资源是独立的。同时，水资源时空分布是不均匀的。水资源这些自然特征加上区域经济发展对流域水资源的依赖关系，使得水资源的统一管理变得尤其重要。建立权威、高效、协调的水资源管理体制，实行水资源统一管理。只有在统一管理的基础上才能更好地开展水资源的开发、利用、节约和保护工作，最大限度地提高水的利用率，实现水资源合理配置，保障社会经济可持续发展。

9.1.3　水资源可持续利用对策

水资源可持续利用，是一个涉及多种水体、多种用水部门、多学科领域的复杂问题。从目前来看，水污染严重和水资源短缺是实现我国水资源可持续利用的两大主要障碍。随着社会经济的发展、科技的进步、管理的加强，水污染问题势必得到控制。所以，从长远来看，我国水资源的主要问题是短缺的问题。

1. 认真开展宣传教育工作

水资源属于可更新资源，可以周而复始、循环利用，但是在一定的时间和空间内部有数量的限制。在开发利用到一定程度或阈值内，其数量和质量能够再生、恢复，并长期被人类所用。反之，不顾自然界生态平衡，片面地、错误地超过阈值地开发利用就可能使水资源遭受破坏乃至消耗殆尽。水资源并不是“取之不尽，用之不竭”的，而是一种可枯竭的可再生资源，不合理的盲目开发所带来的供水紧张及诸多环境问题已是广大群众有目共睹、深受其害的。在我国人口众多的情况下，提高全社会保护水资源、节约用水意识和守法自觉性，是实现水资源可持续利用的关键所在。

2. 加强水资源综合管理

（1）改革传统的水资源管理体制。由于条块分割，“多龙管水”实际上很难实现水资源的统一和合理分配，导致出现了许多部门之间、地区之间以及流域上下游之间的水事纠纷。因此，必须尽快改革传统的水资源管理体制。在国家一级要加强或扩大水资源综合管理的能力；在流域一级应完善现行的水资源管理体制，加强水资源管理的权威，尤其是建立和完善以河流流域为单元的水资源统一管理体制，把城市和农村、地表水和地下水、水质和水量、开发与保护、利用与管理统一起来。在流域水资源管理机构中，建立一种协调机制以协调流域范围内有关的水资源合作与保护者之间的利益分配；在条件许可的情况下，按有关法律下放权力，让市、县和村镇政府机构直接负责水资源的管理，包括水污染的控制；适当条件下，可明确水资源产权，实行水资源的企业化综合管理。广泛吸收专家和社会公众参与水资源的管理和保护。

（2）健全水资源管理的法规。审查现行的有关水资源开发、利用和保护的政策法规中不利于水资源综合管理的因素。在国家和流域两级制定全国性的和流域性的水资源开发利用和保护规划。地方一级的水资源综合管理要实施开发许可证和使用定额分配制度，在保证生活供水的基本条件下实现供需平衡和水环境质量的逐步改善。

（3）完善水资源管理的经济机制。改革水资源开发和保护的投资机制，采用经济手段和价格机制，进行需求管理和供给管理。

（4）做好水资源管理的技术基础工作。要以国民经济和社会发展、国土整治规划为依据，在流域水资源评价和综合规划工作的基础上，确立长期供水计划，成为国家和地方政府的行动方案。

在完善现有各部门的水资源的开发、利用和保护信息系统和观测手段的基础上，开发建立国家水资源综合管理信息系统，实现管理手段的现代化。

3. 采取多种措施，特别是防治污染和节约用水措施，解决面临的水资源问题

防治污染、节约用水是目前缓解水资源供需矛盾的关键措施。因此，必须加强水生态环境保护，在江河上游建设水资源涵养森林和水土保持防护林；中下游禁止盲目围垦，保护鱼类及其他水生生物的生存环境、防止水质恶化；划定水环境功能区，制定行政区域跨界水质控制标准，明确辖区水资源管理责任。根据谁污染谁治理的原则，治理工矿企业排放废水的污染问题，不能再走先污染后治理的道路；更不能完全指望靠收排污费或罚款的办法临时解决问题。实际上，这种收费或罚款的办法不仅不能从根本上解决生态环境的恶化问题，反而把现在的污染留给后人去治理，这不仅非常不合理，而且拖延的时间越长，

治理的难度也越大，后代人要付出更大的代价。

全面推行节约用水，是缓解水资源供求矛盾最现实、最有效的措施，也是必须长期坚持的方针。农业是用水大户，抓好农业节水意义重大。为此，应大力开展节水农业灌溉技术，加强农田基本建设，平整土地、改大块灌为小块灌、改漫灌为滴灌等都是最简单有效的节水措施，节水潜力可达 10%～15%；也可用喷灌、滴灌、微灌、低压管道灌水和地膜覆盖耕作等新的节水技术，节水潜力更大。在城市工矿企业，要改革节水工艺，采取循环用水、一水多用等措施，提高水的重复利用率，降低单位生产增加值的淡水用量；利用污水处理利用方面较为成功的技术、经验、设备，建设多种类型的污水再生利用工程，减轻对地表水和地下水的污染。同时，要限制耗水大的企业盲目发展，特别是在缺水地区的城市中应禁止此类项目的建设。

9.2 水资源可持续利用评价

9.2.1 评价的指标体系

水资源系统是一个涉及自然环境、经济和社会组成的复杂巨系统，包括以下 3 个方面。

(1) 自然环境。水资源是自然环境的重要组成部分之一，大气、降水量、植被、地质条件等自然要素制约影响水资源的丰缺程度、时空分布、开发利用的难易程度等，同时水资源的开发利用又会影响自然要素，使自然要素发生变化。

(2) 经济发展。人类经济活动离不开水资源，水资源与经济活动的关系主要体现在三次产业对水资源的需求方面，以及水资源的变化和产业结构调整之间存在着一定的相互关系。经济系统内各要素的变化必然会导致对水资源总需求的变化，在水资源总量变化不大的情况下，如何调整各经济要素的数量关系和空间关系，是实现水资源持续利用的关键所在。

(3) 社会发展。社会发展包括人口因素、技术因素、政策因素、社会安定因素等。人口的增长和生活方式改变必然导致对水资源需求的增加；技术进步可提高可用水比率及水的重复利用率，从而相对增加水资源总量；政策因素对水资源的利用方向有重要的引导作用。

水资源可持续利用评价是，以区域自然环境、经济社会发展相互作用关系为基础，对不同阶段水资源开发利用所导致的生态过程、经济结构、社会组成的动态变化进行评价，揭示区域水资源可持续利用的程度，提出水资源开发利用的方向，是一个具有方向性的评判过程。其方法是通过对区域水资源影响因素和供需情况的分析，建立相应的评价指标体系及等级评价模型，将众多的评价指标转化为单个综合指标，反映区域水资源可持续利用的程度。

水资源可持续利用评价指标，应该根据区域特点，考虑到区域社会经济发展的不平衡、水资源开发利用程度及当地科技文化水平的差异等，以科学、简明、实用为原则选取。具体考虑以下几个方面。

（1）科学性。所选的指标要有客观明确的指示涵义，尽可能采用标准的名称、概念、计算方法。

（2）整体性。既要有反映社会、经济、人口，又要有反映生态、环境、资源等系统的发展指标，还要有反映上述各系统的相互协调程度的指标。

（3）动态性。既要反映系统的发展状态，又要反映系统的发展过程。

（4）定性与定量相结合。应尽量选择可量化指标，难以量化的重要指标可采用定性描述指标。

（5）简明、实用、可行性。指标体系要充分考虑到资料的来源和现实可能性。

为了突出水资源对区域可持续发展的支撑作用，可持续地利用水资源，将区域发展分为社会、经济、生态以及水资源 4 个子系统，根据上述指标体系建立的原则，建立基于水资源的区域可持续发展评价指标体系如图 9.1 所示。评价指标体系是由目标层、准则层（分区准则层）、指标层（分指标层）构成的层次体系。其中，目标层由准则层加以反映，准则层由分区准则层反映，分区准则层由指标层反映，指标层由分指标层反映。

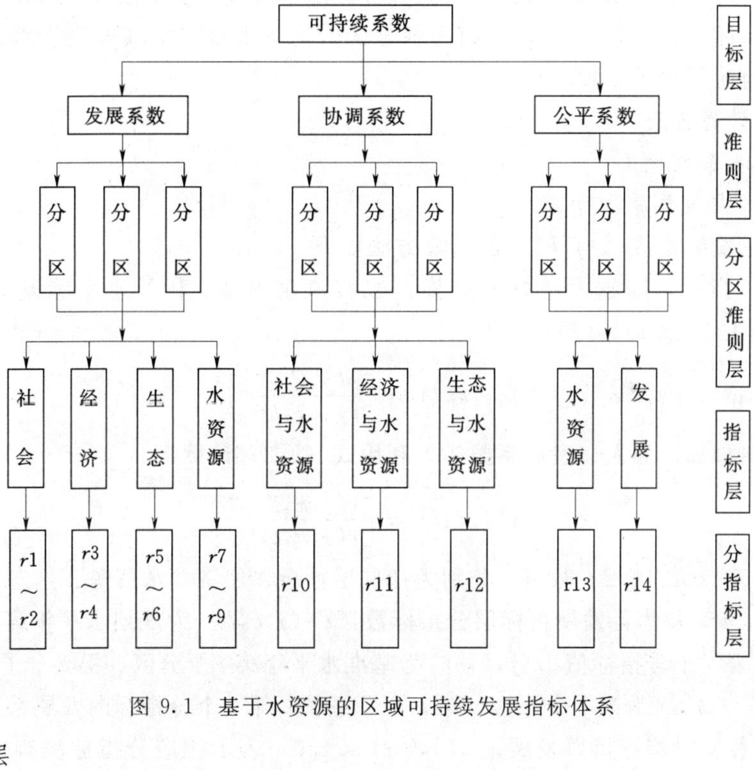

图 9.1 基于水资源的区域可持续发展指标体系

1. 目标层

目标层为可持续系数 s，它作为目标层的综合指标，用以衡量水资源系统支撑整个社会可持续发展的综合水平与能力，体现区域可持续发展的发展、协调、公平原则。

2. 准则层

发展系数（$s1$）、协调系数（$s2$）、公平系数（$s3$），分别反映整个区域综合发展的持续状况及发展的强弱程度；反映整个区域社会、经济、生态环境子系统与水资源子系统的协调程度；反映区域分区间的资源使用以及发展的公平程度。

3. 分区准则层

由于目前水资源短缺的形势，区域水资源特点差异较大，为突现各分区的特点，暴露各分区的主要问题和各分区之间的矛盾，特在准则层下设置分区准则层。由指标层可得到用以反映各分区发展水平的发展系数 $s1(j)$、各分区协调程度的协调系数 $s2(j)$ 以及分区之间公平程度的公平系数 $s3(j)$。

4. 指标层

（1）各分区的发展系数指标层。由各分区反映各子系统即社会、经济、生态环境、水资源发展的指标组成。反映社会发展的分指标 $r1$～$r2$ 分别为人口增长率、城镇化程度；反映经济发展的分指标 $r3$～$r4$ 分别为人均GDP及三产比例；反映生态发展的分指标 $r5$～$r6$ 分别为森林覆盖率和水体水质达标率；反映水资源系统发展的分指标 $r7$～$r9$ 分别为供水量、农业用水定额、工业用水定额。

（2）分区的协调系数指标层。由社会、经济、生态环境子系统与水资源系统的协调指标组成，分指标 $r10$～$r12$ 分别用各部门供需比来反映。

（3）分区的公平系数指标层。由反映各分区水资源使用公平程度及反映各分区发展公平程度的分指标 $r13$、$r14$ 组成，分别为各分区人均供水量与区域人均供水量之比及各分区发展系数与区域发展系数之比。

9.2.2 指标计算方法

9.2.2.1 发展系数计算

1. 分指标层发展系数计算

各分指标发展系数 $r1(j,k,l)$ 的计算方法如下。

对于正向指标，即越大越好的指标，如城镇化程度、科技水平和基础设施、人均GDP等，利用式（9.1）计算：

$$r1(j,k,l)=\left[\frac{r(j,k,l)^{+}}{r(j,k,l)^{-}}\right]^{\frac{1}{N}} \tag{9.1}$$

对于逆向指标，如人口发展系数等，利用式（9.2）计算：

$$r1(j,k,l)=\left[\frac{r(j,k,l)^{-}}{r(j,k,l)^{+}}\right]^{\frac{1}{N}} \tag{9.2}$$

式中：j 为分区；k 取1、2、3、4，分别为指标层社会、经济、水资源、生态4个子系统；l 取1、2、…、L，L 为各发展指标层分指标数目；$r(j,k,l)^{+}$ 为规划水平年第 j 个分区、第 k 个子系统、第 l 个分指标值；$r(j,k,l)^{-}$ 为基准水平年第 j 个分区、第 k 个子系统、第 l 个分指标值；$r1(j,k,l)$ 为第 j 个分区、第 k 个子系统、第 l 个分指标的发展系数，$r1(j,k,l)>1.0$，表示相应分指标得以发展，$r1(j,k,l)<1.0$，表示相应分指标没有发展；N 为规划水平年与基准水平年之间年数。

2. 指标层发展系数计算

各分指标发展系数确定后，按式（9.3）计算各指标层发展系数 $s11(j,k)$：

$$s11(j,k)=\sum_{l=1}^{L}\omega1(j,k,l)\cdot r1(j,k,l) \tag{9.3}$$

式中：$s11(j,k)$ 为第 j 个分区、第 k 个子系统的发展系数，$s11(j,k)>1.0$，表示相应子系统得以发展，$s11(j,k)<1.0$，表示相应子系统没有发展；$\omega1(j,k,l)$ 为第 j 个分区、第 k 个子系统、第 l 个分指标相对于指标层的权重，满足 $\sum_{l=1}^{L}\omega1(j,k,l)=1$；其他符号意义同前。

3. 分区发展系数计算

分区发展系数按式（9.4）计算：

$$s1(j)=\sum_{k=1}^{4}\omega1(j,k)\cdot s11(j,k) \tag{9.4}$$

式中：$s1(j)$ 为第 j 个分区的发展系数，$s1(j)>1.0$，表示第 j 个分区得以发展，$s1(j)$ 越大，表示发展强度越大，反之，$s1(j)<1.0$，表示第 j 个分区没有发展；$\omega1(j,k)$ 为第 j 个分区、第 k 个子系统相对于本区的权重，满足 $\sum_{k=1}^{4}\omega1(j,k)=1$；其他符号意义同前。

4. 区域发展系数计算

区域发展系数按式（9.5）计算：

$$s1=\sum_{j=1}^{J}\omega1(j)\cdot s1(j) \tag{9.5}$$

式中：$s1$ 为区域的发展系数，$s1>1.0$，表示区域整体得以发展，$s1$ 越大，表示发展强度越大，反之，$s1<1.0$，表示区域没有发展；$\omega1(j)$ 为第 j 个分区相对于整个区域的权重，满足 $\sum_{j=1}^{J}\omega1(j)=1$，$J$ 为分区数；其他符号意义同前。

9.2.2.2 协调系数计算

1. 分指标层协调系数的计算

水资源是支撑整个社会可持续发展的资源条件，系统协调主要指社会、经济、生态子系统与水资源系统的协调，而各子系统与水资源系统的协调最终体现在各子系统各部门需水与水资源系统供水之间的协调，因此选取各子系统各部门的供水量与需水量之比值为分指标。

$$r02(j,k,l)=\frac{SW(j,k,l)}{DW(j,k,l)} \tag{9.6}$$

式中：j 为分区；k 取 1、2、3，分别为协调指标层社会、经济、生态子系统与水资源系统协调的 3 个指标层；l 取 1、2、…、L，L 为各协调指标层分指标数目；$SW(j,k,l)$ 为规划水平年第 j 个分区、第 k 个协调指标层、第 l 个部门供水量；$DW(j,k,l)$ 为规划水平年第 j 个分区、第 k 个协调指标层、第 l 个部门需水量；$r02(j,k,l)$ 为第 j 个分区、第 k 个协调指标层、第 l 个部门水资源供需比。

当协调表示状态时，它本身是一个模糊概念，因而用模糊子集 A 代表各部门与水资源协调这一模糊概念，则可用其隶属函数 μ_A 表示协调度 $r2(j,k,l)$。

$$r2(j,k,l)=\mu_A[r02(j,k,l)] \tag{9.7}$$

式中：$r2(j,k,l)$ 为第 j 个分区、第 k 个协调指标层、第 l 个部门与水资源系统的协调度，$0<r2(j,k,l)\leqslant1.0$，$r2(j,k,l)$ 越大，表明协调状况越好。

选取如下形式的隶属函数，曲线形式如图 9.2 所示。

$$\mu_A = \begin{cases} 1.0 & r02(j,k,l) \geqslant r02(j,k,l)^* \\ \exp\left\{-\left[\dfrac{r02(j,k,l) - r02(j,k,l)^*}{\sigma(j,k,l)}\right]^2\right\} & r02(j,k,l) < r02(j,k,l)^* \end{cases} \tag{9.8}$$

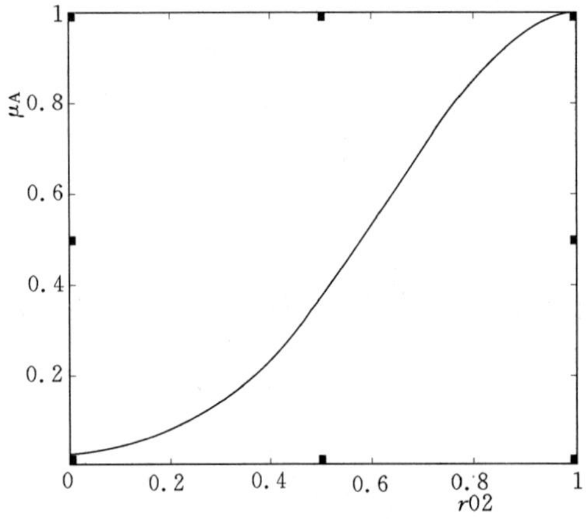

图 9.2 隶属函数曲线

式中：$r02(j,k,l)^*$ 为 $r02(j,k,l)$ 的理想值，即第 j 个分区、第 k 个指标层、第 l 个部门水资源理想供需比，可根据具体情况确定，若认为供需恰好平衡为理想状态，则可取其值为 1.0，本研究取 1.0；$\sigma(j,k,l)$ 为反应隶属函数的离散程度的参数，在此反映第 j 个分区、第 k 个指标层、第 l 个部门对供需比变化的容忍程度，因此，可根据具体情况对不同的部门取不同的值，本研究中考虑到生活用水必须满足，取较小值 $\sigma(j,k,l)=1/5$，对工业用水，取 $\sigma(j,k,l)=1/4$；对生态用水及农业用水，取 $\sigma(j,k,l)=1/3$；其他符号意义同前。

2. 指标层协调系数的计算

各分指标协调系数确定后，按式（9.9）计算各指标层协调系数 $s22(j,k)$：

$$s22(j,k) = \sum_{l=1}^{L} \omega 2(j,k,l) \cdot r2(j,k,l) \tag{9.9}$$

式中：$s22(j,k)$ 为第 j 个分区、第 k 个协调指标层的协调系数，$0 < s22(j,k) \leqslant 1.0$，$s22(j,k)$ 越大，表示相应指标层协调程度越高；$\omega 2(j,k,l)$ 为第 j 个分区、第 k 个协调指标层、第 l 个分指标相对于指标层的权重，满足 $\sum_{l=1}^{L}\omega 2(j,k,l)=1$；其他符号意义同前。

3. 分区协调系数的计算

分区协调系数按式（9.10）计算：

$$s2(j) = \sum_{k=1}^{3} \omega 2(j,k) \cdot s22(j,k) \tag{9.10}$$

式中：$s2(j)$ 为第 j 个分区的协调系数，$0 < s1(j) \leqslant 1.0$，$s2(j)$ 越大，表示第 j 个分区的协调程度越高；$\omega 2(j,k)$ 为第 j 个分区、第 k 个协调指标层相对于本分区的权重，满足 $\sum_{k=1}^{3}\omega 2(j,k)=1$；其他符号意义同前。

4. 区域协调系数计算

区域协调系数 $s2$ 按式（9.11）计算。

$$s2 = \sum_{j=1}^{J} \omega 2(j) \cdot s2(j) \tag{9.11}$$

式中：$s2$ 为区域的协调系数，$0 < s2 \leqslant 1.0$，$s2$ 越大，表示区域的协调程度越高；$\omega 2(j)$ 为第 j 个分区协调系数相对于整个区域的权重，满足 $\sum_{j=1}^{J}\omega 2(j)=1$；其他符号意义同前。

9.2.2.3 公平系数计算

1. 分指标层、指标层公平系数的计算

公平指标层由两项组成，一是反映各分区资源使用公平的，二是反映各分区发展公平的。即：

$$r03(j,1)=\frac{OW(j,1)}{GW(j,1)} \tag{9.12}$$

$$r03(j,2)=\frac{s1(j)}{s1} \tag{9.13}$$

式中：j 为分区；$OW(j,1)$ 为规划水平年第 j 个分区人均供水量；$GW(j,1)$ 为规划水平年区域人均供水量；$r03(j,1)$ 为第 j 个分区人均供水量与区域人均供水量之比；$r03(j,2)$ 为第 j 个分区发展系数与整个区域发展系数之比；其他符号意义同前。

与协调系数一样，公平也是一个模糊概念，因而用模糊子集 B 代表这一模糊概念，则可用其隶属函数 μ_B 表示公平度 $r3(j,k)$，即：

$$s33(j,k)=r3(j,k)=\mu_B[r03(j,k)] \tag{9.14}$$

式中：$r3(j,k)$ 为第 j 个分区、第 k 个公平指标层的公平度，$0< r3(j,k)=s33(j,k)\leqslant 1.0$，$r3(j,k)$ 越大，表明公平程度越高；$s33(j,k)$ 为第 j 个分区、第 k 个公平指标层的公平系数，$0< s33(j,k)\leqslant 1.0$，$s33(j,k)$ 越大，表示相应指标层公平程度越高。

选取如下形式的隶属函数（曲线形式同上）：

$$\mu_B=\begin{cases}1.0 & r03(j,k)\geqslant r03(j,k)^*\\ \exp\left\{-\left[\dfrac{r03(j,k)-r03(j,k)^*}{\sigma(j,k)}\right]^2\right\} & r03(j,k)\leqslant r03(j,k)^*\end{cases} \tag{9.15}$$

式中：$r03(j,k)^*$ 为 $r03(j,k)$ 的理想值，该值可根据具体情况确定，本研究取 1.0；$\sigma(j,k)$ 为反应隶属函数的离散程度的参数，在此反映第 j 个分区、第 k 个公平指标层对某公平指标变化的容忍程度，可根据具体情况对不同的指标层取不同的值，本研究中对资源使用公平，取 $\sigma(j,1)=1/2$，对发展公平，取 $\sigma(j,2)=1/3$；其他符号意义同前。

2. 分区公平系数计算

分区公平系数按式（9.16）计算：

$$s3(j)=\sum_{k=1}^{2}\omega3(j,k)\cdot s33(j,k) \tag{9.16}$$

式中：$s3(j)$ 为第 j 个分区的公平系数，$0< s3(j)\leqslant 1.0$，$s3(j)$ 越大，越公平；$\omega3(j,k)$ 为第 j 个分区、第 k 个公平指标层相对于本区的权重，满足 $\sum\limits_{k=1}^{2}\omega3(j,k)=1$；其他符号意义同前。

3. 区域公平系数计算

区域公平系数按式（9.17）计算：

$$s3=\sum_{j=1}^{J}\omega3(j)\cdot s3(j) \tag{9.17}$$

式中：$s3$ 为区域的公平系数，$0< s3\leqslant 1.0$，$s3$ 越大，越公平；$\omega3(j)$ 为第 j 个分区公平系

数相对于整个区域的权重，满足 $\sum_{j=1}^{J}\omega3(j)=1$ ；其他符号意义同前。

9.2.2.4　可持续系数计算

可持续系数 s 按式（9.18）计算：

$$s=\sum_{i=1}^{3}\omega(i)\cdot si \tag{9.18}$$

式中：$\omega(i)$ 为第 i 个准则，即发展、协调、公平准则相对于区域可持续发展的权重，i 取 1，2，3；si 为第 i 个准则的系数，即发展系数 $s1$ 、协调系数 $s2$ 、公平系数 $s3$ 。

根据上述发展、协调、公平系数的含义，对于发展中国家，为体现可持续发展原则，发展系数必须满足 $s1\geqslant 1.0$，同时应满足水资源与各子系统的协调和各分区之间的公平，因此严格来讲，可持续发展的判据应为：

(1) $s\geqslant 1.0$，且

(2) $s1\geqslant 1.0$，$s2=1$，$s3=1$。

其中，s 、$s1$ 越大，可持续发展强度越高。

虽然可持续发展要实现公平，但任何一个实际区域其社会经济发展系统都具有其复杂性和不确定性，不同地区有各自不同的特点，绝对公平（$s3=1$）是不存在的，也难以实现，因此上述可持续发展判据中关于公平系数可适当放宽。

实际区域水资源系统也是一个复杂的大系统。在水资源量充足，满足用水部门需求的情况下，协调系数可达到 1.0，但对于具体年份或短期情况，在目前水资源短缺，高新节水技术推广条件有限的情况下，协调系数达到 1.0 也是困难的。因此可持续发展判据中关于协调系数亦可进一步放宽。

9.2.3　权重的确定

权重是以某种数量形式对比、权衡被评价事物总体中诸因素相对重要程度的量值。它既是决策者的主观评价，又是指标本身物理属性的客观反映，是主客观综合度量的结果。权重主要取决于两个方面：①指标本身在决策中的作用和指标价值的可靠程度；②决策者对该指标的重视程度。指标权重的合理与否在很大程度上影响综合评价的正确性和科学性。

目前，在实践中确定权重的方法主要有：主观赋权和客观赋权。主观赋权法多是采用综合咨询评分的定性方法确定权重，然后对标准化后的数据进行综合。这种方法是基于评价者的主观偏好信息，可以反映评价者的经验和直觉，但是容易受人为主观因素的影响，夸大或降低某些指标的作用，使评价结果可能产生较大的主观随意性，不能完全真实地反映客观事物之间的现实关系。客观赋权法可以克服主观因素的不利影响，但是这样的权重多属于信息量权重，没有充分考虑指标本身的相对重要程度，更容易忽视评价者的主观信息，因此其数学理论如何完善，对于有大量人为因素存在的复杂系统评价，客观赋权法同样有其缺陷。

近年来，用层次分析法确定权重越来越受到研究人员的重视，并在许多方面得到应用，这种多层次分别赋权法可避免大量指标同时赋权的混乱与失误，从而提高赋权的简便性和准确性。在此，根据本研究问题属于多目标决策问题的特点以及所建立的层次分析指

标体系，将采用层次分析法确定各指标的权重。具体方法如下。

1. 建立判断矩阵

根据层次分析指标体系确定的上下层次指标间的隶属关系，对同一层次的指标，进行两两比较，其比较结果以 T. L. Saaty 的 1～9 标度法表示（表 9.1）。

表 9.1　　1～9 标度的含义

标值	含　义	标值	含　义
1	表示两个指标相比，具有同样的重要性	7	表示两个指标相比，一个指标比另一个指标强烈重要
3	表示两个指标相比，一个指标比另一个指标稍微重要	9	表示两个指标相比，一个指标比另一个指标极端重要
5	表示两个指标相比，一个指标比另一个指标明显重要	2、4、6、8	上述相邻判断的中值，需要折中时采用

这样，对于同一层次的几个评价指标可以得到两两比较判断矩阵 A：

$$A=(\alpha_{ij})_{n\times n}$$

它具有以下性质：① $\alpha_{ij}>0$；② $\alpha_{ij}=1/\alpha_{ji}$；③ $\alpha_{ii}=1$。

2. 采用和积法计算各评价指标的相对权重

将判断矩阵每一列归一化：

$$\overline{u_{ij}}=\frac{u_{ij}}{\sum_{k=1}^{n}u_{kj}}\quad(i,j=1,2,\cdots,n)\tag{9.19}$$

每一列经正规化后的判断矩阵按行相加：

$$\overline{\omega_i}=\sum_{j=1}^{n}\overline{u_{ij}}\quad(i=1,2,\cdots,n)\tag{9.20}$$

对向量 $\overline{\omega}=(\overline{\omega_1},\overline{\omega_2},\cdots,\overline{\omega_n})$ 作归一化处理：

$$\omega_i=\frac{\overline{\omega_i}}{\sum_{j=1}^{n}\overline{\omega_j}}\quad(i=1,2,\cdots,n)\tag{9.21}$$

所得 $\omega=(\omega_1,\omega_2,\cdots,\omega_n)$ 即为所求权向量。

计算最大特征值 $\lambda_{\max}$：

$$\lambda_{\max}=\frac{1}{n}\sum_{i=1}^{n}\frac{(P\omega^T)_i}{\omega_i}\tag{9.22}$$

3. 一致性检验

以上得到的单位特征向量即为所求权向量，那么权数的分配是否合理？这需要对判断矩阵进行一致性检验，使用公式：

$$CR=\frac{CI}{RI}\tag{9.23}$$

式中：CR 为判断矩阵的随机一致性比率；CI 为判断矩阵的一般一致性指标，由式 $CI=\frac{1}{n-1}(\lambda_{man}-n)$ 算出；RI 为判断矩阵的平均随机一致性指标，对于 1～10 阶判断矩阵，RI 的值对应见表 9.2。

表 9.2　　随机一致性指标 *RI* 值表

1	2	3	4	5	6	7	8	9	10
0	0	0.58	0.9	1.12	1.24	1.32	1.41	1.45	1.49

当 $CR<0.1$ 时，即认为判断矩阵具有满意的一致性，说明权数分配是合理的；否则，就需要调整判断矩阵，直到具有满意的一致性为止。

9.3　水资源承载能力

9.3.1　承载力的起源、演化与发展

承载力（Carrying Capacity）一词原为物理力学中的一个物理量，指物体在不产生任何破坏时所能承受的最大负荷，具有力的量纲，可以通过野外的或室内的力学试验得到具体数据，在某些情况下（如在材料弹性范围内或在一定试验资料基础上）也可通过力学理论或经验公式计算。当人们研究区域系统时，普遍借用了这一概念，以描述区域系统对外部环境变化的最大承受能力。随着研究的深入，承载力被发展为现在的承载能力，成为描述发展限制程度最常用的概念。

最初借用承载力一词的其他学科是群落生态学，其含义是“某一特定环境条件下（主要指生存空间、营养物质、阳光等生态因子的配合），某种生物个体存在数量的最高极限”。对多种生物的研究表明，种群开始形成时期增长缓慢，在环境条件较好时，增长加快，往往会生长过头，待种群数量达到一定值超过其承载容量后，由于环境阻力限制，种群会大批死亡而导致种群数量骤然下降，然后再重新回到新的平衡。可以说，在地球进化史上，所有生物的发展都遵循这一规律，而唯一例外的是人类。

承载力理论在实践中的最初应用领域是畜牧业。在北美、南美及亚洲草原地区，由于草地开垦、过度放牧等原因，土地开始退化，为有效管理草原和取得最大经济效益，一些学者将承载力理论引入到草原管理中，随之草地承载力、最大载畜量等相关概念相继被提出。应该说，承载力理论在这一领域的应用取得了成效，即使在今天，草原生态学家仍在使用这一概念，用以指导畜牧业生产。

随之出现的另一概念是土地承载力，这一概念的提出是在全球人口不断增加，耕地面积日趋减少，人类面临粮食危机的背景下产生的。工业化革命以后，全球性区域发展的规模与速度加剧，特别是人口的急剧增长，导致一些地区超出其应有的区域经济负荷，特别是超出其土地资源的承载能力，进而引起环境恶化和资源短缺，而这又进一步加剧了区域经济的不稳定，最终导致若干地区出现粮食危机。面临饥饿与贫困的威胁，土地粮食生产引起了各国政府的高度重视，于是生物学家和生态学家将承载力的概念发展并应用到人类生态学中，以研究现有土地到底可承纳多少人口。与土地承载力并用的相关概念还有区域人口承载容量、土地负载力、地域容量、地域潜力等。

随着工业化国家经济的迅速发展，环境污染与资源短缺问题日渐明显。到 20 世纪 60 年代，即使普通公众也意识到了工业化引起的环境退化问题。与此同时，医学的发展大大提高了人的寿命，而人类生存所需的自然资源不但没有增长，反而急速减少，人类在历史

上又一次面临承载力的问题。但与以往不同的是：①这一次人口承载容量面临的问题不是发生在少数地区，而是遍及全球。其主要原因是：一方面，发达国家随着经济的迅速发展，对资源的需求量不断增加，在本国资源不能自给的情况下，开始向他国掠夺资源；另一方面，发展中国家因贫困等原因，对资源的破坏不断加剧，从而导致全球资源存储量不断减少，各国对资源的竞争也日趋激烈。发生在全球的诸多战争中，实际上有许多是为争夺资源而发生的。②此次全球的承载力限制不仅仅发生在土地资源，而且扩展到了森林资源、矿产资源、环境资源、水资源……根据《世界资源报告》（World Resources Institute 1996～1997），1960～1990年的30年间，有大约1/5的热带森林消失。与此同时，人类对水资源的利用强度和需要持续上升，在1940～1990年间，从江河、湖泊、水库、地下蓄水层和其他水源抽取的淡水量增加了4倍多，而污染又严重破坏了许多江河、湖泊和地下水源的水质，大大减少了淡水资源的供应。在全球许多地区，淡水压力越来越大，不少地区甚至缺乏足够的淡水供应。工业化发展导致的另一后果是对能源消耗的迅速增长，而能源增长主要依赖于石油、煤炭和天然气等矿物资源。根据全球统计结果，1993年全球能源消耗相当于1.63亿桶石油，比1973年增加了40%。其他资源如矿产资源、渔业资源也在不断减少……所有这些，都引起人们对全球资源的重新评估，提出自然环境到底可承受多少污染，全球不可再生资源和可再生资源到底能承载多少人口，由此，环境承载力、资源承载力、生态承载力、绿洲承载力等承载力的概念相继应运而生。

综上所述，随着土地退化、环境污染和人口膨胀等问题的出现，承载力的概念被延展并应用至整个自然界，使得在不同的发展阶段，产生了不同的承载力概念。这种承载力概念的演化与发展是对发展中出现问题的反应与变化结果。

9.3.2 水资源承载能力的概念

自资源承载力的概念出现后，虽然已广泛应用，但迄今世界上并没有一个公认的自然资源承载能力的确切定义。联合国教科文组织定义："一个国家或地区的资源承载力是指在可以预见的期间内，利用本地能源及其他资源和智力、技术等条件，在保证其社会文化准则的物质生活水平条件下，所能持续供养的人口数量。"

水资源作为一种资源，其承载力合乎上述定义的内容，但由于水资源的特殊性，如水是地球上生命的来源，是人类的生命之源。水是生物物种和旅游等多种资源的载体，是土壤、森林和草原等多种资源的保证资源等，其承载能力也应有其特殊性。水资源承载能力应包括以下几个方面的内涵。

（1）承载的主体是水资源系统，承载的客体是范围较广的人类社会经济系统，或更准确地说是某一具体状态下可养活的人口及其生活质量。

（2）认同可持续发展原则，认为人口、社会、经济、生态、环境系统与水资源系统应协调发展。任何基于对资源过度使用和对环境破坏所取得的瞬间承载量的提高，都将被认为是不可接受的承载能力。

（3）强调生态环境的重要性。以维护生态环境良性发展为条件，进行能够承载社会经济发展规模的分析。

（4）强调通过水资源优化配置提高承载能力。即要对水资源在部门间的分配包括供水结构及用水结构进行调整优化，从而确定水资源对人口及社会经济规模的最大支撑能力。

因为对于同一个水资源系统，配置方式不同，其相应的对人口及社会经济规模的支撑能力不同，某些配置方式能够大大提高承载能力，而某些配置方式会导致不可持续发展。

综上所述，可以定义水资源承载力为：在某一具体历史发展阶段下，以可预见的技术发展水平为依据，通过水资源的可持续利用，某地区的水资源能够持续支持该地区在保证一定物质生活水平条件下的人口数量。应该说明的是，人类社会的可持续发展需要水资源和其他诸如矿藏、森林、土地等资源的共同支持。

9.3.3 水资源承载能力的分析计算

水资源承载力分析关系到地区人口、环境和经济发展规模及代际持续发展的前景，涉及面广、内容复杂，目前国内外的研究均处于初始阶段，尚无统一和成熟的方法。

一般地，首先以维护生态系统平衡和生态环境质量为前提，将水资源在生态系统和社会经济系统之间进行配置，然后以对社会经济系统可供给水量为约束条件，分析确定所能支撑的社会经济最高发展水平，即通过水资源优化配置，分析计算不同人口发展规模下的社会经济最大发展规模。显然，在水资源量一定的条件下，人口数量越多，用于经济发展的水量就会减少，GDP 总量亦会相应减小，以人均 GDP 所反映的生活水平将会下降。所以，一定量的水资源所能承载的人口数量与其生活水平成反比，如图 9.3 所示。

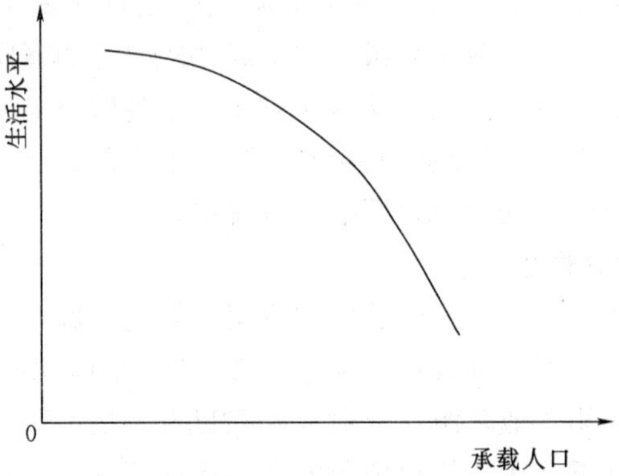

图 9.3 生活水平与承载人口关系示意图

为此，特定区域的水资源承载能力可表示为：

$$n = \frac{P}{W} \Big|_{GDP=cons} \tag{9.24}$$

式中：P 为人口数量；W 为水资源量；n 为人均 GDP 为一定量时单位水资源量所能承载的人口数量。

应该说明的是，随着科学技术的进步，可以提高水资源的利用效率，或者原来不能开发利用的水量得到利用，扩大了特定区域的水资源可利用量，这都会提高区域水资源的承载能力，即在不提高生活水平的情况下提高承载人口的数量，或者在承载人口数量不变的情况下提高生活水平。

参 考 文 献

[1] 叶秉如主编．水资源系统优化规划和调度．北京：中国水利水电出版社，2001.

[2] N. Brus. Scientific Allocation of Water Resources. New York：American Elsevier Publishing Company，1972.

[3] Loucks Daniel P，Stedinger Jery R，Douglas A Haith. Water Resources System Planning and Analysis. New Jersey：Prentice Hall Inc，1981.

[4] 黄永基，马滇珍．区域水资源供需分析方法．南京：河海大学出版社，1990.

[5] 王浩，秦大庸，王建华，等．黄淮海流域水资源合理配置．北京：科技出版社，2003.

[6] 钱正英，张光斗主编．中国可持续发展水资源战略研究综合报告及各专题报告．北京：中国水利水电出版社，2001.

[7] 许新宜，王浩，甘泓．华北地区宏观经济水资源规划理论与方法．郑州：黄河水利出版社，1997.

[8] 高桂霞主编．水资源评价与管理．北京：中国水利水电出版社，2000.

[9] 左东启，戴树声，袁汝华，等．水资源评价指标体系研究．水科学进展，1996 (4).

[10] Loucks Daniel P，van Beek Eelco，Stedinger Jery R，Dijkman Jozef P. M.，Villars Monique T. Water Resources Systems Planning and Management：An Introduction to Methods，Models and Applications. Paris：UNESCO，2005.

[11] 王浩，陈敏建，秦大庸，等．西北地区水资源合理配置和承载能力研究．郑州：黄河水利出版社，2003.

[12] 水利部水利水电规划设计总院．全国水资源综合规划技术细则[S]．2002.

[13] 阮本清，梁瑞驹，王浩，等．流域水资源管理．北京：科学出版社，2001.

[14] 刘恒，耿雷华，陈晓燕．区域水资源可持续利用评价指标体系的建立．水科学进展，2003，14 (3).

[15] Biswas A K. for sustainable Development in the 21st century. Water International，1991，16 (4).

[16] 陈家琦，王浩，杨小柳著．水资源学．北京：科学出版社，2002.

[17] 陈志恺主编．中国水利百科全书·水文与水资源分册．北京：中国水利水电出版社，2004.

[18] 冯尚友．水资源持续利用与管理导论．北京：科学出版社，2000.

[19] 翁文斌，王忠静，赵建世编著．现代水资源规划——理论、方法和技术．北京：清华大学出版社，2004.

[20] 左其亭，等著．面向可持续发展的水资源规划与管理．北京：中国水利水电出版社，2003.

[21] 张丽．水资源承载能力与生态需水量理论及应用．郑州：黄河水利出版社，2005.

[22] 徐志侠，王浩，董增川，等．河道与湖泊生态需水理论与实践．北京：中国水利水电出版社，2005.

[23] 赵斌，董增川，徐德龙．区域水资源合理配置分质供水及模型．人民长江，2004，35 (2).

[24] 王好芳，董增川．基于量与质的多目标水资源配置模型．人民黄河，2004，26 (6).

[25] 王济干，张婕，董增川．水资源配置的和谐性分析．河海大学学报，2003，31 (6).

[26] 钟华平，董增川，王建生，等．基于可利用量的水资源使用权配置．水利水电技术 2006，37 (12).

[27] 王好芳，董增川．区域水资源可持续开发评价的层次分析法．水力发电，2002，(7).

[28] Haimes Y Y et al. Hierachical Multi－objective Analysis of Large Scale Systems. New York：Hemisphere Publishing Company，1990.
[29] 曹万金．地下水资源计算与评价．北京：水利电力出版社，1987.
[30] 金光炎．平原地下水资源评价．北京：水利出版社，1982.
[31] 刘成武，杨志荣，方中权．自然资源概论．北京：科学出版社，1999.